吴丽　侯银臣　编著

天然调味品
加工技术

TIANRAN
TIAOWEIPIN
JIAGONG
JISHU

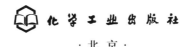
化学工业出版社
·北京·

内容简介

本书系统地介绍了天然调味品生产所用基础调味料的特征和应用，以及酿造调味品、非发酵酱制品、复合调味品、西式复合调味品中典型调味品的生产技术，包括原料配方、工艺流程、操作要点，并对调味品生产设备进行了介绍。

本书可供调味品行业生产人员、技术人员、科研人员阅读、参考。

图书在版编目（CIP）数据

天然调味品加工技术 / 吴丽，侯银臣编著 . —北京：
化学工业出版社，2022.10
ISBN 978-7-122-42065-7

Ⅰ . ①天… Ⅱ . ①吴… ②侯… Ⅲ . ①调味品-加工
Ⅳ . ①TS972.112

中国版本图书馆 CIP 数据核字（2022）第 154804 号

责任编辑：张　彦	文字编辑：邓　金　师明远
责任校对：宋　玮	装帧设计：韩　飞

出版发行：化学工业出版社（北京市东城区青年湖南街 13 号　邮政编码 100011）
印　　装：河北鑫兆源印刷有限公司
710mm×1000mm　1/16　印张 16¼　字数 307 千字　2023 年 1 月北京第 1 版第 1 次印刷

购书咨询：010-64518888　　　　　　售后服务：010-64518899
网　　址：http://www.cip.com.cn
凡购买本书，如有缺损质量问题，本社销售中心负责调换。

定　　价：69.00 元　　　　　　　　　　　　　　　　版权所有　违者必究

前　言

　　调味品与人们的生活息息相关，其历史几乎与人类的文明史等长。随着食品工业的迅猛发展，饮食文化也得到繁荣兴盛，调味品的市场不断扩大，新型调味品不断推出，调味品由单一向复合发展。近年来，我国调味品行业市场规模以每年约 10% 的速度稳定增长，近年来，人们对调味品的健康需求倍增，健康调味排在了第一位，具有天然风味是人们心目中健康的必然选择。从业人员通过不断研究、改良调味品工艺流程、合理化加工配方、标准化加工过程，使调味品加工工艺更科学，食用更方便健康，为人们高效的生活提供了有力支撑。

　　本书介绍了天然调味品生产常用的基础调味料（咸味料、甜味料、酸味料、鲜味料、香辛料等），以及酿造调味品（酱油、食醋、豆酱、豆豉、腐乳、料酒、水产调味品），非发酵酱制品（辣椒酱、芝麻酱、花生酱、番茄酱、肉酱等），复合调味料（固态、半固态、液态），西式调味品（蛋黄酱、沙司、沙拉酱等）中典型调味品的生产技术，同时还介绍了天然调味品的生产设备。

　　本书共分七章，其中第一~四章由重庆工商大学吴丽编写，第五~七章由河南牧业经济学院侯银臣编写。

　　本书在编写过程中查阅了大量相关文献，在此谨向文献的作者表示衷心的感谢! 由于编者水平有限，书中难免有不妥之处，敬请读者批评指正。

编著者

2022 年 10 月

目 录

第四章 非发酵酱制品   104

第一章 概述

第一节 我国调味品的发展历程及趋势

一、调味品的历史起源

调味品的历史几乎与人类的文明史等长，饮食烹调是文化的一个重要方面。可以说，凡是烹调水平高的民族，也是文化渊源深厚的民族，尤其是以美食大国而著称的我国，调味品的历史之悠久、种类之繁多是我们炎黄子孙引以为豪的。

英语"cook"一词仅指把食物做熟，没有提到调味；我国的"烹调"一词却把加热和调味放在同等重要的位置上，这表明中国的烹调技术在造字造词的时候就已经相当发达了。

远古时候，人类过着茹毛饮血的生活，不懂得调味。在燧人氏发明钻木取火后，人类学会用泥巴裹肉放在火上烤；神农氏时期，学会烤熟谷物，神农氏的时代已经有了制盐的方法，调味就是从有了盐开始的。

到商周的时候，烹饪调味才成为艺术。最早的调味品据说除了盐还有梅子，盐是由海水熬煮而来，梅子是从山中采来，二者分别代表咸味和酸味。"盐梅"一词在古代用来比喻非常重要、必不可少的人或东西，可见古代人对调味品是极为看重的。

在商朝时，烹调的基本条件已经具备，人们从酿酒中学会了发酵技术。然而制酒的技术还相当原始，条件掌握不好，有时候酒味变酸，人们觉得这酸味也很不错，于是就有意让酒变酸，这就是醋的由来。因此，醋的第一个名字叫作"苦酒"。

到西周时，烹调技术已经相当发达。那时我们的祖先便知道用麦芽和谷物制作饴糖，这算是世界上最早的人工甜味剂，"糖"字的米字旁就是这样来的。此外，那时还懂得用鱼肉加盐和酒发酵制作各种美味的调味酱。

在战国时期有了茴香和花椒的记载，但似乎并没有广泛地用于调味。在秦汉的时候，人们已经很善于调味，总结了去腥、灭臊、除膻的方法。汉朝时代，从丝绸之路传来不少食品资源，其中包括我们今天的生活中所必不可少的大蒜、香菜、胡椒等重要的调味料。大蒜和香菜很快在中国扎了根，但是胡椒却成为中国的大宗进口食品。

汉朝时人们已经掌握了用谷物酿醋的技法，并有了"醋"这个字。特别值得一提的是，在汉代人们学会了用大豆和面粉制造豆酱。开始并不懂得专门制作酱油，但是可能人们在食用豆酱时发现上面有些液体，味道很好，吃起来又方便，慢慢地就主动榨出酱油来供调味使用了。所以酱油最早叫作"清酱"或"酱清"，直到宋代，才有了"酱油"这个词。

公元 6 世纪南北朝时期出了一本重要的百科全书，就是北魏贾思勰写的《齐民要术》。书中有 4 卷专门论述烹调和食品加工，对当时各种食品的制作方法、烹调方法做了总结，使我们今天可以了解到中国早期的调味成就。

唐宋时代，商业繁荣、人民富裕，饮食业也特别兴旺。饭馆比比皆是，互相竞争，烹调技术不断创新。花椒、茴香、桂皮、胡椒、葱、酒等都成为当时常用的调味料。史料记载，南宋时仅仅杭州一个城市每年就要消费胡椒达1500 吨左右。马可·波罗在《东方见闻录》上也记载了中国进口和使用胡椒的盛况。

唐宋时流行甜食。虽然从战国时就开始用甘蔗汁做成糖浆用在烹调中，但是一直没有做出白糖来。唐太宗时从印度学来甘蔗制糖的方法，于是蔗糖开始普遍流行，许多糕饼、点心、小食品都采用蔗糖来调味，也有用蜜或糖煎煮果品制成的果脯蜜饯。不过那时蔗糖结晶的技术还不过关，能不能制出固体的糖来仍然是靠碰运气，所以糖是很贵重的。不过当时枣泥、豆沙、蜜饯等都用来做甜食馅，已经可以看出现代糕点的样子了。

在宋朝时，饮食业面貌更新，水平更高。《清明上河图》里画出了餐馆林立的景象，《水浒传》里的英雄们也爱"下馆子"。人们开始喜欢吃油炸食品，就连著名的文学家苏轼也写诗赞颂油炸馓子："纤手搓来玉色匀，碧油煎出嫩黄深。夜来春睡知轻重，压扁佳人缠臂金。"说明烹调用油的地位已经很高。用油和面也是一项了不起的技术，因为如果不加油和面，就不可能做出多层而酥脆的油酥点心来。

大约在元明时期出现了黄酱和用小麦制作的甜面酱。明朝时，原产自美洲的许多食品都传入我国，其中作为调味品影响最大的是辣椒。短短三四百年的时间里，这个外来植物竟然风靡全国一半以上地区，而且用它制造出辣椒盐、辣椒油、豆瓣酱等丰富的辣味调味品，又培育出了闻名天下的川菜，足以说明这种风味的魅力。

明代有了制造酱油、芝麻油、芝麻酱、腐乳等食品的记载。到清朝时，饮食调味的习惯与现代已经非常相似了。在近二三百年中，涌现出一批名特产品，例如山西的老陈醋、镇江的香醋、四川资阳的豆瓣辣酱、临川的豆豉、广东的生抽和老抽、北京的王致和酱豆腐等。

晚清的时候，我国被西方列强和日本打开了门户，外国的饮食方式和调味品也传入中国。国内出现了西餐馆，有了西餐烹调指导书，也造出不少烹调新名词如"咖喱""色拉""吐司""沙司"之类。

二、近代调味品的发展

近百年来，调味品的生产随时代的进步也有了非常大的发展。1975 年原商业部召开全国调味品工作会议之后，主要调味品的生产都实现了机械化、工业化，告别了家庭作坊生产。生产的工艺、设备经过不断革新，使产品质量和生产效率都大大提高。

利用微生物发酵生产的调味品如酱油、醋等的生产关键之一是选择优良的菌种。过去人们不懂微生物知识，制作完全凭经验；现在则经过科学研究找到了活性高、繁殖快、产品风味好、不产生有毒物质的优良菌种。我国最早生产味精是在 1923 年，上海的"天厨味精厂"用蛋白质水解法生产味精，当时非常有名。不过，采用酸水解蛋白质的方法，产品质量差，又容易腐蚀设备，劳动条件也不好。现在早已采用大米、小麦等粮食经谷氨酸细菌发酵的生产方法，安全高效而且产品质量好。

提起调味品这个词，大概多数人脑海中浮现出的还是盐、酱油、醋、花椒、大料等平淡得不能再平淡的形象。其实现代调味品的发展早已超出了多数人的想象。据中国调味品协会 1997 年的统计，我国调味品的产值以每年递增 20％的速度迅猛发展。消费者站在某个自选商场的调味品货架前，很可能会看到柜台上摆满了自己从来没买过、没用过的瓶瓶罐罐、包包袋袋，也许会感到眼花缭乱而且不知所措。新型调味品首先是加工程度的提高和包装的改善，在传统调味品的基础上出现了包装精美的加工品如姜粉、姜汁、椒油、椒盐、葱油、蒜汁、蒜粉等，其次是品种的丰富，如味精的旁边有品种繁多的鸡精、肉精，普通醋又衍生出蒜醋、姜醋、饺子醋、保健醋等，辣椒酱有多少个品种更是难以计数。

复合调味品也成为一个重要的发展方向。用现代技术可以生产出各种风味的调味汁、调味粉、调味酱等，还有各种汤料和调味油。例如，方便面汤料中的鸡味、牛肉味、海鲜味等口感非常真实。又如市售的炸鸡块调料、米粉肉调料、酸菜鱼调料等大大减少了烹调所费的时间，使人们在家便可以享受到餐馆里才有的美味。不论炒米饭、吃面条、拌饺子馅、炒回锅肉还是做麻婆豆腐，都能从市场上买到现成的调味品，即使是头一次下厨，也能风味地道，在家人面前露脸儿。

此外，调味品也走上了科学和健康之路。就拿市售的食盐来说，有预防甲状腺肿的碘盐、补钙的钙盐、加锌的锌盐，还有为高血压病人准备的低钠盐等。味精也名堂繁多，有强化赖氨酸的味精，也有添加维生素的味精。油则更为讲究，在经"三脱""六脱"摆脱了浑浊晦暗的形象之外，还出现了高维生素E、高不饱和脂肪酸的麦胚油、玉米胚油、米糠油、红花油等品种繁多的保健油类。

随着我国同世界各国的文化交往和交流，欧美、日本、韩国、印度、东南亚等外国饮食也传入我国，为我们的饮食生活又增加了许多新的风味，也带来了不少新的调味品。例如，咖喱粉、沙茶酱、色拉酱、凉拌菜沙司、奶酪粉等。

近年来国际上兴起水解蛋白质和酵母提取物类调味剂，被称为天然调味料的新发展。它们的成本低廉、资源丰富，已经被广泛地用在食品工业中。它们是用一些低档的蛋白质如玉米、骨头或是用啤酒工业中的废酵母等经过水解产生氨基酸类鲜味物质，实在是一个变废为宝的好办法。这些调味品营养丰富，但有些有轻微的异味，一般是和其他调味品配合使用的。如果配合适当，会产生自然而丰富的鲜味。我国也有这类调味品，且已广泛用于各种食品的增鲜中。

然而不得不承认的是，我国调味品的发展水平与国际先进水平还有相当大的差距，与广大消费者的需求也有很大距离。例如，酱油虽然是我国人民所发明，但目前在世界上最负盛名的却是日本酱油。日本人努力改进生产技术，把酱油的生产变成了高科技工程。他们在原料处理时使用挤压技术；在发酵时使用生物反应器，固定化菌体发酵；菌种选择优化时使用DNA重组技术和细胞融合技术；发酵液成分由生物传感器监测；在酱油的澄清和盐分控制中还用上了超滤、电渗析、反渗透等技术，整个生产过程用电脑控制。因此，他们生产的规模、效率、原料转化率和养分利用率等指标早已超过我国，给古老的调味品注入了现代科技的活力。

在许多发达国家，调味品行业极为繁荣，各种"傻瓜"型复合调味品为主妇们考虑得无微不至。您要做牛排吗？有现成的调味汁。您要做腌菜吗？有现成的腌菜汁。您要炒哪个菜吗？有盒装的调味料。您要做咖喱饭吗？有现成的调味粉。连煮饭这样的小事，也有人动脑筋研究出了保护米饭香味不会散发损失的调味品，可见复合调味品起着举足轻重的作用。相比之下，我国的调味品也以单一调味品向复合调味品发展，市场上的调味品格局发生了很大的变化。

三、调味品的现状及发展趋势

近年来，我国调味品行业以每年约10％的增长速度稳定增长，2020年全国调味品销售额为 4476.08 亿元，其中复合调味品占比最大，为 37%；其次为油状调味品，占 27%；再次为火锅类调味品，占 18%；发酵类调味品、香辛料调味品、基础调味品分别占比 13.5%、3%和 1.5%，见图 1-1。

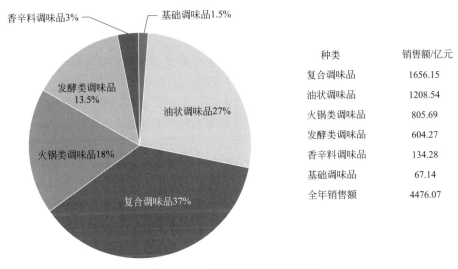

种类	销售额/亿元
复合调味品	1656.15
油状调味品	1208.54
火锅类调味品	805.69
发酵类调味品	604.27
香辛料调味品	134.28
基础调味品	67.14
全年销售额	4476.07

图 1-1　2020 年全国调味品销售额

健康引导消费需求促进复合调味品快速增长，随着消费主流换档，年轻人成为消费的中坚力量，2020 年中国复合调味品使用状况见图 1-2。特色小吃口味标准化升级，多维度实现复合调味的消费重复，引导复合调味品的持续增长。

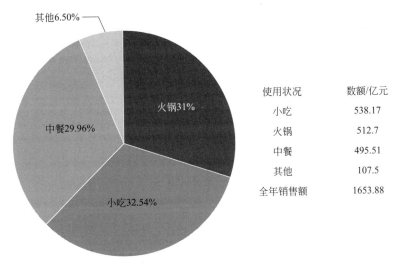

使用状况	数额/亿元
小吃	538.17
火锅	512.7
中餐	495.51
其他	107.5
全年销售额	1653.88

图 1-2　2020 年中国复合调味品使用状况

近年来，人们对调味品的健康需求倍增，健康调味排在了第一位，具有天然风味是人们心目中健康的必然选择。例如天然调味品野生菌汤系列，能够满足越来越多的消费需求；有机调味品不添加味精、鸡精、香精、糖等，呈现自然鲜香味道。不少调味品有着药食同源的功能，把保健、养生功能发掘出来，可有效提升调味品的功能性，如针对儿童、老人以及心脑血管、三高等特定人群，根据消费要求定制创新调味，让调味更加符合人们的需求。

调味品消耗量一直处于增长态势，尤其是高端调味品，越来越多的消费者愿意为更高品质的调味品支付更高价格。即食＋调味，不断升级消费，方便＋快捷，成为转化更大价值的多元化发展方向，满足消费的迭代。方便菜肴是未来发展的一大方向，需要新的技术来满足消费者的需求。

合理使用食品添加剂以及调味品的安全性一直是一个难题，我们应不断研究和改良调味品工艺流程、合理化加工配方、标准化加工过程，使加工工艺更科学，提高品质标准，避免调味品激进创新，有效提升调味品价值。在此基础上，实现调味品的标准化与个性化合理发展，才能真正实现健康美味共享。

第二节　调味品的概念、分类和作用

一、基本概念

调味品（condiment）是在饮食、烹饪和食品加工中广泛应用的，用于调和滋味和气味并具有去腥、除膻、解腻、增香、增鲜等作用的产品。

二、分类

中国烹饪所用的调味品在世界上是最多的，从盐、醋、酱、糖、辣椒到酒、糟、胡椒、花椒乃至中草药等有数百种，种类繁多，其分类方法从不同角度有多种。

中国调味品协会组织制定的于 2007 年 9 月 1 日起正式实施的国家标准《调味品分类》（GB/T 20903—2007）按照调味品终端产品分为 17 大类，包括食盐、食糖、酱油、食醋、味精、芝麻油、酱类、豆豉、腐乳、鱼露、蚝油、虾油、橄榄油、调味料酒、香辛料和香辛料调味品、复合调味料及火锅调料。

食品行业根据其性质分为天然调味料及化学调味料；烹饪行业一般按味道分为基础调味料（包括甜味料、咸味料、酸味料、鲜味料、辣味料、香味料等）和复合调味料（见表 1-1）。另外，根据调味料在烹调加工中的作用，可分为呈味调料、呈香调料及呈色调料；按其用途又可分为烧烤专用调料、方便面汤料、火锅调料、十三香调料、快餐调味料等；按商品形态分为液态、油态、粉状、粒状、糊状、膏状等；按地方风味分为广式调料、川式调料、港式调料、西式调料等。

表 1-1　调味品的分类

依据	类别		实例
按性质或来源	天然调味品	自然生成	食糖、食盐、花椒、胡椒、桂皮、丁香等
		混合加工	蚝油、蛏油、肉汤精、骨汤精、葱油、芥末粉、咖喱粉、五香粉、鱼露等
		发酵酿造	料酒、酱油、酱、食醋、腐乳、豆豉等
	化学调味品	人工合成人工提纯	味精（谷氨酸钠）、醋精、糖精、阿斯巴甜、纽甜、安赛蜜、三氯蔗糖、肌苷酸、鸟苷酸等
按味道或形态	基础调味料	咸味料	食盐、酱油、酱类等
		甜味料	食糖、糖浆、蜂蜜、糖精、阿斯巴甜、纽甜、安赛蜜、三氯蔗糖等
		酸味料	食醋、柠檬汁、番茄酱、草莓酱、酸菜汁等
		鲜味料	味精、鸡精等
		香辛料	花椒、辣椒、胡椒、芥末、桂皮、八角、丁香等
	复合调味料	固体调味料	鸡精、鸡粉、牛肉粉、排骨粉、海鲜粉等
		液体调味料	鸡汁调味料、糟卤等
		复合调味料	牛肉辣酱、沙拉酱、蛋黄酱、海胆酱等

在这些调味品中，酱油、酱、腐乳、食醋、料酒等发酵调味品，是具有中国特色的一大类调味品，其独特的生产工艺使原料受到微生物的各种发酵作用，其高分子物质，如糖类、蛋白质等降解为小分子，同时产生新的物质，构成了发酵调味品特有的色、香、味、体，且富含各种营养物质。

三、作用

中国民间俗语有"自古开门七件事，柴米油盐酱醋茶""一人巧做千人食，五味调和百味香"。调味品在烹饪或食品加工中虽然用量不大，却应用广泛，变化很大，作用不小，对食品的色、香、味、质等风味特色起重要调和作用，许多调味品还有一定的营养保健及杀菌消毒作用。

1. 形成菜肴的复合美味

菜肴复合美味的形成，需要去除食物本身的恶味，激发食物固有的美味和创制食物原本没有的新味，其手段是涤除、压盖、化解、烘托、改进与融合。

调味品正是通过其所含的成分对人体感官的刺激而发挥其效用的。一些调味品含有呈味物质，它们溶解于水或唾液后与舌头表面的味蕾接触，刺激味蕾中的味觉神经，并通过味觉神经将信息传至大脑，从而产生味觉。也有一些调味品含有呈香或其他特殊气味的成分，它们具有较强的挥发性，经过鼻腔刺激人的嗅觉神经，然后传至中枢神经而使人感到香气或其他气味。葱、姜、蒜、料酒等香味调味品，不但有增香、赋香的作用，还能掩盖一些菜肴中的不良气味，如腥气、膻气、臭气等，因而具有除臭、抑臭的作用。而调味品中的香辛料，除呈香外，还能赋予辛辣的味感，具有良好的增进食欲的作用。也有一些调味品，除了赋予食品味、香外，同时还具有着色性，如用咖喱粉调味，可使原料黄润悦目；用老抽调味，可使原料色泽金红，从而产生诱人食欲的效果。

2. 赋予食品营养保健功能

调味品与人体健康息息相关。如食盐是人体无机盐"钠"的主要来源；味精含有谷氨酸钠成分；醋可软化植物纤维，促进糖、磷、钙的吸收，还有保护维生素 C 的作用；糖是人体热量的主要来源，还能起到保肝的作用；葱、姜、蒜都含有蛋白质、碳水化合物、维生素等营养成分，还具有抗菌消炎的作用。含碘量高的碘盐、补血酱油、维生素 B_2 酱油等都具有增加人体生理功能、治病、防病的功用。

我国有多种多样的香辛料，其不仅具有调味功能，还有较强的药用价值及防腐抗氧化性能，如当归、干姜能去寒补血，小茴香能健胃理气，丁香、砂仁能防腐保鲜，如能充分利用这些香辛料，采用先进的工艺技术，可制出各种系列的天然复合香辛调味料。如屈虹等研制的营养调味油就是一例：以豆油、菜油为主体配比调味油，引入花椒、辣椒、茴香、丁香、八角、桂皮、肉豆蔻，营养调味油不仅具有麻辣味、天然香味，还具有药用价值——暖胃、固肠、温肾、健脾。

3. 具有杀菌消毒的作用

有些调味料中的成分具有杀灭或抑制微生物生长繁殖的作用。如葱中的挥发性辣素有较强的杀菌作用；蒜中所含蒜氨酸在胃中可生成大蒜素，具有较强的杀菌能力，可以杀死多种致病微生物；辣椒能杀灭胃及腹中的寄生虫；芥末有很强的解毒功能，能解鱼蟹之毒；食醋有很好的杀菌作用，能杀死葡萄球菌、大肠杆菌、嗜盐菌、痢疾杆菌等，防止肠胃疾病的发生。生食蔬菜装盘前，可以加进葱、姜、蒜、醋、盐、芥末等，以达到杀菌的作用。烹调蟹、虾和海蜇等水产品时，先用 1% 的食醋浸泡 1h，可防止嗜盐菌引起的食物中毒；餐后的餐具、茶具、酒具，用 1% 的食醋煮沸消毒，可防病毒性肝炎、痢疾、伤寒和肠炎等消化道传染病。研究表明，八角提取的莽草酸对细菌有致死作用，特别是八角提取物对病原菌有明显的杀灭作用。在八角调味料提取物浓度为 3％、作用时间 90～120min 的条件下，对几种病原菌杀菌率最高为81.2％～83.5％。

第二章 常用基础调味料

第一节 咸味料

　　咸味是一种非常重要的基本味，在调味中有着举足轻重的作用，人们常称其为"百味之王"。单一或复合咸味调料中的咸味主要来源于氯化钠。其他盐类如氯化钾、氯化铵、溴化钾、碘化钠等也都具有咸味，但同时也有苦味、涩味等其他味感。因此，只有氯化钠的咸味最为纯正。烹饪中常用的咸味调料有食盐、酱油及酱类等。

一、食盐

　　食盐又称食用盐，以氯化钠为主要成分，是用于烹调、调味、腌制的盐。食盐有一个大的家族，其成员之多、分布范围之广，都是世界罕见的。

1. 品种特征

　　食盐在自然界中分布很广，我国有极为丰富的食盐资源。按其生产和加工方法可分为精制盐、粉碎洗涤盐、日晒盐。以添加成分的不同，可分为普通食盐、营养食盐和加味食盐。营养食盐是指在精盐中增加添加剂而制成的食盐，如碘盐、锌盐、铁盐、铜盐、低钠盐、维生素盐等，以此增加对矿物质、维生素的补充或限制对钠的吸收。加味食盐是指在精盐中加入其他调味品制得的食盐，如胡椒盐、香料盐等。

2. 应用

　　食盐是菜肴调味中使用最广的咸味调料，很多其他味必须有食盐参与才能形成，同时具有助酸、助甜和提鲜的作用。由于 Na^+ 和 Cl^- 具有强烈的水化作用，可帮助蛋白质吸收水分和提高彼此的吸引力，因此少量的食盐不但可增加肉糜的黏稠力，还可促进面团中面筋质的形成。由于食盐能产生高渗透压，使微生物产生质壁分离，因此食盐还具有防腐杀菌的作用，常用腌制的方法来加工和贮存原料。食盐作为传热介质，具有传热系数大、温度升高快、表面积大等特点，可对一些原料进行加热或半成品加工，如盐炒花生、盐发蹄筋以及用于盐焗类菜肴的制作等。食盐具有高渗透压，能渗透到原料组织内部，增加细胞内蛋白质的持水性，促进部分蛋白质发生变性，因此可以调节原料的质感，增加其脆嫩度。

但由于 Na^+ 常和高血压相关，对一些人会导致冠心病的发生，因此患有高血压的人在饮食中常要减少 Na^+ 的摄入量。世界卫生组织（WHO）指出，高钠消耗（＞2g/d，相当于盐 5g/d）和钾摄入不足（＜3.5g/d）会导致高血压并增加心脏病和中风的风险。世界卫生组织成员国已达成一致，至 2025 年全球人口的盐摄入量相对减少 30％。《中国食品工业减盐指南》指出：减盐行动的总体目标是到 2030 年实现全国人均每日食盐摄入量降低 20％，该指南所针对的对象是加工预包装食品。

最近几年，有些加工厂已经生产出低盐肉制品，或者用 KCl、$CaCl_2$ 等取代部分 NaCl，简单降低钠盐用量，但是食品味道不佳。

二、酱油

酱油是中国的传统调味品，历史上最早使用"酱油"名称是在宋朝，林洪撰写的《山家清供》中有"韭叶嫩者，用姜丝、酱油、滴醋拌食"的记述。酱油的成分比较复杂，除食盐外，还有多种氨基酸、碳水化合物、有机酸、色素及香料成分，以咸味为主，也有鲜味、香味等。

1. 品种特征

根据加工方法的不同，酱油分为酿造酱油和配制酱油两大类。酿造酱油（fermented soy sauce）是以大豆和/或脱脂大豆、小麦和/或麸皮为原料，经微生物发酵制成的具有特殊色、香、味的液体调味品；配制酱油是以酿造酱油为主体，与酸水解植物蛋白调味液、食品添加剂等配制而成的液体调味品。在商品标签上必须注明"酿造酱油"或"配制酱油"被国家标准《酿造酱油》（GB 18186—2000）列为强制执行内容。酿造酱油与配制酱油的区别在于是否加入了酸水解植物蛋白调味液。

根据口味和色泽分：浓口酱油（深色酱油）、淡口酱油（浅色酱油）、白酱油等。抽是提取的意思，分两种，老抽中加入了焦糖色，颜色更深；生抽的色就浅一些，但咸味比老抽要重一点。简单说，老抽用于提色，尤其适合肉类增色，生抽则用于提鲜。

根据酱油的不同配料分：辣味酱油、五香酱油、海鲜酱油、鱼露酱油、虾子酱油、冬菇酱油等。此外，为适合人体健康需要，还有多种营养保健酱油，如铁强化酱油是按照标准在酱油中加入一定量的乙二胺四乙酸铁钠（$C_{10}H_{12}FeN_2NaO_8$）制成的营养强化调味品。

根据使用方法的不同分：佐餐酱油和烹饪酱油。佐餐（餐桌）酱油是供人们在饮食时直接入口食用的，比如蘸食、凉拌等，卫生质量要求很高，按国家卫生标准要求，其菌落总数要小于或等于3万个/mL，即使生吃，也不会危害健康。如果标签中标注为佐餐/烹调，则说明这种酱油既可佐餐，又可用于烹调。

2. 应用

酱油是烹调中使用广泛的调味品。酱油能代替盐起确定咸味、增加鲜味的作用；酱油可增加菜肴色泽，具有上色、起色的作用；酱油的酱香气味可增加菜肴的香气；酱油还有除腥解腻的作用。酱油在菜点中的用量受两个因素的制约：菜点的咸度和色泽，还由于加热中会发生增色反应，因此一般色深、汁浓、味鲜的酱油多用于冷菜和上色菜；色浅、汁清、味醇的酱油多用于加热烹调。另外，由于加热时间过长，会使酱油颜色变黑，所以长时间加热的菜肴不宜使用酱油，可采用糖色等增色。

三、酱类

酱是我国传统的调味品，是以富含蛋白质的豆类和富含淀粉的谷类及其副产品为主要原料，在微生物酶的作用下发酵而成的糊状调味品。在习惯上常将一些加工成糊状的调味品或食品也称为"酱"，如国家标准《调味品分类》中的"酱类"包括豆酱、面酱、番茄酱、辣椒酱、芝麻酱、花生酱、虾酱和芥末酱。

1. 品种特征

酱的种类较多，因其原料不同和工艺差异，我国主要有豆酱（黄豆酱、蚕豆酱、杂豆酱）、面酱（小麦酱、杂面酱）和复合酱。

豆酱：以豆类或其副产品为主要原料，经微生物发酵酿制的酱类，包括黄豆酱、蚕豆酱、味噌等。成品红褐色有光泽，糊粒状，有独特酱香，味鲜美。常见的为黄豆酱，成品较干润的为干态黄豆酱，较稀稠的为稀态黄豆酱。

面酱：又称甜面酱，以小麦粉为主要原料，经微生物发酵酿制的酱类调味品。成品红褐色或黄褐色，有光泽，带酱香，味咸甜适口，呈黏稠状半流体。

复合酱：又称复制酱，是以大豆酱、面酱、蚕豆酱、虾酱、酱油、食盐、芝麻、花生等为主要原料，另加多种调味品复制而成的具有多种风味的酱类调味品。主要品种有芝麻酱、花生酱、火腿酱、海鲜酱等。

2. 应用

面酱一般用于烧、炒、拌类菜肴，主要起增香、增色的作用，也可起解腻的作用，如酱爆肉丁、酱肉丝、酱烧冬笋、回锅肉、酱酥桃仁等；可作为食用北京烤鸭、香酥鸭时的葱酱味碟；也可作杂酱包子的馅心、杂酱面的调料；并可用于酱菜、酱肉的腌制和酱卤制品的制作，如京酱肉、酱牛肉。豆酱可佐食或复制用。复合酱可作为烧、卤、拌类菜肴的调味料，也可作为蘸料、涂抹食品直接食用。

面酱不宜直接放入菜肴中使用，也不宜兑汁使用。正确方法是：先用油、盐等调味品将面酱炒熟炒透，除去部分水分，使其淡而不黏、咸中带甜，然后再放入菜肴烹制，这样成菜才有浓郁的酱味，色泽红褐、艳丽而富有光泽。

第二节　甜味料

甜味是除咸味外可单独成味的基本味之一。在烹饪中常用的甜味调味品有各种糖类、蜂蜜、各种食品甜味素。

一、食糖

用于调味的糖，一般是指用甘蔗或甜菜精制的白砂糖或绵白糖，也包括淀粉糖浆、饴糖、葡萄糖、乳糖等。人类在最近 300 年才开始大量生产和食用蔗糖和甜菜糖。

1. 品种特征

糖类按制糖原料分有：麦芽糖、蔗糖、甜菜糖、甜叶菊糖、玉米糖等；按产品颜色分有：红糖、白糖等；按产品形态分有：绵白糖、砂糖、冰糖、方糖等（见表 2-1）。

表 2-1　食品加工或烹饪中常用的糖类

品种	特点	应用
白砂糖	将甘蔗或甜菜糖汁提纯后,经煮炼及分蜜所得的洁白砂糖,有粗砂、中砂、细砂之分,颜色洁白,甜味纯正	易结晶,适宜制作挂霜菜肴或在一般糕点生产中使用
绵白糖	在细白糖中加入适量的转化糖混合均匀而得的产品,甜度高,甜味柔和,晶粒细小均匀,质地绵软细腻,入口即化	因含少量转化糖,结晶不易析出,适宜制作拔丝菜肴;还可用于凉拌菜调味及含水分少的烘烤糕点中

品种	特点	应用
赤砂糖	在加工过程中未经脱色、洗蜜等工序,表面附着糖蜜,还原糖含量高,同时含有色素、胶质等非糖成分,不耐贮存	烹饪中使用不多,可用于红烧肉等,能产生较好的色泽和香气
土红糖	以甘蔗为原料土法生产,未经脱色和净化的食糖	可用于制作复合酱油、腌渍泡菜等,烹调中使用较少
冰糖	白砂糖的再制品,含杂质量少,纯度比白砂糖稍高	多用于银耳、燕窝、哈蟆油等原料制作的甜菜或用于扒菜、烧菜及药膳的制作
饴糖	以米或麦、粟、玉米等粮食经处理后再发酵糖化,制成的一种浓稠状的甜味调味品,主要成分是麦芽糖	用于烤、炸菜类,有增色、起脆的作用,如"烤鸭""烤乳猪"等;用于糕点中,可起到增加甜香、光泽、滋润、弹性和抗蔗糖结晶等作用

2. 应用

糖类可用于菜肴、食品、饮料等的甜味调味,利用蔗糖在不同温度下的变化,可用于制作蜜汁、挂霜、拔丝、琉璃类菜肴及炒制糖色;糖和醋的混合,可产生一种类似水果的酸甜味,十分开胃可口;在面点制作时加入适量的糖可促进发酵;利用高浓度的糖溶液对微生物的抑制和致死作用,可用糖渍的方法保存原料。

二、蜂蜜

蜂蜜是昆虫蜜蜂从开花植物的花中采得的花蜜存入体内的蜜囊中,归巢后贮于蜡房中经过反复酿造而成的一种有黏性、半透明的甜性胶状液体。我国是世界养蜂大国,据调查,现饲养蜜蜂 900 多万群,占全球蜂群的 12.5%,蜂蜜年产量 50 多万吨,占世界蜂蜜总产量 1/4 以上。我国蜂群数量和蜂产品产量、出口量均居世界第一。

1. 品种特征

蜂蜜因为花源的不同,色、香、味和成分也不同,各国所产的蜂蜜也因花源的不同而有不同的颜色和形态。如紫云英蜜:色淡,微香,少异味;苜蓿花蜜:全世界产量最多,有浓郁的香味和甜味,口感温和;槐花蜜:颜色较浅淡,甜而不腻,不易结晶,有洋槐特有的清香;荔枝蜜:颜色较淡,气味清香,易结晶,有荔枝香味;柑橘花蜜:色淡,微酸,结晶细腻。

2. 应用

蜂蜜最简单的是用温水冲成饮料，也经常在面包或烤饼上直接涂抹。在烹饪中主要用来代替食糖调味，同时具有矫味、起色等作用，烧烤时加入蜂蜜，甜味和色泽会更好。在面点制作中，使用蜂蜜还可起改进制品色泽、增添香味、增进滋润性和弹性的作用。

蜂蜜也可在咖啡或红茶等的饮料中代替糖作为调味品使用。蜂蜜的主要成分之一果糖，在高温时不容易感觉到甜味，所以在热的饮品中添加蜂蜜时要注意不要过量。在红茶中加入蜂蜜时，会变成黑色，是因为红茶中含有单宁，与蜂蜜中的铁分子结合，生成黑色单宁酸铁的缘故。而在绿茶中加入蜂蜜，会变成紫色，这也是判断蜂蜜真伪的依据之一。

3. 营养保健

蜂蜜的成分中，葡萄糖、果糖占蜂蜜总量的 $65\%\sim80\%$，所以蜂蜜很甜，还含有各种维生素、矿物质、氨基酸，1kg 的蜂蜜含有 2940kcal（1kcal＝4.1868J）的热量。蜂蜜是糖的过饱和溶液，低温时会产生结晶，当加热时结晶又会重新变回液体。生成结晶的是葡萄糖，不产生结晶的部分主要是果糖。蜂蜜水分含量少，保存性非常好，细菌和酵母菌都不能在蜂蜜中存活，所以有人说蜂蜜是唯一不会变坏的食品。

蜂蜜被卫生部列为既是食品又是药品的物品，作为一种中药，有润燥通便的疗效，可以用于治疗口腔炎和咳嗽；作为外用药，蜂蜜可以促进伤口愈合，治疗溃疡，与中药材的粉末一起做成蜜丸。

第三节 酸味料

酸味是酸性物质解离出的氢离子在口腔中刺激味觉神经后而产生的一种味觉体验。自然界中的酸味物质大多数来自植物性原料。酸味具有缓甜减减、增鲜降辣、去腥解腻、刺激食欲、帮助消化的独特作用。此外，酸遇碱可发生中和反应而失去酸味；在高温下，酸性成分易挥发也可失去酸味。因此，在使用酸味调味品时，需注意这些变化的发生。在烹调中常用的酸味调味品有食醋、柠檬汁、番茄酱、草莓酱、山楂酱、木瓜酱、酸菜汁等。

一、食醋

我国食醋在西周已有。晋阳（今太原）是我国食醋的发祥地之一，史称公元前 8 世纪晋阳已有醋坊，春秋时期遍及城乡，至北魏时《齐民要术》共记述了 22 种制醋方法。

1. 品种特征

根据制作方法不同，一般分为酿造食醋和配制食醋两类。酿造食醋是单独或混合使用各种含有淀粉、糖的物料或酒精，经微生物发酵酿制而成的液体调味品，为我国传统的食醋，其中除含5％~8％的醋酸外，还含有乳酸、葡萄糖酸、琥珀酸、氨基酸、酯类及矿物质和维生素等其他成分。成品酸味柔和、鲜香适口，并具有一定的保健作用。酿造食醋按原料不同分为米醋、麸醋、酒醋、果醋、糟醋、糖醋、熏醋等，以米醋质量为最佳。此外，还有柿醋、苹果酒醋、葡萄酒醋、铁强化醋和红糖醋等。常见的名醋有山西老陈醋、四川麸醋、镇江香醋、浙江玫瑰米醋、福建永春红曲醋等。日本和西方国家的食醋，多采用以葡萄汁为主的水果汁或麦芽汁为原料，经液态发酵工艺生产。

配制食醋是以酿造食醋为主体，与冰醋酸、食品添加剂等混合配制而成的调味食醋。按颜色可分为有色醋和白醋，其酸味单一、不柔和、缺乏鲜香味、具有刺激感。

2. 应用

醋是烹饪或食品加工中运用较多的调味品，主要起赋酸、增香、增鲜、除腥膻、解腻味等作用。在烹饪中主要用于调制复合味，是调制"糖醋味""荔枝味""鱼香味""酸辣味"等的重要调料。醋还具有抑制或杀灭细菌、降低辣味、保持蔬菜脆嫩、防止酶促褐变、保持原料中的维生素C少受损失等功用。醋还可促进人体对钙、磷、铁等矿物质元素的吸收。用食醋作为主要调味料制作的菜肴有"醋椒鱼""醋熘鳜鱼""西湖醋鱼""咕噜肉""酸辣汤""酸甜竹节肉""糖醋黄河鲤鱼""糖醋排骨"等。

3. 营养保健

食醋的主要成分是乙酸，还含有少量氨基酸、碳水化合物、酯类、不挥发性酸等。中医认为，食醋性温味酸苦，具有开胃、养肝、散瘀、止血、止痛、解毒、杀虫等功效。现代医学认为，经常食醋可以起到软化血管、降低血压、预防动脉硬化的作用。此外，食醋还能减肥、美容、抗癌、杀菌，具有保健作用。

4. 注意事项

由于乙酸不耐高温、易挥发，在使用时应根据需要来决定醋的用量和投放时间。如在烧鱼时用于腥味的去除，应在烹制开始时加入；如是制作酸辣汤等呈酸菜肴，应在起锅时加入，或是在汤碗内加醋调制；如是用于凉拌菜起杀菌的作用，则应在腌渍时加入。制作本色或浅色菜肴时应选用白醋，用量一定要少。

二、果汁（酱）类

以果菜类或水果类为原料制得的酸味调味品，其常用的种类及烹调应用见表 2-2。

表 2-2　食品加工和烹饪中常用的果汁类酸味调味料

品种	特点	应用
番茄酱	以番茄为原料，添加或不添加食盐、糖和食品添加剂制成的酱类，添加辅料的品种可称为番茄沙司，色泽红艳、汁液滋润、味酸鲜香	广泛应用于冷、热菜肴及汤羹、面点、小吃中，赋予甜酸味；在炒、熘、煎、烹、烧、烤等烹调方法中常用，也可作味碟蘸料
青梅乌梅	为蔷薇科植物梅的未成熟果实，含有多种有机酸，如柠檬酸、苹果酸、琥珀酸等	古代人民多以梅代醋，加工中可用来调制酸味，如梅汁排骨
柠檬汁	以鲜柠檬经榨挤后所得到的汁液，颜色淡黄，味道极酸并略带微苦味，有浓郁的芳香	西餐必备调味品之一，用之调味，菜肴的酸味爽快可口，入口圆润滋美；还能防止果蔬加工时产生的褐变
苹果酸	是一种广泛分布于水果、蔬菜中的有机酸，有很强的吸湿性，是食品工业中的一种重要酸味调料	可用于糕点的制作，具有典型的果味酸，成品表面不易干燥开裂
柠檬酸	广泛分布于柠檬、柑橘、草莓等水果中，最初由柠檬汁分离制取，现在工业上由糖质原料发酵或其他合成法制得，是所有有机酸中最柔和可口的酸味剂	在食品工业中可制作饮料、果酱、罐头、糖果等；在烹饪中主要起护色的作用，同时可增加香味及果酸味，使菜品形成特殊的风味

第四节　鲜味料

鲜味是一种优美适口、可激发食欲的味觉体验。鲜味物质广泛存在于动植物原料中，如畜肉、禽肉、鱼肉、虾、蟹、贝类、海带、豆类、菌类等原料。产生鲜味的物质主要有氨基酸（谷氨酸、天冬氨酸）、呈味核苷酸（肌苷酸、鸟苷酸）、酰胺、氧化三甲基胺、有机酸（琥珀酸）、低肽等，这些物质的钠盐鲜味更显著。鲜味不能独立成味，需在咸味的基础上才能体现。

鲜味可使菜点风味变得柔和、诱人，能促进唾液分泌、增强食欲，所以在食品加工和烹饪中，应充分发挥鲜味调味品和主、配原料自身所含鲜味物质的作用，以达到最佳呈味效果。需注意的是鲜味物质存在着较明显的协同作用，即多种呈鲜物质的共同作用，要比一种呈鲜物质的单独作用呈鲜力强。这个特点，在中餐烹饪中得到广泛的应用。

食品中，常用的鲜味调味品有从植物性原料中提取的或利用微生物发酵产生的，主要有味精、蘑菇浸膏、素汤、香菇粉、腐乳汁、笋油、菌油等；有利用动物性原料生产的鸡精、牛肉精、肉汤、蚝油、虾油、蛏油、鱼露、海胆酱等。除普通味精为单一鲜味物质组成外，其他鲜味调味品基本上都是由多种呈鲜物质组成，所以鲜味浓厚、回味悠长。

一、味精

味精是日本东京帝国大学的化学教授池田菊苗先生1908年从海带的汁液中发现并提取出来的，随后他便把它推广并应用于日本的调味领域，将其产品命名为"味の素"，中国称为"味之素"。我国味精的生产始于1922年的上海天厨味精厂，为民族工业家吴蕴初先生所创，品牌为"佛手"牌。

1. 品种特征

味精包括：

（1）谷氨酸钠（99％味精）　L-谷氨酸单钠一水化合物。是以碳水化合物（淀粉、大米、糖蜜等糖质）为原料，经微生物（谷氨酸棒状杆菌等）发酵、提取、中和、结晶，制成的具有特殊鲜味的白色结晶或粉末。

（2）味精（味素）　指在谷氨酸钠中，定量添加了食盐且谷氨酸钠含量不低于80％的均匀混合物。

（3）特鲜（强力）味精　指在味精中，定量添加了核苷酸钠［5′-鸟苷酸二钠（简称GMP）］或呈味核苷酸钠（简称IMP＋GMP或WMP）等增味剂，其鲜味超过谷氨酸钠。

2. 应用

味精是现代中餐烹调中应用最广的鲜味调味品，主要用于味淡菜肴的增鲜，可以增进菜肴本味，促进菜肴产生鲜美滋味，增进人们的食欲，有助于对食物的消化吸收。并且可起缓解咸味、酸味和苦味的作用，减少菜肴的某些异味。

3. 注意事项

味精的最佳溶解温度为70～90℃，在一般烹调加工条件下较稳定，但若长时间处于高温下，易变为焦谷氨酸钠而使鲜味丧失。另外，在碱性条件下，味精会转变为谷氨酸二钠，使鲜味丧失；在酸性条件下，溶解度降低，而使呈鲜能力下降甚至消失。为使味精表现出良好的鲜味，菜肴中添加味精多在出锅前或装盘后进行，不宜将味精与原料一同进行加热，使用时须与食盐配合，在烹调酸甜类菜肴中一般不用。

二、其他鲜味调料

除味精外，表2-3所示为其他常用增鲜调料的特点和应用，此外还有蟹酱、鱼子酱、蟛蜞酱、海胆酱、虾籽、蟹籽、虾油、蛏油、贻贝油、沙蟹汁、鲜蘑菇汁、鱼酱汁、蘑菇浸膏、酵母浸膏、酵母精、香菇粉等。在味精未被发现和应用于烹饪之前，历代厨师都非常重视和讲究的鲜汤是最常用的增鲜剂，尤其是用于一些本身无鲜味的原料，如鱼肚、鱼骨、蹄筋等菜肴的制作。

表2-3　食品加工和烹饪中常用的鲜味调料

品种	特点	应用
鱼露	又称鱼酱油、水产酱油，发源于广东，是以鱼、虾为原料发酵而成的调味酱汁，含有多种呈鲜成分及氨基酸，味极鲜美，营养丰富，且经久耐藏	与酱油运用相似，主要用于菜肴调味，可赋咸、起鲜、增香，适用于煎、炒、蒸、炖等技法，尤宜凉拌或作蘸料，也可兑制鲜汤
海鲜酱	广东特产，是以黄豆、面粉为原料经酿造后加红糖、白醋、酸梅、蒜等配料，破碎后高温蒸煮并研磨而成的制品	色泽枣红，以甜为主，略带酸味，味道鲜美，主要用于拌食，有增进食欲、帮助消化的作用
虾酱	以各种小鲜虾为原料，加入适量食盐经发酵后，再经研磨制成的一种黏稠状，具有虾米特有鲜味的酱，外观略似甜面酱	常用于烹调肉类、蛋类、蔬菜、面食等的增鲜调香用，味道鲜美，也可加葱、姜、酒调味，蒸成小菜食用
蚝油	主产于广东、福建一带，以牡蛎肉渗出液和煮过牡蛎肉的汤汁经沉淀过滤、加热浓缩而成的味道鲜美调品	可作鲜味调料和调色料使用，具有提鲜、增香等作用，适用于炒、烩、烧、扒、煮、炖等多种技法
蟹油	用蟹黄、蟹肉与素油、姜块、葱结、黄酒熬制成的调味品，含多种鲜成分，味道特别鲜美	以蟹油加入菜点，鲜香浓醇，风味独特，其鲜味远胜于味精，如冬令时的蟹油豆腐、蟹油青菜、蟹黄汤包等
菌油	用鲜菌和植物油混合炼制而成的液体鲜味调味料，鲜美香醇，菌肉脆嫩	多用于制作菜肴，如烧豆腐；还可用于拌面条、拌米粉和做汤等

第五节　香辛料

2018年5月1日实施的《天然香辛料 分类》（GB/T 21725—2017）中的"天然香辛料"（natural spices）是指可直接使用的具有赋香、调香、调味功能的植物果实、种子、花、根、茎、叶、皮或整植株等天然植物性产品。

一、香辛料概述

香辛料是指一类具有芳香和辛香等典型风味的天然植物性制品，或从植物（花、叶、茎、根、果实或全植株等）中提取的某些香精油，民间习惯称为香药料、卤料、佐料等。在我国，香辛料绝大多数种类为传统中草药，人类古时就开始将一些具有刺激性的芳香植物作为药物用于饮食，它们的精油含量较高，有强烈的呈味、呈香作用，不仅能促进食欲、改善食品风味，而且还有杀菌防腐功能。

1. 品种特征

据不完全统计，我国已发现的种子植物中，有 103 科、288 属的 500 多种植物含有芳香物质，而有开发利用价值的香料植物种类有 60 多科、170 属、400 多种，其中进行批量生产的天然香料品种已达 100 多种，如八角、茴香、桂皮、薄荷等都在国际市场上占有很大份额。

我国《天然香辛料 分类》（GB/T 21725—2017）依据天然香辛料呈味特征，将其分为浓香型、辛辣型和淡香型三大类，浓香型天然香辛料以浓香为主要呈味特征，呈味成分多为芳香族化合物，无辛、辣等刺激性气味；辛辣型天然香辛料以辛、辣等强刺激性气味为主要呈味特征，呈味成分多为含硫或酰胺类化合物；淡香型天然香辛料以平和淡香、香韵温和为主要呈味特征，无辛、辣等强刺激性气味（见表 2-4、表 2-5 和表 2-6）。与 GB/T 21725—2008 版相比，分类的品种总数由 68 种改为 67 种，删除了"罂粟"品种（罂粟籽作为香辛调味料）。

表 2-4　浓香型天然香辛料分类编号

编号	中文名称	英文名称	植物学名	使用部位
S1	丁香	clove	*Syzygium aromaticum* L. merr. et Perry	花蕾
S2	八角茴香	star anise	*Illicium verum* Hook. F.	果实
S3	小豆蔻	small cardamon	*Eletlaria cardamomum*（L.）Maton	果实
S4	小茴香	fennel	*Foeniculum vulgare* Mill.	果实、梗、叶
S5	大清桂	Vietnamese cassia	*Cinnamomum loureirii* Nees.	树皮
S6	牛至	oregano	*Origanum vulgare* L.	叶、花
S7	龙蒿	tarragon	*Artemisia dracunculus* L.	叶、花序
S8	百里香	thyme	*Thymus vulgaris* L.	嫩芽、叶
S9	阴香	Indonesia cassia	*Cinnamomum burmannii* C. G. nees ex Blume	皮
S10	多香果	pimento allspice	*Pimenta dioica*（L.）Merrill	果实、叶
S11	肉豆蔻	nutmeg	*Myristica fragrans* Hout	假种皮、种仁

续表

编号	中文名称	英文名称	植物学名	使用部位
S12	芹菜籽	celery	*Apium graveolens* L.	植株
S13	芫荽	coriander	*Coriandrum sativum* L.	种子、叶
S14	葛缕子	caraway	*Carrum carvi* L.	果实
S15	莳萝	dill	*Anethum graveolens* L.	果实、叶
S16	香豆蔻	Greater Indian car-damom	*Amomum subulatum* Roxb	果实、种皮
S17	桂皮	Chinese cassia	*Cinnamomum cassia* Nees.	皮
S18	甜罗勒	sweet basil	*Ocimum basilicum* L.	叶、嫩芽

表 2-5 辛辣型天然香辛料分类编号

编号	中文名称	英文名称	植物学名	使用部位
P1	大蒜	garlic	*Allium sativum* L.	鳞茎
P2	大葱	Welsh onion	*Allium fistulosum* L.	植株
P3	小葱	chive	*Allium schoenopasum* L.	叶
P4	白欧芥	white mustard	*Sinapis alba* L.	种子
P5	白胡椒	white pepper	*Piper nigrum* L.	果实
P6	木姜子	litsea	*Litsea pungens* Hemsl	果实
P7	花椒	prickly ash	*Zanthoxylum bungeanum* Maxim	果实
P8	阿魏	asafoetida	*Ferula assa-foetida* L.	根、茎
P9	姜	ginger	*Gingiber officinale* Roscoe	根、茎
P10	洋葱	onion	*Allium cepa* L.	鳞茎
P11	香茅	lemongras	*Cymbopogon citrates*（DC.）Stapf	叶
P12	砂仁	villosum	*Amomum villosum* Lour	果实
P13	韭葱	winter leek	*Allium porrum* L.	叶、鳞茎
P14	高良姜	greater galanga	*Alpinia galanga*（L.）Willd	根、茎
P15	荜拨	long pepper	*Piper longum* L.	果实
P16	黑芥子	black mustard	*Brassica nigra*（L.）W. D. J. Koch	种子
P17	椒样薄荷	peppermint	*Mentha × piperita* L.	叶、嫩芽

续表

编号	中文名称	英文名称	植物学名	使用部位
P18	辣椒	chilli, capsicum	*Capsicum frutescens* L.	果实
P19	辣根	horseradish	*Armoracia rusticana* P. Gaertn. B. Meyei et Scherb	根
P20	薄荷（野薄荷）	fieldmint	*Mentha arvensis* L.	叶、嫩芽

表 2-6　淡香型天然香辛料分类编号

编号	中文名称	英文名称	植物学名	使用部位
E1	调料九里香	curry	*Murraya koenigii*（L.）C. sprengel	叶
E2	山奈	kaempferia	*Kaempferia galanga* L.	根、茎
E3	月桂叶	laurel	*Laurus nobilis* L.	叶
E4	甘草	licorice	*Glycyrrhiza uralensis* Fisch	根
E5	石榴	pomegranate	*Punica granatum* L.	干鲜种子
E6	甘牛至	sweet marijoram	*Organum majorana* L.	叶、花序
E7	香椿	Chinese mahogany	*Toona sinesis*（A. juss）roem	嫩芽
E8	芝麻	sesame	*Sesamum indicum* L.	种子
E9	芒果	mango	*Mangifera Indian* L.	未成熟果实
E10	香旱芹	ajowan	*Trachyspermum ammi*（L.）Sprague	果实
E11	杨桃	carambola	*Averrhoa carambola* L.	果实
E12	豆蔻	cambodian cardamom	*Amomum krervanh* Pierre ex Gagnepain	果实、种子
E13	菖蒲	sweet flag	*acorus calamus* L.	根茎
E14	枫茅	Srilanka citronella	*Cymbopogon nardus*（L.）Rendle	叶
E15	刺柏	juniper	*Juniperus communis* L.	果实
E16	刺山柑	caper	*Capparis spinosa* L.	花蕾
E17	细叶芹	charvil	*Anthriscus cereifolium*	叶
E18	欧芹	parstey	*Petroselinum crispum*（P. mill）nyman ex A. W. hill	叶、种子

编号	中文名称	英文名称	植物学名	使用部位
E19	罗晃子	tamarind	*Tamarindus indica* L.	果实
E20	孜然（枯茗）	cumin	*Cuminum cyminum* L.	果实
E21	姜黄	turmeric	*Curcuma Longa* L.	根、茎
E22	葫卢巴	fenugreek	*Trigonella foenum-graecum* L.	果实
E23	草果	tsao-ko	*Amomum tsao-ko* Crevost et Lemaire	果实
E24	香荚兰	vanilla	*Vanil laplanifolia* Andr. syn. V. fragrans Ames	果荚
E25	迷迭香	rosemary	*Rosmarinus officinalis*	叶、嫩芽
E26	留兰香	garden mint	*Mentha spicata* L.	叶、嫩芽
E27	圆叶当归	angelia	*Angelica archangelica* L.	果实、嫩枝、根
E28	蒙百里香	wild thyme	*Thymus serpyllum* L.	嫩芽、叶
E29	藏红花	saffron	*Crocus sativus* L.	柱头

2. 商品形态

香辛料的利用形态，可以分为天然香辛料和加工香辛料两种。经干燥或粉碎的天然香辛料，即粉碎香辛料，是一种最传统的使用方法，主要应用于家庭、餐馆的烹调，也可用于餐桌上的调味，如辣椒粉、胡椒粉等。利用香辛料成分易溶于各种食用油和脂肪加工成香辛料精油，赋香力可任意调整，如八角茴香油、薄荷素油及芥末油等。

我国除有粉碎香辛料、少量香辛料精油及复合香辛料（如五香粉）外，对其他产品的开发则较少。国外对加工的香辛料及其制品的开发与应用已达到较高水平，其产品主要有灭菌粉碎香辛料、复合香辛调味料、香辛料精油、油树脂、香精、香辛料乳液、香辛料煎液、分散的香辛料、胶囊化香辛料及速溶香辛料。其中，油树脂是将香辛料原料中几乎全部香气和呈味成分提取出来，制成的黏稠、颜色略深、含有精油的树脂性产品。其优点是能较完整地代表香辛料的有效成分、香气和口味，不易氧化、聚合、变质，使用方便。

3. 性质功能

香辛料根据其功能的不同，可分为香味料、辛味料、苦味料、着色料、药用料等。香辛料在食品加工中有着着色、赋香、矫臭、抑臭及赋予辣味等功能，并由此产生增进食欲的效果。香辛料之所以能促进食欲，是各种香气、刺激等综合作用的结果。香辛料特有成分的刺激性，使消化器官的黏膜受到强烈刺激，提高了中枢神经的作用，促使输送到消化器官的血液增多，消化液分泌旺盛，从而促进了食欲并改善了消化。与此同时，也促进了肠道的蠕动，使营养更好地被吸收。中枢神经作用的提高，使血液畅通，在寒冷季节能使身体暖和。辣椒常用于此目的，并被用于治疗冻疮。香辛料的刺激成分，是植物为防止害虫及细菌侵害而具有的，故常常具有驱除人体内蛔虫及其他寄生虫的功效。另外，有的香辛料还具有抗氧化性（如丁香、姜、小茴香等），可防止肉类和水产原料中的脂肪氧化；对微生物有杀菌作用（如大蒜），对寄生虫有杀灭作用，可用于食品的防腐，避免食物中毒，在与其他调味品（如食盐、砂糖、醋等）一起使用时，效果更好。香辛料中不少本身就是中药材，具有健胃、调理肠胃、祛痰、驱虫、助消化、健身、止血等良好的药用价值，而被广泛应用。

二、常用香辛料介绍

1. 葱、姜、蒜

（1）葱　葱为百合科多年生草本植物，种类很多，在食品加工中应用较多的有大葱和洋葱。

① 大葱。大葱是食品加工和烹饪过程中使用普遍、深受喜爱的调味料之一。大葱主要有效成分是挥发油（主要是葱蒜辣素），此外还含有蛋白质、脂肪、糖类、维生素 A、维生素 B、维生素 C、钙、镁、铁等物质。大葱性辛温、味香辣，可提鲜增香、除腥去膻，而且对人体还有医疗保健作用。

② 洋葱。洋葱又称球葱、葱头等，为须根生草本植物，叶鞘肥厚呈鳞片状，密集于短缩茎周围，鳞茎呈扁球形，可食部分都是鳞茎。洋葱能使肉制品香辣味美，还能除去肉的腥膻味。洋葱中含有铁、磷、锌、硒、叶酸、维生素 C 等对人体有益的化学物质 30 多种，在肉品加工及烹饪中经常使用。

（2）姜　又称生姜，为姜科植物姜的根茎，呈黄色或灰白色不规则块状，性辛微温，味香辣。其主要成分为姜油酮、生姜醇、姜油素等挥发性物质，以及淀粉、纤维素等，可以鲜用也可以干制成粉末使用。姜是广泛使用的调味料，具有调味增香、去腥解腻、杀菌防腐等作用。

（3）大蒜　大蒜是一种百合科多年生宿根植物大蒜的鳞茎。蒜的全身都含有挥发性大蒜素，其有效成分是二烯丙基二硫化物和二丙基二硫化物，蒜中还含有蛋白质、脂肪、糖、维生素 B、维生素 C、钙、磷、铁等物质。大蒜性温味辣。在肉品加工和烹饪中常用，可起到压腥去膻、增强风味、促进食欲、帮助消化的作用。

2. 辣椒

辣椒为茄科辣椒属能结辣味浆果的一年生或多年生草本植物，是目前世界上普遍栽培的茄果类蔬菜。浆果未熟时呈绿色，成熟后呈红色或橙黄色，干燥的成熟果实带有宿萼及果柄，果皮带革质，干缩而薄，外皮呈鲜红色或红棕色，有光泽。

按辣味的有无，可分为辣椒和甜椒。辣椒能促进食欲，增加唾液分泌及淀粉酶活性，也能促进血液循环，增强机体的抗病力，还具有抗氧化、抗菌、杀虫和着色作用。作为辣味调料使用的主要是辣椒制品，其辣味主要是辣椒素和挥发油的作用，辣味成分主要包括辣椒素、降二氢辣椒素、高二氢辣椒素、高辣椒素、壬酸香兰基酰胺、癸酸香兰基酰胺。辣椒果挥发油含量为 $0.1\% \sim 2.6\%$，主要成分是 2-甲氧基-3-异丁基吡嗪。辣椒鲜果可作蔬菜或磨成辣椒酱，或做泡辣椒；老熟果经干燥，即成辣椒干，磨粉可制成辣椒粉或辣椒油。

干辣椒：是由新鲜尖头辣椒的老熟果晒干而成，外皮鲜红色或红棕色，有光泽、辣中带香，各地均产，主产于四川、湖南，品种有二金条、朝天椒、线形椒、羊角椒等。

辣椒粉：又称辣椒面，是将干辣椒碾磨成粉面状的一种调料。因辣椒品种和加工的方法不同，品质也有差异。选择时以色红、质细、籽少、香辣者为佳。

辣椒油：又称红油，是用油脂将辣椒粉中呈香、呈辣和呈色物质提炼而成的油状调味品。成品色泽艳红，味香辣而平和，是广为使用的辣味调味料之一。

辣椒酱：是常用的辣味调料，即将鲜红辣椒剁细或切碎后，再配以花椒、盐、植物油脂等，然后装坛经发酵而成，为制作麻婆豆腐、豆瓣鱼、回锅肉等菜肴及调制"家常味"必备的调味料。使用时需剁细，并在温油中炒香，以使其呈色、呈味更佳。加入蚕豆瓣的辣椒酱也称豆瓣酱。

泡辣椒：常以鲜红辣椒为原料，经乳酸菌发酵而成。成品色鲜红，质地脆嫩，具有泡菜独有的鲜香风味。

辣椒制品都能增加菜肴的辣味，品种不同，运用略有差异。干辣椒在烹饪中运用极为广泛，具有去腥除异、解腻增香、提辣赋色的作用，广泛应用于荤素菜肴的制作。辣椒粉在烹调中不仅可以直接用于各种凉菜和热菜的调味，或用于粉末状味碟的配制，而且还是加工辣椒油的原料。辣椒油广泛运用于拌、炒、烧等技法的菜肴和一些面食品种。在制作不同辣味的菜肴时也常用到辣椒油，如调制麻辣味、蒜泥味、酸辣味、红油味、怪味等，均需用到辣椒油。泡辣椒是调制"鱼香味"必用的调味料。使用时需将种子挤出，然后整用或切丝、切段后使用。

注意事项：烹调中使用辣椒，应注意因人、因时、因物而异的原则，年轻人对辣一般较喜爱，老年人、儿童则少用。秋冬季寒冷、气候干燥当多用；春夏季，气候温和、炎热，当少用。清鲜味浓的蔬菜、水产、海鲜当少用，而牛、羊肉等腥膻味重的原料可以多用。

3. 胡椒

胡椒为胡椒科植物胡椒的干燥近成熟或成熟果实，在秋末至次春果实呈暗绿色时采收、晒干，为黑胡椒；果实变红时采收，用水浸渍数日，擦去果皮，晒干，为白胡椒。黑胡椒辛香味较白胡椒强。胡椒原产于印度西南海岸，中国海南、广东、广西、云南、台湾均有栽培，以海南和云南西双版纳所产为好。胡椒是目前世界上食用香料中消费量最大、最受欢迎的一种香辛料。

胡椒富含胡椒碱、胡椒脂碱、水芹烯、丁香烯及吡啶等化学成分，辣味来自胡椒碱和辣椒素，对口腔有较强的刺激性，属于热辣性辣味化合物。当胡椒被加工成细小的粉末使用时，由于粉末飞扬到鼻腔，也可刺激鼻腔的黏膜组织，使人有打喷嚏的现象。

作调味品使用的主要是胡椒粉或胡椒油。胡椒粉是将胡椒研磨成粉末状的制品，分为白胡椒粉和黑胡椒粉两种。胡椒油是以优质胡椒仁为原料，采用科学的工艺浓缩提炼而成的胡椒制品，外观为金黄色，色泽清亮，有少许赤褐色沉淀物，气味辛香，与胡椒粉相比，辛香味更浓、使用起来更方便、效果更佳。

胡椒辣味轻微、有芳香感，在烹调或食品加工中有去腥、提鲜、增香，并有开胃下饭的作用。一些荤腥的动物性原料，如牛肉、羊肉、海产鱼类、贝类、软体动物、淡水鱼类等，用其以去腥为主，且能增香，大多出锅前或装盘后，再将胡椒粉撒入；一些清鲜淡雅的原料及菜品，如炖鸡、烩豆腐等放些胡椒粉也能增香，使风味更佳；制作辣酱油，腌制萝卜干、榨菜、腊肉也可放一点；最常见的水饺、面条放点胡椒粉则更为鲜香可口。

4. 花椒

花椒又称川椒、秦椒等，为芸香科植物花椒的干燥果实，性热味辣。中国原产，在我国华北、华中、华南均有分布，以四川雅安、阿坝、秦岭等地所产为上品，以河北、山西产量为高。花椒是中国特有的香料，位列调料"十三香"之首。

花椒果皮含有挥发油，油的主要成分为柠檬烯、枯醇、香叶醇等，此外还含有植物甾醇及不饱和有机酸等多种化合物。品种有山西芮城花椒，陕西韩城大红袍，四川茂县花椒、正路花椒、金阳青花椒等。花椒有伏椒和秋椒之分，伏椒七八月间成熟，品质较好；秋椒九十月间成熟，品质较差。

在使用中，花椒除颗粒状外，常加工成花椒粉、花椒油或花椒盐等形式使用。

花椒在烹调或食品加工中具有去异味、增香味的作用，无论红烧、卤味、小菜、四川泡菜、鸡鸭鱼羊牛等菜肴均可用到它，川菜运用最广，形成四川风味的一大特色。花椒与盐炒熟成椒盐，香味溢出，可用于腌鱼、腌肉、风鸡、风鱼的制作；捣碎的椒盐可用于干炸、香炸类菜肴蘸食，香味别致。花椒粉和葱末、盐拌成的葱椒盐，可用于"叉烧鱼""炸猪排"等菜加热前的腌渍。花椒用油炸而成的花椒油，常用于凉拌菜肴中。炖羊肉放点花椒则可增香去腥膻。花椒还常与大、小茴香和丁香、桂皮一起配制成"五香粉"，在烹调中运用更广。

5. 小茴香

小茴香又名茴香、蘹香、小香、小茴、角茴香、刺梦、香丝菜、谷香、谷茴香等，为伞形科植物茴香的干燥成熟果实。秋季果实初熟时采割植株，晒干，打下果实，除去杂质。气味香辛温和、带有樟脑气味、微甜，又略有苦味和炙舌之感。我国各地均有栽培，小茴香的故乡在地中海沿岸，后传到古希腊和埃及，我国主要产于山西、内蒙古、甘肃、辽宁。

小茴香的干燥果实呈小柱形，两端稍尖，外表呈黄绿色，以颗粒均匀、饱满、黄绿色、味浓甜香者为佳。小茴香柔嫩的茎叶可供食用，其营养较一般蔬菜丰富，维生素 A 的含量比芹菜、黄瓜高 20 多倍，维生素 C 比胡萝卜高 2 倍、比南瓜高 5 倍，还含有大量的矿物质、糖类和其他成分。

小茴香含精油 3%～4%，主要成分为茴香脑和茴香醇占 50%～60%，茴香酮 1.0%～1.2%，并可挥发出特异的茴香气，有增香调味、防腐防膻的作用。

在使用中，可以干燥的整粒、干籽粉碎物、精油和油树脂的形态用作香料。小茴香常用于酱卤肉制品与汤料制作中，往往与花椒配合使用，能起到增加香味、去除异味的作用。使用时应将小茴香及其他香料用料袋捆扎后放入老汤内，以免粘连原料肉。小茴香也是配制五香粉的原料之一。

6. 八角茴香

八角茴香北方称大料，南方称唛角，也称大茴香、八角，为木兰科八角属植物的果实，辐射状的蓇葖果，呈八角状，故名八角茴香。有强烈的香气，味甜、性辛温。八角茴香鲜果为绿色，成熟果实为深紫色、暗而无光；干燥果呈棕红色，并具有光泽。八角茴香原产于广西西南部，为我国南方热带地区的特产，主要分布于广西、广东、云南、贵州等地，在福建南部和台湾地区也有少量栽培。

八角茴香属中有 4 个品种，其中两个有极毒。即莽草和厚皮八角不可食用，产于长江下游一些地区，其形状类似食用八角，角细瘦而顶端尖，一般称为"野八角"。果实小，色泽浅，呈土黄色，入口后味苦，口舌发麻，角形不规则，呈多角形，每朵都在八个角以上，有的多达 13 只角。因此，在使用八角茴香时一定要注意辨别真伪，切勿混淆误食。八角树每年 2～3 月份和 8～9 月份结果两次，秋季果实是全年的主要收成。

八角茴香的果实由青转黄时即可采收，过熟时为紫色，加工后变黑，按其质量标准分为 5 个等级。

（1）大红　色泽鲜红，肉厚肥壮，朵大无硬枝，无黑粒，身干无霉变。

（2）金星大茴香　与大红相同，在阳光下看金光闪闪，细看有发光白色，质地最佳。

（3）统装大茴　色泽红，肉肥，其中有少许瘦角，黑粒，稍有硬枝，无碎角，身干无霉变。

（4）角花　色泽有黑有红，角身比较瘦，略有硬枝，身干无霉变，味稍差。

（5）干枝　色泽暗红，角瘦，角的尖端扎手，硬枝多，碎角不多，身干味差。

八角茴香由于所含的主要成分为茴香脑类挥发油，因而有茴香的香气，味微甜而稍带辣味。其主要成分为：挥发油 4%～9%，脂肪油约 22%，挥发油中主要为茴香醚占 80%～90%，其余为 α-蒎烯、β-蒎烯、α-水芹烯、α-萜品醇及少量黄樟醚、甲基胡椒酚等。

在使用中，可以干燥的整粒使用，也可以磨成粉末，或者用蒸馏法提取茴香油做香料。

八角茴香是家庭烹调和肉类加工常用的调味料，有减少肉腥臭味、增加香味、促进食欲的作用，广泛应用于多种烹饪原料及酱、煮、焖、炖、煺、烧等菜肴中。同时，又是五香粉、十三香、咖喱粉等复合香辛料的主料之一。另外，据《中药大辞典》记载，八角茴香用作中药，有温中散寒、理气止痛、抗菌、促进肠胃蠕动、升高白细胞等功效。

7. 甘草

甘草又名甜草根、红甘草、粉甘草、粉草，为豆科甘草属植物甘草的根和根状茎，外皮红棕色，内部黄色，味甜，以外皮细紧、有皱沟、红棕色、质坚实、断面黄白色、味甜者为佳品。甘草分布于我国东北、华北、陕西、甘肃、青海、新疆、山东等地。

甘草的根及根状茎含甘草甜素，即甘草酸 6%～14%，为甘草的甜味成分，是一种三萜皂苷；并含有少量甘草黄苷、异甘草黄苷、二羟基甘草次酸、甘草西定、甘草醇、5-O-甲基甘草醇和异甘草醇。此外，尚含有甘露醇、葡萄糖 3.8%、蔗糖 2.4%～6.5%、苹果酸、桦木酸、天冬酰胺、烟酸等。

甘草是我国民间使用的一种天然甜味剂，甜味成分是甘草酸，是一种糖苷，其甜度相当于蔗糖的 $200\sim300$ 倍，主要分布于甘草的根部。甘草用作甜味调味料时，常先将甘草的根、茎干燥后，磨碎成粉末食用，有微弱的特殊气味，具有甜味，并有一定的苦味；也可将甘草切碎，加水冷浸后用纱布过滤取其浸出汁液。

甘草常用于酱卤肉制品，主要是作为调味剂，并赋予制品以甜味和特有的风味。干燥粉碎成甘草末可用于肉类罐头等食品，也可制成甘草酸钠盐，代替砂糖使用，如与蔗糖、柠檬酸等混合使用，其甜味更佳。甘草是我国传统的调味料，在其悠久的使用历史中，未发现对人体有危害之处，正常使用量是安全的。甘草在中医药中还有"可解百毒"之说。但大量食用后会引起不良反应，可能会引起心脏病和高血压等疾病。现在不少食疗、食补的药膳中常常将甘草作为甜味调料。

8. 肉桂

肉桂别名安桂、玉桂、牡桂、菌桂、桂树，为樟科樟属植物肉桂的树皮。好的肉桂是采自 $30\sim40$ 年老树树皮加工而成，肉桂以不破碎、外皮细、肉厚、断面紫红色、油性大、香气浓厚、味甜辣者为上品。作为香辛料以西贡肉桂香味为最好，斯里兰卡肉桂、中国肉桂与印度尼西亚肉桂次之。中国广东、福建、浙江、四川均有栽植。

肉桂中挥发油（桂皮油）含量为 $1\%\sim2\%$，还含有单宁、黏液质、甲基羟基查尔酮等。油的主要成分为桂皮醛 $75\%\sim90\%$，并含有少量的乙酸桂皮酯、乙酸苯丙酯等。

肉桂可加工成粉状或用于提取肉桂油，其叶和枝条采集晒干可蒸油。

在调味品加工中，肉桂是一种常用的主要调味料，味香辛甜，主要起提味、增香，去除膻腥味的作用，是酱卤制品的主要调味料之一，如烧鱼、五香肉、茶叶蛋等，还可用于咖啡、红茶、泡菜、糕点、糖果等的调香，使其味道更为香甜醇厚。此外，肉桂也是五香粉的主要原料，在中国的五香粉、印度的咖喱粉等复合调味料加工中都是必备的原料。据《中药大辞典》记载，肉桂香气馥郁，可使肉类菜肴祛腥解腻，令人食欲大增；菜肴中适量添加肉桂，有助于预防或延缓因年老而引起的 II 型糖尿病；肉桂中含苯丙烯酸类化合物，对前列腺增生有治疗作用；肉桂味辛、甘，性大热，具有温脾和胃、祛风散寒、活血通脉、镇痛的作用，对痢疾杆菌有抑制作用，是医药工业的重要原料。肉桂须在干燥的环境中保存，防止受潮而影响品质。

9. 丁香

丁香又名公丁香、丁子香，为桃金娘科丁香属植物，气味强烈，芳香浓郁，味辛辣麻。丁香是常绿乔木，花紫色，有浓烈香味。丁香的花期在 $6\sim7$ 月份，在花蕾含苞欲放、由白转绿并带有红色、花瓣尚未开放时采收。采收后把花蕾和花柄分开，经日晒 4～5d 花蕾呈浅紫褐色，脆、干而不皱缩，所得产品即为公丁香，也称"公丁"。花后 1～2 个月，即 7～8 月份果熟，浆果红棕色，稍有光泽，椭圆形，其成熟果实为母丁香，也称"母丁"。公丁香呈短棒状，上端呈圆球形，下部呈圆柱形，略扁，基部渐狭小，表面呈红棕色或紫棕色，有较细的皱纹，质坚实而有油性。母丁香呈倒卵或短圆形，顶端有齿状萼片 4 片，表面呈棕色，粒糙。

丁香质坚而重，入水即沉，断面有油性，用指甲用力刻之有油渗出。丁香以香味浓郁、有光泽者为上品，干燥无油者为次品。丁香花蕾除含 14%～21% 的精油外，尚含蛋白质、单宁、纤维素、戊聚糖和矿物质等。

丁香性辛、温，有较强的芳香味，香味主要来自丁香酚（占 80% 左右）、丁香烯、香草醛、乙酸酯类等，可调味，制香精，也可入药。

丁香在食品中主要起调味、增香、提高风味的作用，去腥膻、脱臭的作用为次。因丁香的香味浓郁，易压住其他调料味和原料本味，因此用量不能过大。而且，应注意在白汤产品应用时，要防止由于丁香用量过大造成的产品发黑、发灰现象，而影响产品质量。

10. 肉豆蔻

肉豆蔻又称肉果、玉果、顶头肉、豆蔻，为肉豆蔻科肉豆蔻属植物肉豆蔻的种仁。核果肉质，近似球形或梨形，有芳香气味，呈淡黄色和橙黄色。果皮厚约 0.5cm，果熟时裂为两瓣，露出深红色假种皮，即肉豆蔻衣，种仁即肉豆蔻，呈卵形，有网状条纹，外表为淡棕色或暗棕色。肉豆蔻在热带地区广为栽培，主要产于印度、巴西、马来西亚等地，在我国海南、广东、广西、云南和福建等地也有少量栽培。

肉豆蔻一年中有两个采收期，7～8 月份和 10～12 月份。成熟果实呈灰褐色，会自行裂开撒出种子。采后的果实除去肉质多汁的厚果皮，剥离出假种皮，将种仁置于 45℃ 缓慢烘干至种仁摇动即响，即为肉豆蔻。假种皮色鲜红、透明而质脆，放通风处风干至色泽发亮、皱缩后，再压扁晒干，即为肉豆蔻衣。

肉豆蔻含有挥发油、脂肪、蛋白质、戊聚糖、矿物质等，挥发油中主要含有 d-莰烯和 α-蒎烯。肉豆蔻精油中含有 4% 左右的有毒物质为肉豆蔻酸，若食用过多，会引起细胞中的脂肪变质，使人麻痹，产生昏睡感，有损健康，少量食用具有一定的营养价值。

肉豆蔻在汤料中的应用主要是因其气味极芳香可起到解腥增香的作用，它是各种肉类制品不可或缺的香料之一，也是配制咖喱粉、五香粉的原料之一。

11. 陈皮

陈皮为芸香科柑橘属橘的果皮，陈久者入药良，故名陈皮。中国陈皮主要产于四川、广西、江西、湖南等地。中国栽培的感官品种甚多，其果皮均可作调味香料用，10~11月份柑橘成熟时采收剥下果皮晒干可得，用时洗净，色泽为朱红色或橙红色，内表面白色，果皮粗糙。

陈皮味辛、苦，芳香性温，挥发油含量为1.5%~2%，主要成分为 d-柠檬烯、枸橼醛、橙皮苷、脂肪酸等。

陈皮在食品工业中的应用主要是其特殊的芳香气味，可使产品色鲜味美、增加复合香味，并有祛腻、增加食欲和促进肠胃消化功能的作用。

12. 孜然

孜然又称藏茴香、安息茴香，为伞形科一年或多年生草本植物，原产于埃及、埃塞俄比亚等国家，我国新疆有引种。

孜然果实有黄绿色和暗褐色之分，前者色泽新鲜，籽粒饱满，挥发油含量为3%~7%，脂肪酸中主要有岩芹酸、苎烯油酸、亚油酸等。孜然具有独特的薄荷、水果香味，还带适口的苦味，咀嚼时有收敛作用。孜然的果实性平可以入药，可治疗消化不良、胃寒、腹痛。一般食用的是果实干燥后经加工成的粉状产品。

孜然因为味道独特，广受人们喜爱，主要应用于烤羊肉串等牛羊肉制品，也是炖煮牛羊肉尤其是骨汤必不可少的调味料。其主要作用是调味、增香、解腥膻和提高制品固有风味。

13. 白芷

白芷又称香白芷、杭白芷、川白芷、禹白芷、祁白芷，为伞形科多年生草本植物的根。杭白芷产于杭州笕桥；川白芷产于四川遂宁、温江、崇州等地；禹白芷产于河南禹县（今河南禹州市）、长葛等地；祁白芷产于河北祁州。

秋季叶黄时采收，挖出根后，除去须根，洗净晒干或趁鲜切片晒干即为成品。成品白芷气味芳香，味微辛、苦，可用整粒或粉末。白芷以独支、皮细、外表土黄色、坚硬、光滑、切面白色、粉性、香气浓厚者为佳品。白芷含有香豆精类化合物、白芷素、白芷醚、氧化前胡素、珊瑚菜素等，因其气味芳香有除腥膻的功能，故多用于牛、羊制品的加工中。应用白芷最成功、最典型的代表，当数山东菏泽一带的"单县羊肉汤"。

14. 草果

草果，又称草果仁、草果子，为姜科豆蔻属植物草果的果实。性温味辣，具有特异香气，微苦。多年生草本，丛生，花期5~6月份，10~11月份果实开始成熟，果实密集，呈长圆形或卵状椭圆形，在变成红褐色尚未开裂时采收晒干、烘干或用沸水烫2~3min后晒干，干燥通风处保存，品质以个大、饱满、表面红棕色为好。草果产自于云南、广西、贵州等地，栽培或野生于树林中。

草果中含淀粉、油脂等，油中主要成分为反式-2-(+)-碳烯醛、柠檬醛、香叶醇、α-蒎烯、1,8-桉叶油素、β-聚伞花素、壬醛、癸醛、芳樟醇、樟脑、α-松油醇、α-橙花醛、橙花叔醇、草果酮等。

草果常用作烹饪香料用，可整粒或粉末放入，主要起调香、增味、去腥膻的作用。在烧炖牛羊肉时放入少许就可以祛除腥膻、提高风味。

15. 良姜

良姜又称风姜、高良姜、小良姜，为姜科山姜属植物高良姜的根状茎。良姜为多年生草本，根状地下茎，圆柱形，棕红色或紫红色，多节，节处有环形鳞片，节上生根，味芳香。夏末秋初，挖取4～6年生的根状茎，除去地上茎及须根，洗净、切段、晒干即为成品，以肥大、结实、油润、色泽红棕、无泥沙者为佳。良姜主要产于海南岛及雷州半岛和广西、云南、台湾等地，生于山坡草地、灌木丛中，或人工栽培。

良姜中的挥发油含量为0.5%～1.5%，油中主要成分为蒎烯、桉油精、肉桂酸甲酯、高良姜酚、黄酮类。此外，尚含淀粉、单宁及脂肪。

可使用新鲜良姜或其干制品，干制的良姜要注意防潮避湿。使用时一般要将其拍碎，以使良姜的香气成分更好地发挥出来，起到增加香味、调香、去异味的效果。

16. 砂仁

砂仁又称缩砂仁、宿砂仁、阳春砂仁，为姜科豆蔻属植物阳春砂的成熟果实。其干果芳香而浓烈，味辛凉，微苦。砂仁为多年生草本，叶长圆形，色亮绿，花白色，果实呈球形，熟时呈棕红色；种子多枚，黑褐色，芳香。花期3～6月份，果期6～9月份，砂仁果实的采收期是初花后的100～110d，因成熟度不一致，一般是边成熟边采收，晒干或用文火焙干，即为壳砂；剥去果皮，将种子晒干，即为砂仁，以个大、坚实、仁饱满、气味浓者为佳。砂仁主要分布于广西、广东、云南、福建等亚热带地区。

砂仁植株的叶子可以加工砂仁叶油，油中含乙酸龙脑酯、α-樟脑柠檬烯、莰烯、菠烯等。砂仁种子挥发油含量为1.7%～3%，油的主要成分为右旋樟脑、龙脑、乙酸龙脑酯、芳樟酯、橙花叔醇等。

砂仁在食品工业中常用于酱卤制品、干制品、灌肠及汤料的调香，可单独使用，也可和其他香辛料一块配合使用，主要有解腥除臭、增香调香的作用。含有砂仁的制品，食之清香爽口、风味别致并有清凉口感。

17. 百里香

百里香又称地椒、麝香草，为唇形科百里香属多年生草本植物。茎红色，匍匐在地；叶对生，椭圆状，披针形，两面无毛；花紫红，轮伞花序，密集成头状。草叶长2～5cm，是椭圆形小坚果，可将茎叶直接干制加工成绿褐色粉状，有独特的叶臭和麻舌样口味，带甜味，芳香强烈。在夏季枝叶茂盛时采收，拔起全株，洗净，剪去根须，切断，鲜用或晒干。百里香主要分布在东北、河北、内蒙古、甘肃、青海、新疆等地。

百里香全草的挥发油含量为 $0.15\%\sim0.5\%$，油中主要成分为香芹酚、对伞花烃、百里香酚、苦味质、单宁。叶含游离的齐墩果酸、乌索酸、咖啡酸等。中医认为，百里香性味辛、微温，有祛风解表、行气止痛、止咳降压的作用。

百里香在食品加工中主要起调味增香的作用，且能压腥祛膻，主要用于牛、羊肉类制品及其汤料的调味。

三、天然香料提取制品

天然香料提取制品是由芳香植物不同部位的组织（如花蕾、果实、种子、根、茎、叶、枝、皮或全株）或分泌物，采用蒸汽蒸馏、压榨、冷磨、萃取、浸提、吸附等物理法而提取制得的一类天然香料。因制取法不同，可制成不同的制品，如精油、酊剂、浸膏、油树脂等。

1. 精油

用水蒸气蒸馏、压榨、冷磨、萃取等天然香料植物组织后提取得到的制品。与植物油不同，它是由萜烯、倍半萜烯、芳香族、脂环族和脂肪族等有机化合物组成的混合物。

2. 酊剂

用一定浓度的乙醇，在室温下浸提天然香料并经澄清过滤后所得的制品。一般每 100mL，相当于原料 20g。

3. 浸膏

用有机溶剂浸提香料植物组织的可溶性物质，最后经除去所有溶剂和水分后得到的固体或半固体膏状制品。一般每毫升相当于原料 $2\sim5g$。

4. 油树脂

用有机溶剂浸提香料植物组织，然后蒸去溶剂后所得的液体制品，其中一般均含有精油、树脂和脂肪。

另外，还有香膏、树脂和净油等天然香料提取制品。

第六节　酒糟类调料

酒不仅是饮品，同时也是人们日常烹调佳肴美味的重要调味料，特别是在

33

烧煮鸡、鸭、鱼、肉、虾、蟹之类腥味原料时，需要烹入一些料酒，这样既能起到除去腥味的作用，又能增加菜肴的鲜香。

酒中的主要成分是乙醇，此外还含有其他的高级醇、酯类、单双糖、氨基酸等成分，具有去腥除异、增香增色、助味渗透的作用。由于低度酒中的呈香成分多、酒精含量低、营养价值较高，所以常作为烹调用酒，如黄酒、葡萄酒、啤酒、醪糟等。高度酒多用于一些特殊菜式的制作，如茅台酒、五粮液、汾酒等。

一、调味料酒

1. 概念

根据《调味料酒》（SB/T 10416—2007），调味料酒（seasoning wine）是以发酵酒、蒸馏酒或食用酒精成分为主体，添加食用盐（可加入植物香辛料），配制加工而成的液体调味品。

料酒在我国的应用已有上千年的历史，日本、美国、欧洲的某些国家也有使用料酒的习惯。从理论上来说，啤酒、白酒、黄酒、葡萄酒和威士忌都可用作料酒。但人们经过长期的实践、品尝后发现，不同的料酒所烹饪出来的菜肴风味相距甚远。经过反复试验，人们发现以黄酒烹饪为最佳。目前市场上的料酒多是在黄酒的基础上发展的一种烹调专用型黄酒，它是用30％～50％的黄酒作原料，另外再加入一些香料和调味料做成的，与饮用型黄酒在营养卫生指标、风味、价格和包装等方面有一定区别。

2. 应用

料酒在动物性原料的烹调过程中使用极为广泛，无论是原料的腌汁还是加热过程中的调味，都可加以运用，主要作用为去腥膻、解油腻。烹调时加入料酒，能使造成腥膻味的物质溶解于酒精中，随着酒精挥发而被带走。料酒的酯香、醇香同菜肴的香气十分和谐，用于烹饪不仅可为菜肴增香，而且通过乙醇挥发，把食物固有的香气诱导挥发出来，使菜肴香气四溢、满座芬芳。料酒中还含有多种多糖类呈味物质，且氨基酸含量很高，用于烹饪能增添鲜味，使菜肴具有芳香浓郁的滋味。在烹饪肉、禽、蛋等菜肴时，加入料酒能渗透到食物组织内部，溶解微量的有机物质，从而令菜肴质地松嫩。

在使用时应该注意用量，不可太多，以不影响菜肴口感、无残留酒味为宜。另外，应根据料酒在加工中所起的作用不同，在不同时间加入。如主要是去腥除异、助味渗透，应在烹制前码味时加入；如主要是为菜品增色增香，应在烹制过程中加入；如主要是为增加醇香，应勾兑入芡汁在起锅时加入。

二、香糟

新鲜酒糟（制黄酒或米酒后剩余的残渣）加炒熟的麸皮和茴香、花椒、陈

皮、肉桂、丁香等香料（也可选用其中 1～2 种香料）入坛层层压实，密封
3～12 个月，即成为具有特殊香气的香糟。香糟的香味很浓郁，带有一种诱人
的酒香，醇厚柔和，其香气主要来自于酯类，如乙酸乙醇酯、丙酸乙醇酯、异
丁酸乙醇酯等。

1. 品种特征

香糟按颜色可分为白糟和红糟两类。白糟即普通的香糟，呈白色至浅黄
色；红糟中含有一定的红曲色素成分，使得酒糟颜色呈粉红色或枣红色，为福
建特产。此外，山东省还有用新鲜的墨黍米黄酒的酒糟加 15％～20％炒熟的
麦麸及 2％～3％的五香粉制成特殊香糟，风味别具一格。

香糟常加工成"糟卤"使用，以稻米为原料制成黄酒糟，添加适量香料进
行陈酿，制成香糟；然后萃取糟汁，添加黄酒、食盐等，经配制后过滤而成的
汁液，多用于糟香味的冷菜调味。

2. 应用

香糟中因含有少量的酒精成分，在烹饪中主要用来增香和调香，还可起到
一定的去腥除膻作用。香糟可运用于熘、爆、炝、炒、烧、蒸等多种技法，以
烹制动物性原料为主，用于植物性原料不多。如糟扣肉、香糟鱼、糟蛋、糟熘
白菜梗、糟鸭等。红糟还可起到美化菜肴色泽或增色的作用。生熟原料均可使
用香糟，分别称为生糟法和熟糟法。所谓生糟法就是将用食盐腌制过的原料，
再浸入香糟中（有时也可直接将生的原料浸入香糟中），经数日后，取出原料
调味蒸熟食用，如糟青鱼块。熟糟法是先将原料经过熟处理（通常以白煮法使
之成熟）后放入坛内，加入香糟或香糟卤以及食盐，密坛封口，经数日便可开
坛取出食用，如糟鸡、糟鱼等。我国江南一带以及福建等地以糟制的各类食品
见长。

第三章 酿造调味品

第一节 酱油

酱油酿造历史悠久，我国早在周朝就有了酱制品，最早使用"酱油"名称是在宋朝，随着佛教的传播，公元 8 世纪由著名的鉴真和尚将其传入日本，后来逐渐扩大到东南亚和世界各地。

酱油是一种常用的咸味调味品，以蛋白质和淀粉为主，经微生物发酵酿制而成。酱油中含有多种调味成分，有酱油特殊的香味、食盐的咸味、氨基酸钠盐的鲜味、糖及其醇类物质的甜味、有机酸的酸味等，还有天然的红褐色色素，不仅营养丰富，而且还含有许多生理活性物质，具有促进胃酸分泌、增强食欲、促进消化及抗菌、抗氧化、降血压等多种保健功能，是人们日常生活中深受欢迎的调味品之一。

中国地域广阔，各地自然条件（温度、湿度、原料、水质等）差异很大，饮食习惯的差异也大，因此各个地区酱油生产的传统工艺，在原料及原料配比、原料处理（蒸、煮、炒）、酱醪（或酱醅）的盐度、水分的多少、发酵时间的长短及酱油的提取方法（压滤、淋出、抽取）等方面均存在许多不同之处。由于这些工艺上的差异，才产生了许多历史形成的、风味各有特色的、不同地区的酱油名特产品。我国传统的豆酱及酱油产品并不是全国统一的一种工艺、一种风味的单一产品。按照发酵方法，目前国内应用较多的酱油生产工艺有：高盐稀态发酵法、低盐固态发酵法、分酿固稀发酵法、低盐稀醪保温法及其他传统工艺法。

一、高盐稀态发酵法

（一）工艺流程

$$菌种 \rightarrow 种曲$$

大豆 → 浸渍除杂 → 蒸煮 → 制曲 → 发酵 → 抽油 → 配兑 → 加热沉淀 → 灭菌 → 成品

面粉　　食盐溶液

（二）操作要点

高盐稀态发酵法适用于以大豆、面粉为主要原料，配比一般为 7∶3 或 6∶4，成曲加入 2～2.5 倍量的 18°Be′/20℃盐水，于常温下经 3～6 个月的发酵工艺。该法的特点是发酵周期长，发酵酱醪呈稀醪态，酱油质量好。

1. 种曲制造

菌种可采用米曲霉、酱油曲霉或适用于酱油生产的其他霉菌；培养基采用麸皮 80%、豆饼粉 15%、面粉 5%。拌水量为原料的 100%～110%，常压蒸煮 60min。熟料经摊晾、搓散，降温至 30℃即可接入锥形瓶纯种，接种量为原料量的 0.1%～0.2%。曲料用竹匾培养，料厚为 1～1.2cm。曲室温度前期为 28～30℃，中、后期为 25～28℃，干湿球温差前期为 1℃，中期为 0～1℃，后期为 2℃。培养过程中翻曲 2 次，当曲料品温达 35℃左右、稍呈白色并开始结块时，进行首次翻曲，翻曲要将曲料搓散。当菌丝大量生长，品温再次回升时，要进行第二次翻曲。每次翻曲后要把曲料摊平，并将竹匾位置上下调换，以调节品温。当生长嫩黄色的孢子时，要求品温维持在 34～36℃，当品温降到与室温相同时才开天窗排除室内湿气。种曲培养 72h。成熟的种曲应置于清洁、通风的环境中存放。种曲的质量要求：种曲的孢子数要求 5×10^9 个/g 曲（干基）以上，孢子发芽率应不低于 90%。

2. 原料处理

原料处理包括食盐溶液的配制及大豆的浸渍、除杂和蒸煮。食盐用水溶解后，要经过滤沉淀，待澄清后方能使用。本工艺所用食盐溶液浓度为 19.1%。浸豆前浸豆罐先注入 2/3 容量的清水，投豆后将浮于水面的杂物清除。投豆完毕，仍需从罐的底部注水，使污物由上端开口随水溢出，直至水清。浸豆过程应换水 1～2 次，以免豆变质。浸豆务求充分吸水，出罐的大豆，晾至无水滴出为止，再投进蒸料罐蒸煮。

蒸豆用常压或加压均可。若加压，应尽量开大气阀，使罐内迅速升压。蒸煮时要注意排清罐内的冷空气。蒸煮所用蒸汽压力为 0.16MPa，保压 8～

10min 后立即排汽脱压，并要求在 20min 内使熟料品温降至 40℃左右。

3. 接种与制曲

曲室、曲池及用具必须经清洁，并经灭菌（可用 5％漂白粉溶液喷洒）。熟豆应与面粉及种曲混合均匀，种曲用量为原料的 0.1％～0.3％。种曲应先与 5 倍量左右的面粉混合搓碎，以利接种均匀。曲料进池要求速度快、厚度均匀、疏松程度一致。料层厚度控制在 30cm 以内，初进池的曲料含水量控制在 45％左右。曲料进池后品温调整为 30～32℃，当品温上升，应启动风机，控制风温 30～31℃，相对湿度要求 90％以上。当曲料出现发白结块、品温达 35℃时进行首次翻曲，使曲料松散，翻曲后要将曲料拨平，并使品温降至 30～32℃，待品温回升、曲料再次结块则进行第二次翻曲。第二次翻曲后，注意做好压缝工作，以防进风短路。制曲后期，菌丝已着生孢子，此时要求保持室温 30～32℃，以利孢子发育。整个培养过程共 40～44h。要求酱油成曲水分含量 28％～32％，蛋白酶活力（福林法）1000U/g 曲（干基）以上。

4. 发酵

按成曲质量 2～2.5 倍量淋入 19.1％食盐溶液于发酵罐（或池）内，加盐水时，应使全部成曲都被盐水湿透。制醪后的第三天起进行抽油淋浇，淋油量约为原料的 10％。其后每隔 1 周淋油 1 次，淋油时注意控制流速，并在酱醪表面均匀淋浇，避免破坏酱醪的多孔形状。

发酵 3～6 个月，此时豆粒已溃烂，醪液氨基酸态氮含量约为 1g/100mL，前后一周无大变动时，意味醪已成熟，可以放出酱油。抽油后，头滤渣用 18°Bé/20℃食盐溶液浸泡，10d 后抽二滤油，二滤渣用加盐后的四滤油及 18°Bé/20℃食盐溶液浸泡，时间也为 10d，放出三滤油后，三滤渣改用 80℃热水浸泡一夜，即放油，抽出的四滤油应立即加盐，使浓度为 19.1％，供下批浸泡二滤渣使用。四滤渣含食盐量应在 2g/100g 以下，氨基酸含量不应高于 0.05g/100g。

5. 配兑、加热沉淀、灭菌与包装

酱油检测后按产品等级标准进行配兑。经配兑的酱油，加热至 90℃，送进沉淀罐静置沉淀 7d。已澄清的酱油，必须经 60℃加热灭菌 30min 后，才可装瓶出售。

二、低盐固态发酵法

低盐固态发酵法是在无盐固态发酵的基础上，结合当时我国酱油生产的实际情况而予以改进的方法。可以说是总结了几种发酵方法的经验，比如前期以分解为主的阶段采用天然发酵的固态酱醪；后期发酵阶段，则仿照稀醪发酵。

此外，还采用了无盐固态发酵中浸出淋油的好经验。

自 20 世纪 60 年代中期国内逐步推广低盐固态发酵工艺以来，因地区、设备、原料等条件的不同，现在已有三种不同的类型：一是低盐固态移池发酵法；二是低盐固态发酵原池浸出法；三是低盐固态淋浇发酵浸出法。前两者因受工艺和设备限制，没有进行酒精发酵和成酯生香的条件，只做到"前期水解阶段"。后者由于采用了淋浇措施，可调节后期酱醅温度及盐度进行酒精发酵，为生产浓郁酱香型的酱油创造了条件。这种方法是定时放出下面的酱汁，并均匀地淋浇于酱醅面层，还可借此将人工培养的酵母菌和乳酸菌接种于酱醅内。

（一）工艺流程

豆饼→润水→蒸煮冷却→接种→通风培养→成曲→拌和入发酵池→

酱醅前期保温发酵→后期降温发酵→成熟酱醅

酵母菌→逐级扩大培养 ┐
　　　　　　　　　　　├→混合培养
乳酸菌→逐级扩大培养 ┘

（二）操作要点

1. 原料处理

原料处理包括豆饼粉碎、润水及蒸料。豆饼粉碎是为润水、蒸料创造条件的重要工序。一般认为原料粉碎越细，表面积越大，米曲霉繁殖接触面越大，在发酵过程中分解效果越好，可以提高原料利用率；但是粉碎过细，润水时容易结块，对制曲、发酵、浸出、淋油都不利，反而影响原料的正常利用。所以必须适当控制细碎程度，只要大部分达到米粒大小就行。润水是使原料中含有一定的水分，以利于蛋白质的适度变性和淀粉的充分糊化，并为米曲霉生长繁殖提供一定水分。常用原料配比为豆饼：麸皮＝100：（50～70）；加水量通常按熟料所含水分控制在 45%～50%。润水时要求水、料分布均匀，使水分充分渗入料粒内部。蒸料是使原料中的蛋白质适度变性及淀粉糊化，成为容易为酶作用的状态。此外，还可以通过加热蒸煮，杀灭附在原料表面的微生物，以利于米曲霉的生长。

其他原料的处理：使用小麦、玉米、碎米或高粱作为制曲原料时，一般应先经炒焙，使淀粉糊化及部分糖化，杀死原料表面的微生物，增加色泽和香气；

也可以将上述原料直接磨细后，进行液化、糖化，用于发酵。以其他种子饼（粕）作为原料的处理方法与豆饼大致相同。米糠饼可经细碎作为麸皮的代用品。

2. 制曲

当前国内大都采用厚层通风制曲。厚层通风制曲有许多优势，如成曲质量稳定、制曲设备占地面积少，管理集中、操作方便，减轻劳动强度，便于实现机械化，提高了劳动生产率，等。

原料经蒸熟出锅，在输送过程中被打碎成小团块，然后接入种曲。种曲在使用前可与适量新鲜麸皮充分拌匀，种曲用量为原料总质量的 0.3％ 左右。接种温度以 40℃ 左右（夏季 35～40℃、冬季 40～45℃）为好。

曲料接种后多入曲池，厚度一般为 20～30cm，堆积疏松平整，并需及时检查通风，调节品温至 28～30℃，静置培养 6h（其间隔 1～2h 通风 1～2min，以利于孢子发芽），品温即可升至 37℃ 左右，开始通风降温。以后可根据需要，间歇或持续通风，并采取循环通风或换气方式控制品温，使品温不高于 35℃。入池 11～12h 时，品温上升很快，此时由于菌丝结块，通风阻力增大，料层温度出现下低上高现象，并有超过 35℃ 的趋势，此时应进行第一次翻曲。以后再隔 4～5h 进行第二次翻曲。此后继续保持品温在 35℃ 左右，如曲料出现收缩裂缝，品温相差悬殊时，还要采取 1～2 次铲曲措施（或以翻代铲）。入池 18h 以后，曲料开始生孢子，这时仍应维持品温 32～35℃，至孢子逐渐出现嫩黄绿色，即可出曲。如制曲温度掌握略低一点，制曲时间可延长至 35～40h，这对提高酱油质量有好处。

制曲操作归纳起来有："一熟、二大、三低、四均匀"四个要点。

一熟：要求原料熟透好，原料蛋白质消化率在 80％～90％。

二大：大风、大水。曲料熟料水分要求在 45％～50％（具体根据季节确定），曲层厚度一般不大于 30cm。米曲霉生长时，需要足够的空气，其繁殖旺盛，会产生很多热量，必须要通入大量的风和保持一定的风压，才能够透过料层维持米曲霉繁殖的最适温度范围。

三低：装池料温低、制曲品温低、进风风温低。装池料温保持在 28～30℃；制曲品温控制在 30～35℃；进风风温一般为 30℃。

四均匀：原料混合及润水均匀、接种均匀、装池疏松均匀、料层厚薄均匀。

3. 发酵

盐水调制：食盐加水或低级油溶解，调制成需要的浓度。一般淀粉原料全部制曲者，盐水浓度要求为 12.3％～13.4％。

制醅：将准备好的盐水（根据实际需要确定，一般发酵周期长，盐水浓度高些），加热至 50～55℃，再将成曲和盐水充分拌匀入池。拌盐水时要随时注意掌握水量大小，通常在酱醅入池最初 15～20cm 厚的醅层，应控制盐水量略少，以后逐步加大盐水量，至拌完后以能剩余部分盐水为宜。最后将此盐水均匀淋于醅面，待盐水全部吸入料内，再在醅面封盐。盐层厚 3～5cm，并在池面加盖。

成曲拌加的盐水量要求为原料总质量的 65%～100% 为好。成曲应及时拌加盐水入池，以防久堆造成"烧曲"。在拌盐水前应先化验成曲水分，再计量加入盐水，以保证酱醅的水分含量稳定。入池后，酱醅品温要求为 42～50℃，发酵 8d 左右，酱醅基本成熟，为了增加风味，通常延长发酵期为 12～15d。发酵温度如进行分段控制，则前期为 40～48℃、中期为 44～46℃、后期为 36～40℃。

固态低盐发酵的操作要特别注意盐水浓度和控制制醅用盐水的温度，制醅盐水量要求底少面多，并恰当地掌握好发酵温度。

4. 浸出

浸出是指在酱醅成熟后利用浸泡及过滤的方式将其可溶性物质溶出。浸出包括浸泡、过滤两个工序。

浸泡：按生产各种等级酱油的要求，酱醅成熟后，可先加入二淋油浸泡（预热至 70～80℃），加入二淋油时，醅面应铺垫一层竹席，作为"缓冲物"。二淋油用量通常应根据计划产量增加 25%～30%。二淋油加完，仍盖紧容器，防止散热。2h 后，酱醅上浮（如醅块上浮不散或底部有黏块，均为发酵不良，影响出油）。浸泡时间一般要求在 20h 左右，品温在 60℃ 以上。延长浸泡时间，提高浸泡温度，对提高出品率和加深成品色泽有利。如为移池浸出，必须保持酱醅疏松，必要时可以加入部分谷糠拌匀，以利过滤。

过滤：在生产中，根据设备容量的具体条件，可分别采取间歇过滤和连续过滤两种形式。酱醅经浸泡后，头淋油可以从容器的假底下放出，加食盐，待头淋油将要放完（注意醅面不要露出液面）时，关闭阀门；再加入预热至 80～85℃ 的三淋油，浸泡 8～10h，滤出二淋油（以备下次浸醅用）；然后再加入热水（也可以用自来水），浸泡 2h 左右，滤出三淋油备用。总之，头淋油是产品，二淋油套出头淋油，三淋油套出二淋油，最后用清水套出三淋油，这种循环套淋的方法，称为间歇过滤法。但有的工厂由于设备不够，也有采用连续过滤法的，即当头淋油将要滤光，醅面尚未露出液面时，及时加入热三淋油；浸泡 1h 后，放二淋油；又如法滤出三淋油。如此操作，从头淋油到三淋油总共仅需 8h 左右。滤完后及时出渣，并清洗假底及容器。三淋油如不及时使用，必须立即加盐，以防腐败。

5. 配制加工

加热：生酱油加热，可以达到灭菌、调和风味、增加色泽、除去悬浮物的目的，使成品质量进一步提高。加热温度一般控制在80℃以上（高级酱油可以略低，低级酱油可以略高）。加热方法习惯使用直接火加热、夹层锅或蛇形管加热以及热交换器加热等。在加热过程中，必须让生酱油保持流动状态，以免焦煳。每次加热完毕后，都要清洗加热设备。

配制：为了严格贯彻执行产品质量标准的有关规定，对于每批制成的酿造酱油，还必须进行适当的配制。配制以后还必须坚持进行复验合格，才能出厂。

防霉：为了防止酱油霉变，可以在成品中添加一定量的防腐剂。习惯使用的酱油防腐剂有苯甲酸、苯甲酸钠等品种，尤以苯甲酸钠为常用。

澄清及包装：生酱油加热后，会产生凝结物使酱油变得浑浊，必须在容器中静置3d以上（一级以上的优质酱油应延长沉淀时间），方能使凝结物连同其他杂质逐渐积累于器底，达到澄清透明的要求。如蒸料不熟及分解不彻底的生酱油，加热后不仅酱泥生成量增多，而且不易沉降。酱泥可再集中用布袋过滤，回收酱油。酱油包装分洗瓶、装油、加盖、贴标、检查、装箱等工序，最后作为成品出厂。

三、分酿固稀发酵法

该法适用于以脱脂大豆、炒小麦为主要原料酿制酱油，其特点是前期保温固态发酵，后期常温稀醪发酵，发酵周期比高盐稀态发酵法短，而酱油质量比低盐固态发酵法好。

(一) 工艺流程

小麦→精选→炒麦→冷却→破碎 → 种曲

脱脂大豆→破碎→拌水→蒸煮→冷却→混合→通风制曲→成曲→固态发酵→保温稀醪发酵→常温稀醪发酵→成熟酱醪→压滤→生酱油→配兑→加温→澄清→成品

（二）操作要点

1. 种曲

脱脂大豆的制作与处理要求同低盐固态法。

2. 小麦处理

小麦精选去杂后，于170℃焙炒至淡茶色，破碎至粒度为1～3mm的颗粒，与蒸熟的大豆混合均匀（豆粕与小麦配比为7∶3或6∶4），接入种曲，按低盐固态法操作通风制曲。

3. 发酵

成曲按 1∶1 拌入 12.3%～14.5%盐水，入池保温（40～42℃）发酵 14d，然后补加 2 次盐水，盐水浓度 18.9%，加入量为成曲质量的 1.5 倍。此时酱醅为稀醪态，用压缩空气搅拌，每天 1 次，每次 3～4min。3～4d 后改为 2～3d/次，保温 35～37℃，发酵 15～20d。稀醪发酵结束后，用泵将酱醪输送至常温发酵罐，在 28～30℃下发酵 30～100d，此期间每周用压缩空气搅拌 1 次。

4. 压滤取油

由于此法的酱醪呈糊状物，不能用淋油法抽油，故用压滤机压滤法取油。压滤分出的生酱油进入沉淀罐沉淀 7d 后，取上清油按酱油质量标准配兑，然后用热交换器加热，控制出口温度为 85℃，再自然澄清 7d 后，即可按成品包装。

四、低盐稀醪保温法

该法在南方得到较广泛应用，这里不再详细介绍其工艺。

该法吸收高盐稀醪法的优点应用于低盐固态发酵法中，所不同的是加盐水量高于低盐固态法呈稀醪态，故名。

五、其他工艺法

在我国北方有些省份，尚有无盐固态发酵工艺。其特点是制酱醅时不加或加较少量食盐。为了防腐，发酵温度维持在 55～60℃，发酵时间只需要 72h 左右。由于产品质量差，基本上处于被淘汰之列。

还有部分地区（四川地区）采用的是高盐固态发酵工艺，以大豆、面粉为原料，一般采用天然晒露法，属传统工艺。

另外，我国许多地方还流传着当地传统酿造方法，因而生产出许多名特产品，如湘潭龙牌酱油、福建珀头酱油、浙江舟山洛泗座油、天津红钟酱油等，其工艺这里不再一一介绍。

第二节　食醋

食醋是我国劳动人民在长期的生产实践中制造出来的一种酸性调味品，能增进食欲、帮助消化，在人们饮食生活中不可缺少。食醋东西方共有，中国、日本酿醋多以谷物原料为主。而欧美国家则以果实（果汁）原料为主。食醋的酿造包括淀粉分解、酒精发酵和醋酸发酵三个主要过程，这三个过程都离不开不同种类微生物酶的作用。如曲霉中的糖化型淀粉酶使淀粉水解为糖类，蛋白酶使蛋白质分解为各种氨基酸；酵母菌分泌的各种酒化酶使糖分解为酒精；醋酸菌中的氧化酶将酒精氧化成醋酸。整个食醋的发酵过程就是这些微生物酶互相协同作用，产生一系列生物化学变化的过程，这些复杂性反应形成了食醋主体成分和色、香、味、体。

我国各地生产的食醋品种较多，著名的镇江香醋、山西老陈醋、浙江玫瑰米醋、四川麸醋、福建红曲老醋等都是食醋的代表品种。

一、镇江香醋

镇江香醋以优质糯米为主要原料，具有色、香、酸、浓的特点，"酸而不涩、香而微甜、色浓味鲜"，为江南最著名的食醋之一。存放时间越长，口味越香醇，这是因为它具有得天独厚的地理环境和独特的精湛工艺。与山西老陈醋相比，镇江香醋最大的特点在于微甜。100多年来，镇江香醋一直采用传统工艺，即在大缸内采用"固体分层发酵"，每100kg糯米可产一级香醋300～350kg。1970年后用水泥池代替大缸发酵，经酿酒、制醅及淋醋三个过程。

镇江香醋的陈酿期为一年以上，其原产地域范围、原料、生产工艺等与镇江香醋相同。

（一）原料配方

糯米500kg，酒药1.5～2kg，麦曲30kg，麸皮750kg，砻糠（稻壳）400～500kg。此外，生产1000kg一级香醋耗用辅助材料为：米色135kg（折成大米40kg左右）、食盐20kg、糖6kg。

（二）工艺流程

糯米→浸渍→蒸煮→淋饭→拌曲→糖化→酒精发酵(酒化)→成品(酒醅)→制醅→醋酸发酵(翻醅)→封醅→陈酿→淋醋→煎醋→成品

（三）操作要点

1. 酒精发酵

选用优质糯米，淀粉含量在72%左右，无霉变。投料时每次将500kg糯米置于浸泡池中，加入2倍的清水浸泡。一般冬季浸泡24h，夏季15h，要求米粒浸透无白心。然后捞起放入米箩内，以清水冲去白浆，淋到清水出现为止，再适当沥干。将已沥干的糯米蒸至熟透，取出用凉水淋饭冷却，冬季冷至30℃，夏季25℃。均匀拌入酒药1.5～2kg，置于缸内。低温糖化72h后，再加水150kg、麦曲30kg，28℃下保温7d，即得成熟酒醅。其出品率是：每

100kg 糯米可产酒醅 300kg 左右，酒醅酒度 13 度、酸度 0.8 左右。

2. 醋酸发酵

先在池内投入麸皮 750kg，摊平于池内，将发酵成熟的酒醅 1500kg 用水泵打入池内与麸皮拌均匀，即成酒麸混合物（半固体）。取砻糠（稻壳）25kg 均匀摊于池内上层，与池内酒麸混合物拌和。再取在另一处发酵 6～7d 的醋醅（称为老种）25kg，均匀接入酒麸糠混合物中，在池中做成馒头形，上面覆盖砻糠 25kg 即成。

翌日（24h 后）进行翻醅，以扩大醋酸菌的繁殖。具体的操作是：将上面覆盖的砻糠和接种后的醋醅与下面 1/10 层酒麸翻拌均匀，随即上层覆盖砻糠 50kg。第 3 天按照第 2 天的操作方法，把上层砻糠和中间的醋醅再与下面 1/10 层酒麸翻拌均匀，上面仍旧覆盖砻糠 50kg。第 4 天至第 10 天，每天均照上述方法操作，10d 后共加砻糠 400～500kg，池内的酒麸全部与砻糠拌和完毕。在这 10d 中，由于逐步加入砻糠，使醋醅内水分含量降低，中途需适当补充水分（分 2～3 次加入），保持醋醅内含水量在 60％左右。

从第 11 天起，每天不加任何辅料，在池内进行翻醅，将上面的翻到池下，池下的翻到池上面，每天翻 1 次，使品温逐步下降，翻醅到 18～20d 即可。但从第 15 天起，每天要化验醋酸上升情况，如酸度不继续上升，应立即加盐 20kg、用塑料布密封。经过 30～45d 密封，即可转入淋醋工序。

3. 淋醋

可用容量 250～350kg 的淋醋缸或水泥池，缸的数量和水泥池大小应根据生产量而定。如果日产香醋 1t，需淋醋缸 5 套，每套 3 只，共计 15 只缸。若用水泥池代替，需水泥池 3 个，每个容量相当于 5 只缸的总量。取陈酿结束的醋醅，按比例加入米色（优质大米经适当炒制后溶于热水即为炒米色，用于增加镇江香醋色泽和香气）和水，浸泡数小时，然后淋醋。采用套淋法，循环泡淋，每缸淋醋 3 次。通常醋醅与水的比例为 1.5：1，应按照容器大小投入一定量的醋醅，再正确计算加入的数量。

醋汁加入食糖进行调配，澄清后，加热煮沸。生醋煮沸时，要蒸发 5％～6％的水分，所以在加水时，要考虑这个因素，适当多加 5％～6％水。煮沸后的香醋，基本达到无菌状态，降温到 80℃左右即可密封包装。

二、山西老陈醋

山西老陈醋是中国四大名醋之一，创始于清初顺治年间，至今已有 300 多年的历史，生产工艺独特，以色、香、醇、浓、酸五大特征著称于世，素有"天下第一醋"的盛誉。

山西老陈醋选用优质高粱、大麦、豌豆等五谷，经蒸、酵、熏、淋、晒过程酿制而成，色泽呈酱红色，含有丰富的氨基酸、有机酸、糖类、维生素和盐等，食之绵、酸、香、甜、鲜，有软化血管、降低甘油三酯等功效。

（一）原料配方

高粱 100kg，大曲 62.5kg，麸皮 70kg，谷糠 100kg，食盐 8kg，润料用水 60kg，闷料用水 210kg，入缸水（酒精发酵时用水）60～65kg，香辛料（包括花椒、大料、桂皮、丁香、生姜等）0.15kg。

（二）工艺流程

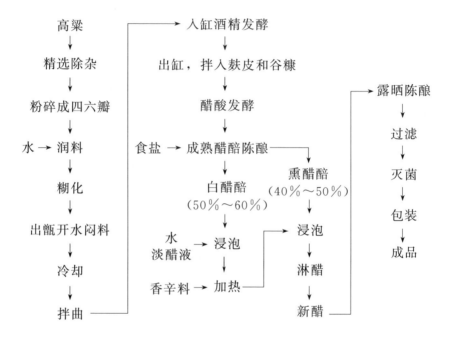

（三）操作要点

1. 原料处理

（1）选料　料进厂后要进行精选除杂，去除霉坏、变质、有杂味的原料，并测定原料中淀粉、水分含量。

（2）原料粉碎　高粱粉碎成四六瓣，细粉不超过 1/4，最好不要带面粉。

（3）润粮　粉碎好的高粱加入高粱质量 50%～60% 的水进行润料。冬天最好用 80℃ 以上的水润料。把原料铺在晾场上，先挖成边沿高、中间凹状，然后把备好的润料水洒入其中，再用木锨从内圈四周把高粱糁和润料水慢慢混合，翻拌均匀，放入木槽内或缸中，静置润料 8～12h。润料期间要勤查料温。做到夏季不要发热，冬季不能受冻，让原料充分润透。

润料标准为高粱吸水均匀，手捻高粱糁为粉状，无硬心和白心，含水分

60%～65%。

（4）蒸煮糊化 蒸料前检查甑桶是否清理干净，甑锅内的水是否加足，把甑箅放好放平，铺上笼布，再铺一层谷糠。开始火要烧旺，待锅沸腾后开始上料。从润料池内或缸内取出高粱糁翻拌均匀（打碎块状物），先在甑底轻轻撒上一层，待上汽后往冒汽处轻轻撒料，一层一层上料，要保持甑桶内所上的料平整，上汽要均匀。待料上完，盖上麻袋开始计时，蒸 2h，停火再闷 30min。

（5）闷料 将蒸好的高粱糁趁热取出，直接放入闷料槽内或缸中，按高粱糁∶开水为 1∶1.5（质量比）的比例混合搅拌，均匀打碎。静置、闷料 20min，高粱糁充分吸水膨胀后，摊于晾场上进行冷却。

（6）冷却 把闷好的高粱糁摊到晾场上，越薄越好，在冷却过程中要不停地用木锨翻倒，并随时打碎块状物。要求冷却的速度越快越好，防止细菌感染，影响整个发酵过程。

2. 拌曲

提前 2h 按大曲∶水＝1∶1（质量比）的比例混合，翻拌均匀备用。待高粱糁冷却到 28～30℃时开始拌曲，将曲均匀地洒到冷却好的高粱糁上，先把曲料收成丘形，再翻拌 2 次打碎块状物，使曲和蒸熟的原料充分混匀。

对蒸好原料的质量要求：润料含水分 68%～70%；闷高粱含水分 120%～150%；拌曲后原料含水分 100%～150%。

3. 酒精发酵

将拌好曲的料送到酒精发酵室内的酒精缸中，先在酒精缸中加水 30～32.5kg，再加入主料 50kg。发酵室温度控制在 20～25℃，料温在 28～32℃，原料入缸后第 2 天开始打耙，每天上下午各打耙 1 次，发现有块状物要打碎，开口发酵 3d 后搅拌均匀并擦净缸口和缸边，用塑料布扎紧缸口，再静置发酵 15d。

成熟酒醪的质量要求：酒精体积分数 9%以上；酸度 1～1.8g/100mL（以醋酸计）。

感官要求：香，有酒香和浓郁的酯香；味，苦涩、辣、微甜、酸、鲜。

4. 醋酸发酵

（1）拌醋醅 把发酵好的酒精缸打开，先把麸皮和谷糠放于搅拌槽内，翻拌均匀后再把酒精液倒在其上翻拌均匀，不准有块状物（酒精液∶麸皮∶谷糠＝13∶6∶7）。然后移入醋酸发酵缸内，每缸放 2 批料，把缸里的料收成锅底形备用。

拌好醋醅的质量要求：水分 60%～64%；酒精体积分数 4.5%～5%。

（2）接火　取已发酵的、醅温达到38～45℃的醅子10%作为火种接到拌好的醋醅缸内，用手将火醅和新拌的醋醅翻拌几下，同时把四周的凉醋醅盖在上边，收成丘形，盖上草盖，保温发酵。待12～14h后，料温上升到38～43℃时要进行抽醅，再和凉醅酌情抽搅一次。如发现有的缸料温高，有的缸料温低时，要进行调醅，使当天的醋酸发酵缸在24h内升温且温度比较均匀，为下批接火打下基础。

（3）移火　接火经24h培养后称为火醅，醅温达到38～42℃时就可以移火，取火醅10%按上法给下批醅子进行接火。移走火的醅子，根据温度高低，进行抽醅，如温度高抽得深一些，温度低抽得浅一些，尽量采取一些措施使缸内的醋醅升温快且均匀。

（4）翻醅　翻醅时要做到有虚有实、虚实并举，注意调醅。争取3d内90%的醋醅都能达到38～45℃。根据醅温情况，掌握灵活翻醅方法。即料温高的翻重一些，料温低的翻轻一些，醅温高的要和醅温低的互相调整一下，争取所有的发酵醋醅都升温且均匀一致，避免有的成熟快，有的成熟慢，影响成熟醋醅的质量和风味。

接火后第3～4天醋酸发酵进入旺盛期，料温可超过45℃，而且80%～90%的醅子都能有适宜温度，当醋酸发酵9～10d时料温自然下降，说明酒精氧化成醋酸已基本完成。

（5）成熟醋醅的陈酿　把成熟的醋醅移到大缸内装满踩实，表面少盖些细面盐用塑料布封严，密闭陈酿10～15d后再转入下道工序。

成熟醋醅的质量要求：水分62%～64%；酸度4.5～5g/100g（以醋酸计）；残糖0.2%以下；基本上无酒精残留。

5. 熏醅

把陈酿好的醋醅40%～50%移入熏缸熏制，每天按顺序翻1次，熏火要均匀，所熏的醅应闻不到焦煳味，而且色泽又黑又亮。熏醅可以增加醋的色泽和醋的熏香味，这是山西老陈醋色、香、味的主要来源。

熏醅的质量要求：水分55%～60%；酸度5～5.5g/100g（以醋酸计）。

6. 淋醋

把陈酿后成熟白醋醅和熏醋醅按规定的比例分别装入白淋池和熏淋池：淋醋要做到浸到、闷到、煮到、细淋、淋净，醋稍量要达到当天淋醋量的4倍，头稍、二稍、三稍要分清，还要做到出品率高。

（1）对醋糟含酸的要求　白醋糟0.1g/100g（以醋酸计）；熏醋糟0.2g/100g（以醋酸计）。

（2）对老陈醋半成品的要求　总酸5g/100mL（以醋酸计）；浓度7～8°Bé；色泽红棕色、清亮、不发乌、不浑浊；味道酸、香、绵、微甜、微鲜、不涩不苦；出品率为每 100kg 高粱出 600kg 醋（醋酸浓度 50g/L）。

7. 老陈醋半成品陈酿

把淋出的半成品老陈醋，打入陈酿缸内，经夏日晒冬捞冰及半年以上陈酿时间，使半成品醋的挥发酸挥发、水分蒸发，即为成品醋，其浓度、酸度、香气等方面都会有大幅度提高。

三、浙江玫瑰米醋

玫瑰米醋的生产在浙江杭嘉湖一带相当普遍，该产品因色泽呈鲜艳而透明的玫瑰红色而得名。在全国几大类名醋中，唯有玫瑰米醋与福建红曲老醋采用液体表面发酵工艺，但玫瑰米醋在色、香、味的形成上又和福建红曲老醋有所不同。玫瑰米醋以籼米为原料，不加糖色和芝麻等调料；在酿制工艺上，以米饭的自然培菌发花，多菌种混合发酵，充分利用环境中的野生霉菌、酵母、细菌，经过糖化、酒化、醋化，使这些野生菌所产生的代谢物质形成玫瑰米醋特有的色、香、味、体特征。

（一）原料配方（以缸为单位）

早籼米 100kg（出饭率控制在 200%）；麦曲（生）5kg，麦曲（熟）25kg；酵母 10kg；食盐 2.25kg；总控制量 450kg。

加水量＝总控制量－（出饭后的平均饭量＋用曲量＋酵母量）。

（二）工艺流程

籼米 → 浸泡 → 定期换水 → 洗净 → 沥干 → 蒸煮 → 入缸搭窝 → 自然培菌发花 → 来酿汁 → 缸面回浇 → 冲缸放水 → 加麦曲、酵母 → 糖化发酵 → 开耙通氧 → 醋酸发酵 → 醋醅成熟 → 低温陈酿 → 加食盐 → 压榨 → 配兑 → 澄清 → 杀菌 → 灌坛封口 → 储存 → 开坛割脚 → 勾兑调味 → 过滤 → 杀菌 → 装瓶 → 压盖 → 贴标 → 成品

（三）操作要点

1. 浸泡及冲洗

先将早籼米冲洗，倒入缸内，加水高出米粒 12～20cm 浸泡，缸的中央插入空心竹箩桶，高出水面。浸米要求米粒浸透，每隔 3d 在竹箩中定时换水，注入清水要求不浑浊为止，一般浸泡 10～12d。捞出放在米箩内，用清水淋冲，洗净黏附在米粒上的黏性浆液，使蒸汽能均匀通过饭层，以防蒸汽局部不畅产生没有蒸熟的饭粒。

2. 蒸煮

采用串联立式连续蒸饭机，每台产量严格控制熟饭流量为 1.8～2t/h。开蒸汽，从加米到放出熟饭以前要闷 10～20min，达到熟透前暂停放饭，同时前

道落饭，加入65℃热水，隔5min放出余水，进后道蒸饭机，蒸后要求饭粒完整，以手捻无白心，控制出饭率在200％以上。如果出饭率较低，在入缸搭窝发花期间，混合霉分泌酶系缺少水分，酶活力下降，来酿汁少，不利于米饭的糖化和分解。

3. 入缸搭窝

将蒸熟的米饭倒入清洁的大缸中，视大缸容量大小而定，一般为500L大缸装入米饭200kg，然后用木锨打饭降温，中间放入酒坛1只搭成圆形窝，四周稍压紧，最后半盖草缸盖。到第2天温度下降到45℃以下，去掉酒坛，全盖草缸盖，做好室内保温。搭窝中要注意防止去掉酒坛时饭面塌窝，如发现及时补好，否则会造成米饭中间发花不好，而且温度发不出，形成馊酸味。

4. 自然培菌发花（缸面发花）

发花是培养各种微生物，利用草缸盖中的自然菌落和落到饭面上的外界微生物，混合发花。发花期一般掌握在10～12d，米饭面上和四周缸壁上长满红、黄、黑、绿、灰、白等微生物，即为发花完成。发花期间，品温逐渐升高，但以不超过40℃为宜。如超过40℃，要及时开盖降温。

5. 缸面回浇（汁液回浇）

自然培菌发花10～12d后，窝里已有40％汁液。缸面表层温度上升，水分挥发，菌丝逐渐萎缩，酿醋内部渗透压增大，发酵基质与酶的扩散速度逐渐减慢，此时要及时将汁液回淋在缸面，使汁液均匀渗透到酿醋的各个部位，提高酶的活性，同时有利于调节酿醋上、中、下温度，保证液化、糖化正常进行。

6. 冲缸放水

通过汁液回浇，缸内醋的温度逐渐下降到37～38℃，同时凹孔内汁液含糖分在27％～30％，酸度是25～28g/L，氨基酸态氮是1.5～2.2g/L，尝之甜里带酸，并有正常的醋酸香味，此时从饭粒入缸发花培菌到自然酶系分解变为半固态半液态已结束，然后打散醋醅，冲缸放水。按配方控制加水量，放水后加入酵母液和麦曲，盖上草缸盖进行发酵。

7. 发酵控制

冲缸放水到醋酸发酵成熟前后3个多月时间可分为两个过程：醋醅沉淀前16～25d和沉淀后70d。从整个过程来看，这两个过程不能截然分开，淀粉糖化、酒精发酵是连续发生而又相互交叉进行的，但首先进行的是淀粉糖化，继而才是酒精发酵，同时由于空气和工具中带入醪缸中的醋酸菌繁殖，逐步将醋醪中的酒精氧化成醋酸。因此，在酒精和醋酸发酵阶段要严格控制品温以及适时开耙。加水后 1～2d，温度上升到 32℃ 以上，开耙降温。以后每天开一次耙和捏碎浮于缸面上的醋醅，增加氧气溶入机会，以利于醋酸生成。同时有利于原料分解和排除 CO_2，经 16～20d 醋醅自然下沉，缸液表面层膜醋酸菌大量繁殖，闻之酸味较强，隔天将缸面轻轻搅动；盖好草缸盖，并经常要轮换日晒草缸盖，以保持其发酵温度。在发酵期间如发现部分缸面受到杂菌污染，液面生长产膜性酵母菌（俗称生白花），可在酒精发酵结束转入发酵时，在生白花的大缸中加入溶解的苯甲酸钠 0.07% 左右，搅拌数次，几天后，产膜性酵母菌便自动消失，菌体会下沉，液面恢复正常。持续发酵 30d 醋醅中菌膜逐渐消失，醋液呈玫瑰红色，醋汁清亮，有醋香味、不浑、不黄汤、醋酸含量达 45g/L 左右，发酵醅中残余酒精含量为 0.2%～0.5%，酸度不再上升，酒精氧化即将完成时，即为醋酸发酵结束。

8. 加食盐及后熟

醋酸发酵完毕后，立即加盐，用量为成熟醅的 2%～5%。加盐后，再延长一段时间，即为后熟期。

9. 压榨、配兑

传统生产的压榨是用杠杆式木榨进行压滤，滤袋用绢带，将醋醅装入滤袋扎紧，利用木榨进行压滤，清液流入缸中，第一次压滤完毕，取出头渣放入缸内，捏碎加清水浸泡 24h，再进行压滤，得第二次滤液，2 次滤液分别装入缸内沉淀后，每缸取样化验，根据理化指标、缸与缸之间的香气、口味、体态含量，将各不相同的醋按照比例混合配兑，使其取长补短，达到平衡。

10. 杀菌、灌坛封口

调配完成后将沉淀的醋液去脚，然后进行灭菌（温度 82℃ 以上）。将经灭菌以后的醋装入干净干燥的醋坛内，坛口封泥，移入库内经 6 个月储存以进一步提高食醋的陈香味。

11. 装瓶、成品

通过 6 个月储存，醋的稳定性进一步提高，然后过滤、调味，再消毒灭菌（温度 65℃ 以上），装入清洁干净 250～500mL 的玻璃瓶中。之后压盖、贴标、装箱、检验、成品、出厂。

成品具有透明鲜艳的玫瑰红色，促进食欲的特殊清香，口味柔和不刺激，味感醇厚，略带鲜甜味。总酸（以醋酸计）40～45g/L；糖分 25g/L；氨基酸态氮 1.8g/L。

四、四川麸醋（保宁醋）

保宁醋产于我国四川阆中，是我国麸醋的代表。它以麸皮为主要原料，以药曲为糖化发酵剂，采用糖化、酒化、醋化同池发酵，并加以 9 次秒糟的独特工艺酿制而成。产品色黑褐、味幽香、酸柔和、体澄清，久储而不腐。

（一）原料配方

麸皮 750kg，糯米 30kg，药曲粉 0.3kg，井水 1500kg。

（二）工艺流程

（三）操作要点

1. 药曲制备

阆中保宁醋的药曲制备原料是麦片、麸皮、中草药，对原料总的要求是新鲜、无霉变、无异味、无农药污染。其中中草药有砂仁、川芎、苍术、薄荷等60 多种。

将一部分中草药晒干磨细成粉，与麦片、麸皮或菱粉混合，加水调湿，制成 0.4m×0.2m×0.1m 的长方体曲坯，移入曲室自然制曲，8d 后可出曲，将所出的曲置于通风干燥处，干燥 1 个月，磨成粉末即成药曲粉。

制辣蓼汁，采取野生辣蓼，晒干储于罐或坛中，加水浸泡，放置于露天，1 个月后即可使用。

2. 制醋母

将糯米 30kg 浸泡至无硬心，手指捏米粒能成粉状，滤干，入甑蒸熟至无白心。出甑盛于缸中，加温凉水 100kg 拌和成粥。调节品温 38～43℃，撒入0.3kg 药曲粉拌匀，盖上草帘保温发酵 2～3d。中途时搅拌，待饭粒完全崩解、醪呈烂浆状、有淡淡的酒味即告成熟。

3. 制醅入池发酵

保宁醋发酵池为半坑式，以石条或火砖砌成，内衬瓷砖，长约 5m、宽3m、高 1m，成双排列于发酵车间，将 750kg 麸皮卸入发酵池，醋母液逐渐流至麸皮中，并充分翻拌达到均匀、无结块、无干麸，含水量约 50%。制醅结束盖上草帘发酵。当醅呈油光锃亮的黑褐色时，表示醅成熟，即可淋醅。

由于采用生料固态自然发酵工艺，物料不经高温，醋醅全部采用人工分层翻造，因此整个发酵过程是一个温和、多种微生物协同作用、边糖化边发酵的过程。发酵温度低也不加以控制，随季节变化而自然变化，冬季入池温度最低5℃左右，高温控制不超过40℃，发酵温度在33℃左右，入池发酵时间35～40d。长时间低温发酵，醋醅多次分层翻造，有利于多数微生物的生长代谢以产生丰富的代谢产物，也有利于各种物质间的融合和反应，最终生成醇、有机酸、酯、醛、酚、酮以及它们的复合物等各种各样的风味物质，从而赋予保宁醋独特的风味和上乘的品质。

4. 淋醋

将发酵成熟的醋醅放入浸淋池，以3套淋循环法淋出醋液。将一个发酵池的醋醅3等分，分别入3个淋醋池，采用高漂、低漂和白水3道漂水3池套淋，即所有漂水均先入第1池浸泡，所取醋液（漂水）入第2池浸泡，第2池所取醋液（漂水）入第3池浸泡，最后从第3池取醋和下次所用之高漂水、低漂水。3池套淋法可使各淋醋池醋醅中的有效成分被充分浸取，同时有利于有效成分的积累，提高产品的收得率、等品率。

5. 熬制和过滤

淋出的醋称为生醋，按级别分类收集，打入锅中加热熬制，一般冷醋加热至沸腾，工艺要求在2.0～2.5h，沸腾保持时间依据食醋级别而定，一般控制在0.5～1h，长时间加热处理即熬制。经过热处理的保宁醋，趁热过滤以除去醋液中的沉淀使醋液澄清、色泽光亮。

6. 陈酿

经过熬制、过滤的保宁醋，必须经过3～12个月的密闭陈酿方可包装。在陈酿期间，醋液中的酸、醇、醛、酯、酚、酮类等物质进一步发生各种物理化学反应并相互融合以增加和协调其色、香、味，最终形成了四川保宁醋色泽红棕、醇香回甜、酸味柔和、久陈不腐等独特的风格。

五、福建红曲老醋

红曲老醋是选用糯米、红曲、芝麻为原料，采用分次添加，进行液体发酵，并经多年陈酿精制而成。它是一种色泽棕黑、酸而不涩、香中有甜、风味独特的酸性调味品。

（一）原料配方

糯米：芝麻：白糖＝100：4：2。古田红曲、米香液用量均约为糯米饭的25%。

（二）工艺流程

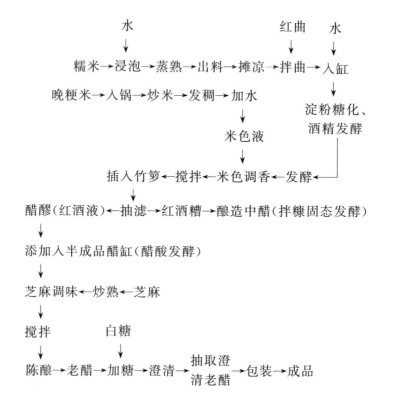

（三）操作要点

1. 浸泡

每次投 285kg 糯米于浸泡池中，加入清水，水层比米粒高出 20cm 左右，冬春浸泡时间控制在 10～12h，夏秋一般控制在 6～8h，要求米粒浸透又不生酸。浸泡后，捞出放入米笋内，以清水洗去白浆，淋到清水出现为止，适当沥干。

2. 蒸熟

将沥干的糯米分批蒸料，每次约 75kg。糯米放入蒸桶内铺平后，开少量蒸汽，若局部已冒蒸汽，用铁铲将米摊在冒汽的地方力求出汽均匀，然后逐层加入糯米，铺平，盖上水盖，开大蒸汽，待冒汽后，继续蒸 20～30min，使糯米充分熟透。

3. 拌曲

趁热将糯米饭用铁铲取出，放置于饭盘上，待冷却到 35℃（夏秋）或 38℃（冬春）。拌入米量的 25％古田红曲，迅速翻匀，然后及时入缸。

4. 淀粉糖化、酒精发酵

依自然气候条件，掌握好入缸的初温、加水次数、加水温度以及保温降温等措施，控制糖化的品温在 38℃，加水量一般控制在每 50kg 糯米饭加 100kg 左右的冷开水。

拌曲的糯米饭 50kg 放入缸后，第 1 次加入约 60kg 冷开水（冬、春季约 30℃冷开水），迅速翻匀。搅碎饭团，让饭、曲、水充分混合，铺平后加盖，进入以糖化为主的发酵。此时应注意保温和降温等措施，控制主发酵品温为 38℃。隔 24h 左右，饭粒糊化，发酵醪清甜，可第 2 次加入冷开水（冬、春季约 30℃冷开水）40kg，进入以酒精发酵为主的发酵，品温可达 38℃左右。以后每天搅拌 1 次，第 5 天左右，每缸加入约 10kg 的米香液（由 4kg 晚粳米制成），每隔 1 天搅拌 1 次，直至红酒糟沉淀为止。红酒糟沉淀后，及时插入竹篓，以便抽取澄清的红酒液（醋醪）。生产周期 70d 左右，酒精体积分数 10% 左右。

5. 醋酸发酵

采用分次添加液体发酵法酿醋，分期分批地将红酒液用泵抽取放入半成品醋缸中，每缸抽出和添加 50% 左右，即将第 1 年醋液抽取 50% 于第 2 年的醋缸中，将第 2 年醋液抽取 50% 于第 3 年的醋缸中，将第 3 年已成熟的老醋抽取 50% 于成品缸中，依次抽取和添加进行醋酸发酵和陈酿。

在第 1 年醋缸进行液体发酵时，加入醋液 4% 的炒熟芝麻作为调味料用。

醋酸发酵期间，要加强管理，每周搅拌 1 次。如能控制品温在 25℃左右，则醋酸菌繁殖良好，液体表面具有菌膜，色灰有光泽。

6. 配制成品

将第 3 年已陈酿成熟、酸度在 80g/L 以上的老醋抽出，过滤于成品缸中，加入 2% 的白糖（白糖经醋液煮沸溶化），搅匀后，让其自然沉淀，吸取澄清的老醋包装，即得成品。

每 100kg 糯米可生产福建红曲老醋 100kg。

第三节　豆酱

豆酱是以豆类或其副产品为主要原料，经微生物发酵酿制的酱类，包括黄豆酱、蚕豆酱、味噌（以营养丰富、味道独特而风靡日本）等。以黄豆为原料的酱类主要包括黄豆酱、大酱、黄酱、黄豆豉。传统工艺生产的大酱是以大豆或脱脂大豆为原料，经润水、蒸煮、磨碎、造型、制曲、发酵而成，是呈糊状并具酱香的红褐色发酵性调味酱；近代工艺生产的大酱是以黄豆磨碎而成。黄酱是采用大酱工艺生产的产品，制醪发酵时所用盐水量较大，也可称稀大酱。黄酱与大酱产品细腻、呈糊状。黄豆豉则为呈干态或半干态的颗粒状。黄豆酱中有豆瓣形态的，有些地区亦称为豆瓣酱。而《调味品名词术语 酱类》标准中则仅将蚕豆酱称为豆瓣酱，是以蚕豆为主要原料，脱壳后，经制曲、发酵而成的调味酱。

以豆酱为主料，再加入各种辅料，如花生、芝麻、辣椒、虾米、肉类及其他调味料，可以制成各种风味的豆酱制品，如豆瓣辣酱、芝麻辣酱、虾子辣酱、甜辣酱、芝麻花生豆瓣酱、牛肉豆瓣酱等，其中较为出名的为四川郫县豆瓣酱。

一、黄豆酱

黄豆酱是以大豆为主要原料，经浸泡、蒸煮、拌和面粉制曲、发酵，酿制而成的色泽棕红、有光泽、滋味鲜甜的调味酱。

（一）曲法豆酱

利用米曲霉所分泌的各种酶系，在适宜的条件下，使大豆原料中的成分经过一系列复杂的生物化学变化而制成的一种色、香、味俱全的调味品。由于豆酱往往直接作为菜肴食品，卫生要求较严格，因此必须从原料的选择、处理，直至成品包装等处加以严格管理。

1. 原料配方

大豆 100kg，标准面粉 40～60kg，种曲 450～750g，食盐适量。

2. 工艺流程

大豆→清洗除杂→浸泡→蒸煮→冷却、混拌均匀→接种（曲精或种曲）制曲→入容器压紧曲→发酵→加 15％盐水→保温发酵→加 25.9％盐水→翻酱→成品

3. 操作要点

（1）原料要求　大豆种皮薄，颗粒均匀，无皱皮，相对密度大，吸水率和持水率高，可溶性碳水化合物高，蛋白质含量高而含油、钙量低，干燥，无霉烂变质现象。面粉是主要的碳源，通常使用未变质的标准粉。食盐选用纯度高于 95％的再制盐，且要求盐中铁的含量低于 1mg/kg。水应符合饮用水标准，钙、铁含量低。因钙可导致蒸煮大豆变硬，铁离子可加速酱在发酵和储藏期的褐变。

（2）大豆处理　大豆用清水浸泡，一般夏天浸泡 2～3h，冬天浸泡 4～5h。浸泡吸水有利于大豆蛋白质的变性、淀粉的糊化，并易于微生物的分解和利用。浸泡程度以豆粒涨起、无皱纹，并能于指间易压成两瓣为宜。然后沥干备

用，此时质量一般增至原豆质量的 2.1～2.15 倍。

如果使用的原料为豆片，则可省去清洗、浸泡等工序，直接拌水混合后蒸熟即可。豆片组织较松软、易吸水，对蒸煮、制曲及发酵均有利。

沥干后的大豆要进行蒸煮。蒸煮方式分为常压蒸煮和加压蒸煮两种。常压蒸煮，时间为 4～6h。加压蒸煮时，压力（表压）为 147～196kPa，时间为 30～60min。蒸熟的大豆应熟而不烂，既酥又软，用手捻时，可使皮脱落，豆瓣分开。若蒸煮不熟，豆粒发硬，则蛋白质变性及淀粉糊化不充分，不利于曲霉的生长繁殖。如果蒸煮过度，会产生不溶性的蛋白质，不利于霉菌生长，且制曲困难，杂菌易丛生。所用的蒸煮设备有常压蒸煮锅、加压蒸煮锅及旋转加压蒸煮锅。

（3）面粉处理 可炒焙或干蒸，亦可加少量水蒸熟，但蒸后水分增加，不利于制曲。

（4）制曲 制曲方法基本上与酱油生产相同。制曲工艺流程如下：

大豆→洗净→加水浸泡→蒸熟→冷却→混合面粉→接种（种曲或曲精）→厚层通风培养→大豆曲

制种曲的菌株多用米曲霉 3.040 或米曲霉 3.042。种曲或曲精（从种曲中分离出的孢子）用量为原料量的 0.15%～0.3%，使用前与少量面粉拌匀。接种品温 40℃左右，由于豆粒较大，水分不易挥发，故制曲时间应适当延长。可用 2 日曲或 3 日曲，大多用 2 日曲。这两种曲含水量不同，可在制醅添加盐水时酌情增减。

（5）制酱 目前普遍采用低盐固态发酵法，工艺流程为：

```
食盐 ─────────────────────────────┬──────────────────┐
                                    ↓                  ↓
大豆曲→入容器→自然升温→加第一次盐水→保温发酵→加第二次盐水及盐→
翻酱→成品
```

分别配制 15.3% 和 26% 的盐水，澄清，取上清液备用。

大豆曲移入发酵容器，耙平，稍稍压紧，盐分能缓慢渗透，面层也充分吸足盐水，并且利于保温升温。在酶及微生物作用下，发酵产热，品温很快自然上升，当升至 40℃时，在面层上淋入占大豆曲质量 90%、温度为 60～65℃、浓度为 15.3% 的盐水，使之缓慢吸收，既保证迅速达到 45℃左右的发酵适温，又能抑制非耐盐性微生物的生长，达到灭菌的目的。当盐水基本渗完后，在面层上加封一层细盐，盖好罐盖，进入发酵阶段。酱醅含盐量为 9%～10%。

发酵期为 10d，保持品温约 45℃，酱醅水分控制在 53%～55%。大豆曲中的各种微生物及各种酶在适宜条件下，作用于原料中的蛋白质和淀粉，使它们降解并生成新物质，从而形成豆酱特有的色、香、味、体。酱醅发酵成熟，再补加大豆曲质量 40% 的盐水（浓度为 26%）及约 10% 的细盐（包括封面盐）。然后翻拌均匀，使食盐全部溶化，置室温下再发酵 4～5d，可改善制品风味。为了增加豆酱风味，可把成熟酱醅品温降温至 30～35℃，人工添加酵母培养液，再发酵 1 个月。

（二）酶法豆酱

1. 原料配方

（1）豆酱原料配方　大豆 1000kg，面粉 388kg，水（配盐水用）1060kg，酶制剂、酒醪各适量。

（2）酶制剂配方　豆饼：玉米粉：麸粉＝3：4：3，种曲（AS 3.951 米曲霉）为原料的 0.3%～0.4%，碳酸钠为原料的 2%。

（3）酒醪配方　面粉 12kg，氯化钙 24g，α-淀粉酶 36g，3.324 甘薯曲霉麸曲 84g。

2. 工艺流程

大豆→压扁→润水→蒸熟→冷却→熟豆片→拌和（加熟面粉、盐水、酒醪、酶制剂）→混合制酱醅→保温发酵→成品

3. 操作要点

（1）酶制剂制备

豆饼、玉米粉、麸粉→混合、拌水→加碳酸钠→蒸料→冷却→接种（米曲霉）→厚层通风培养→成曲干燥→粉碎→酶制剂

混合原料加入 75% 的水、2% 的碳酸钠（溶解后加入），拌和均匀，加压 0.1MPa 蒸料，20min。亦可采用常压蒸料，熟料出锅后经粉碎、冷却至 40℃，接入种曲 0.3%～0.4%，混合均匀后采用通风制曲。保持室温 28～30℃，料温初始温度为 30～32℃，8～10h 后升温至 35℃ 左右；开始间隙通风，保持料温 30～32℃，14～15h 菌丝已渐成白色，料层开始结块，品温迅速上升，应进行翻曲降温。继续通风培养至 20～22h，此时曲料水分减少较多，要及时二次翻曲，并补充 pH 值为 8～9 的水分，使曲料水分达 40%～50%，应将水均匀洒在料上混拌。连续培养 48h 左右，曲料呈淡黄色，即为成熟。成熟曲料要求无干皮、松散、菌丝旺盛，中性蛋白酶活力在 5000U/g 以上。然后将成品曲干燥，再经粉碎而制成粗酶制剂。

（2）蒸大豆　将大豆压扁，加入质量为大豆 45% 的热水，经拌水机一边搅匀，一边随即落入加压蒸锅中，在蒸汽压力 0.15MPa 下蒸 30min。另将 97% 的面粉加入占面粉质量 30% 的水中，搅匀后采用常压连续蒸料机蒸熟。

（3）蒸面粉　面粉加水拌和，蒸熟，冷却。

（4）酒醪制备

熟面粉→加水、氯化钙→调 pH 值→加 α-淀粉酶→液化→灭菌→冷却→糖化（加 3.324 麸曲）→降温→发酵（加酒精酵母）→酒醪

取 3％（总量）的面粉，加水调至淀粉乳浓度为 35.5％，加入 0.2％氯化钙，并调节 pH 值为 6.2。加 α-淀粉酶 0.3％（每克原料加 100U），升温至 85～95℃液化，液化完毕后再升温至 100℃灭菌。然后冷却至 65℃，加入 3.324 甘薯曲霉麸曲 7％，糖化 3h 后降温至 30℃，接入酒精醇母 5％，常温发酵 3d 即成酒醪。

（5）制酱 将冷却至 50℃以下的熟豆片、熟面粉、盐水、酒醪及酶制剂（按每克原料加入中性蛋白酶 350U 计），充分拌和，入水浴发酵池发酵。前期 5d，保持品温 45℃；中期 5d，保持品温 50℃；后期 5d，保持品温 55℃。发酵期间每天翻酱 1 次，15d 后豆酱成熟。

为了使酱香更好，可将成熟豆酱再降温后熟 1 个月制成成品。

（三）黄豆辣酱

1. 原料配方

黄豆豆瓣酱 100kg，干辣酱 100kg。

豆瓣酱配方：大豆 33kg，面粉 14～20kg，种曲 75～150g，15.6％盐水 35kg，25.95％盐水 15kg，细盐 5kg。

干辣酱配方：辣椒粉 35kg，15.6％食盐水 53～70kg，江米粉 14kg，白糖 6kg，大蒜碎泥 2.1kg，生姜泥 700g。

2. 工艺流程

大豆→洗净→浸泡→蒸熟→冷却→面粉混合→种曲→接种→培养→大豆曲→入池发酵→升温发酵→盐水混合→酱坯保温发酵→第二次加盐→发酵翻酱→豆瓣酱→调配（加干辣酱）→加热→入发酵池→加封面盐→室温发酵→豆瓣辣酱→灭菌→加防腐剂→装瓶→成品

3. 操作要点

（1）制大豆曲 大豆洗净，于大量水中常温浸泡 2h，使豆粒充分润水。常压蒸煮 30min 或在 98kPa 压力下蒸煮 10min 左右，直到豆粒软透及食后无酸味为止。用生面粉充分拌和，通过接种，培养制成大豆曲 50kg。

（2）制豆瓣酱 先把大豆曲倒入发酵池内，稍压后以盐水逐渐渗透，增加曲和盐水接触时间。发酵后自然升温到 40℃左右，同时把 15.6％盐水加热到 60～70℃倒入面层，然后上层撒入一层细盐盖好。这样 10～15d 发酵完毕，再补加 25.9％盐水及封面用细盐，混合均匀后在室温下再次发酵 5～6d 即可。注意保温发酵时酱坯温度不应低于 40℃，以防发酵太慢而感染杂菌后变酸。

（3）制干辣酱 用万能粉碎机将干辣椒粉碎后称 35kg，按配方加入 15.6％食盐水、生江米粉（也可用白面粉）、白糖、大蒜碎泥、生姜泥。在大缸内充分搅拌后于室温下自然发酵 15d 左右，即成干辣酱。

（4）配制豆瓣辣酱　将上述所制得的豆瓣酱与干辣酱按 1∶1 的比例混合后放入大锅内，加热至 50～55℃ 时移出倒入发酵池内，在室温下发酵 15～20d，控制室温在 40～45℃，则 10d 左右就可发酵完毕。发酵前为防止杂菌或产膜菌侵入，池面应铺一层白布并放一层干盐。

（5）储藏、装瓶　将成品放入大锅内，边搅拌边加热（防止焦煳），中心温度 80℃ 以下，加热 10min 就立即出锅，盛在配料缸内。稍冷后加入 0.1％ 苯甲酸钠或 0.5％ 丙酸钙，搅匀、装瓶或装入灭过菌的干净坛内封盖入库。

成品呈酱红色，鲜艳而有光泽。口味鲜美而辣，无苦味及霉味。

二、大酱

大酱发酵起源于我国，已有几千年的历史，不仅含有丰富的蛋白质、脂肪和碳水化合物，具有独特的色、香、味，同时还具有人体生理调节作用，如抗血栓、抗氧化、抗疲劳、抗癌等生理作用。

大酱是东北的特产，下面以东北大酱为例来说明大酱的生产。

（一）东北大酱

1. 原料配方

黄豆 650kg，面粉 350kg，食盐为成曲的 31％，水为成曲的 144％。

2. 工艺流程

大豆→筛选→漂洗→浸泡→蒸料→冷却→拌面粉→接种（种曲）→通风培养→第一次翻曲→第二次翻曲→成曲→入缸→加盐水→瀣稀→发酵→打耙→磨细→成品

3. 操作要点

（1）制种曲　制种曲的目的是要获得大量纯菌种，为生产大曲提供优良的种子。

①原料配比。种曲原料配比一般麸皮与豆饼粉为 8∶2，加水量为原料质量的 100％～110％，菌种接种量为原料质量的 0.1％。

②制种曲工艺。

豆饼→粉碎、过筛→混合（加麸皮、水）→蒸料→打碎、降温→接种（接扩大培养菌种）→初次翻曲→二次翻曲→去草帘→种曲

③种曲的制备。

蒸料：可采用常压或加压两种方法。常压蒸料一般保持蒸汽从原料面层均匀喷出时，加盖蒸 1h，然后再关汽闷 1h。加压蒸料一般在 98kPa 的条件下蒸约 30min，然后再闷 10min。熟料出锅呈黄褐色，质地柔软而无浮水，含水量在 50％～55％。尽快打碎熟料降温，以免杂菌污染。

接种：将熟料迅速移至种曲室的操作台上，用木铲翻一次，摊平冷却。待

料温降至 38～40℃时，即可加入菌种。

保温培养：种曲接种后，应立即分装于曲盒内，料层厚一般为 1～1.2cm，放在曲架上堆码成柱形，顶上倒盖一个空曲盒。然后开始保温，曲室温度在 27～30℃。每隔 2h 检查一次温度，16h 之后盒内品温升至 33～35℃。当曲料上呈现出白色菌丝，微结硬块，同时产生一股曲香味，此时即可进行第一次翻曲。翻曲时将曲块用手轻轻搓碎使其得到充足的空气，尽量使其松散，以保证霉菌的正常发育，同时使温度均匀，并防止温度上升过高，翻后将其摊平。每翻完一盒之后立即覆盖经灭菌的湿草帘或纱布，同时依次将上、下、左、右曲盒的位置加以调换，堆成"品"字形。为了调节品温及换气，应开启门窗，开的时间要短，以防止杂菌侵入。将品温调至 30～32℃后关闭门窗，让盒内品温逐渐上升，约 5h 后，曲料上全部长满菌丝，呈现整齐的白色，此时品温为 35～36℃，即要进行第二次翻曲。每翻完一盒曲仍要覆盖原来的灭菌湿草帘或纱布，同时依次将上、下、左、右各曲盒互换位置一次，堆成"品"字形。再经过 5h 左右，即可见到嫩黄色的孢子，此时盒内品温应维持在 34～36℃，室温保持在 25～28℃。经 64～72h 后，孢子大量繁殖呈黄绿色，外观呈块状，内部很松散，用手指一触，孢子即能飞扬出来。此时可将覆盖草帘或纱布拿掉，曲盒改为柱形堆起，同时打开天窗，将湿气放掉，准备出曲。

种曲保藏：种曲制成后，如不马上使用，要进行干燥，使种曲所含水分快速下降，防止老熟的孢子又发芽。干燥时品温不得超过 40℃，如超过会影响孢子的发芽率。种曲短时间储存时，水分在 10％左右即可；若较长时间储存，水分要低于 10％。制成的种曲要在环境清洁、干燥、低温、避光的地方保存。

④种曲质量鉴定。新制出的种曲具有菌种固有的曲香（似枣香），无霉味、酸味、氨味等不良气味；用手指触及种曲，松散光滑，菌丝整齐健壮，孢子丛生，呈鲜艳的黄绿色。种曲含水分在 30％左右；短时间存放的种曲水分在 15％以下；无水种曲孢子数在 $5×10^9$ 个/g 以上。

（2）制曲　制曲就是在蒸熟的原料中混合种曲，使米曲霉充分发育繁殖，同时分泌出大量的酶（蛋白酶、淀粉酶、氧化酶、脂肪酶、纤维素酶等），为发酵过程提供使原料分解、转化、合成的物质基础。

①原料处理。黄豆过秤计量后，筛去沙土、草屑等杂物，再放入池中放水漂洗，去除豆中杂质、豆皮。然后将豆子入池用清水浸泡 3～5h，至黄豆含水量达到 75％～80％，豆皮全部膨胀没有皱纹为止。

②蒸料。将泡好的黄豆入锅蒸煮，用大汽蒸 1h，然后改小汽焖 2h 左右。多使用旋转蒸料罐，装料时装至蒸料罐容积的 70％即可，这样能使罐中原料混匀，压力、温度比较均匀。蒸料时，先排除汽管中的冷凝水，避免蒸料中进入过多的水分。开汽后，先把罐内空气排尽，不然罐中空气加热后产生压力，

使罐内形成虚假气压，不完全是饱和的蒸汽压力，会降低蒸料熟度。待罐内连续喷出饱和汽后，关闭排气阀，压力到29.4～49kPa时，再排一次汽，待气压达到98kPa时，关汽，将蒸料罐转动一次，使豆子蒸得均匀，闷蒸2h。蒸料完毕后，开启排气阀，使压力降至零，即可出锅，降温。

蒸料含水量在能掌握的前提下尽量要大，但不要有浮水。浮水大，容易生长杂菌，会出现花曲、酸曲或烧曲。蒸料水分以50％左右为宜，水分小会使酱分解不好，发稀没有黏性，无盐固形物偏低；过大则会在制曲时不好掌握，升温慢且易形成酸曲。

③ 接种。蒸熟的豆料要迅速冷却，以减少杂菌污染的机会。夏季蒸料要冷却到30～35℃，冬季在35～40℃即可接种。接种时先将豆料在曲台上降温，摊至厚12～15cm，然后把面粉按比例撒在豆子上边，边撒边混匀。把种曲按比例用面拌匀，达到接种温度时撒在料上拌匀，冬季种曲可适量增加，使温度升得较快。

④ 堆曲。接种后，料在曲台继续堆放，隔8h后品温上升到37～38℃时翻一次，隔5～6h再翻一次。把块状料打碎搓开，就可入通风池培养。此方法可以提高曲池利用率，但必须管理得当，否则容易污染杂菌。

通风制曲：堆曲后入通风池培养，料层厚度在20～25cm，入池要松散、均匀、摊平，严防脚踏或压实，使通风一致，温度和湿度也保持一致。如踩压结实，则会因通风不好而出现烧曲。入通风池后，品温达到37℃时，应开鼓风机降温，品温不低于30℃即可。霉菌孢子在适宜的条件下，先吸水膨大，再开始萌发，即由孢子表面露出一个或多个芽管发芽，在培养开始6～7h内孢子发芽，此时品温上升不快；孢子发芽后即开始生长菌丝，长出分支，分支上再生分支，使曲料上布满结成网状的菌丝体，此时品温上升较快，要适当通风，一面调节品温，一面补充新鲜空气，以利菌体旺盛呼吸。经过14～16h，由于菌丝生长旺盛，曲料发白结块，应进行第一次翻曲，把曲料用筛子过一遍，将块打碎摊平继续培养。此后菌丝发育更为旺盛，品温上升迅速，此时要加强通风，控制品温不要超过37℃。隔4～5h，曲料又结成团块，白色菌丝密集布满曲料，底层和表层曲料温差加大，应进行第二次翻曲。此后由于营养菌丝普遍繁殖成熟，大量生成多种酶，同时有部分营养菌丝分化生出足细胞，在足细胞上生出直立的分生孢子梗，顶端膨大成球形顶囊，在顶囊上以辐射方式长出小梗，小梗顶端各长出一串分生孢子，曲料逐渐出现淡黄色，则孢子形成，此时酶活力提高。整个制曲时间约为48h。

成曲质量要求：普遍呈黄色，有曲香味，不得有灰色、黑色夹心，无异味。酶活力在300U/g以上，出曲时水分为23％～28％。

（3）发酵　发酵就是将成曲拌入一定数量的盐水，装入缸（或池）中，利用微生物所分泌的酶，催化各种原料的分解，以形成酱的良好风味。

① 原料配比。成曲 100kg，食盐 31kg，水 144L。

② 操作要点。

入缸：先将食盐用清水溶解，配成浓度为 18％的盐水，经澄清后去除杂质。将曲料入缸，再加入盐水，拌和均匀后，待其发酵。时间在 2、3 月最为适宜，最晚不得超过 4 月中旬。

泡酱：当酱曲全部泡开后，为了使其很快发酵，可在天热时每缸加上白水 7L 左右，即所谓的"澥水"。酱曲入缸拌入盐水后，由于食盐浓度较高，有害菌不能繁殖，以至被抑制而死亡，但酵母菌也不能广泛地活动，经过澥水，降低了食盐浓度，酵母菌也就能活动了。澥水一般在上午放水，经晒一中午，下午 4 时以后用酱耙将水打匀。一般经过 20d，酱醪就已发起。这时如有个别缸发性不大，可与发性强的缸互相调剂一下，以使发酵一致。经过几天以后全部发起，可进行第二次澥水，此次澥水主要起调节酱的稀稠和促进进一步发酵的作用。再经一段时间，等酱曲发酵到高峰，就不要再动了。但还要经太阳晒一段时间（一般需晒两个月），使其发性逐渐减弱，酱曲变为金黄色，这时可用耙上下打匀，放出酱醪内部由发酵而产生的恶味。再经几天后酱醪又自然浮起发酵，但这次的发性会很快消下去。经过泡酱发酵，霉菌所分泌的淀粉酶、蛋白酶、氧化酶的作用把酱醪中的碳水化合物（淀粉）分解为麦芽糖、糊精和酒精等；蛋白质则分解为氨基酸和有机酸等，从而形成大酱特有的香气。

打耙：泡酱发酵后，就可开始打耙（搅拌），时间在初伏，即所谓"入伏开耙"。10d 以内每天 2 次，每次打 10 耙左右，不要过多，否则会倒发缸。10d 以后要不断增加耙数，最多增加到 30 耙。打耙必须要用力打，由缸下往上挖，要耙耙翻上"花"来。开耙以后 40d 左右，随天气渐凉，酱醪的发性自然消失，大酱逐渐趋于成熟，这时可减少打耙的次数和耙数，每天轻打几下即可，处暑节气后停耙。磨细后即为成品，出品率为原料的 260％。

成品呈红褐色，有光泽；具有酱香及酯香，无异味；具有大酱独特的滋味、鲜味，鲜甜适口。酱体无豆瓣、无明显的颗粒。

（二）东北速酿大酱

传统的大酱酿造时间一般为半年左右，随着科技的发展，人们逐渐摸索出了一套速酿大豆酱的方法。速酿工艺缩短了发酵时间，同时产品质量与传统大酱相比也有所提高。

1. 原料配比

面粉∶大豆（质量比）＝65∶35。

2. 种曲的制造

将 18g 大豆、2g 麸皮和 20mL 水装入 250mL 锥形瓶中，混匀，在 70kPa 蒸汽压下灭菌 40min，冷却至 35℃，接种，30℃培养 72h，制成种曲。

制曲原料采用两种配比:一种是采用 100%的大豆为原料,另一种是采用 80%脱脂大豆和 20%麸皮混合的原料。取 2.5kg 上述两种原料,分别加入 2.5L 水,混匀后静置。于 71kPa 蒸汽压下灭菌,冷却至 35℃后,分别接入 A. oryze、AS 3042 种曲各 20g。制曲时要时常进行搅拌,以控制温度不超过 35℃,培养约 24h。曲料入池要平整,厚度在 20～25cm,室温控制在 25～30℃,严格控制曲料温度,前期应满足曲菌的生长温度,中期满足孢子萌发的温度,后期要适于发酵产物积累的温度,经 42～48h 生成黄绿色、松软、有曲香的成曲,水分在 25%～30%,蛋白酶活力为 400U/g。

3. 工艺流程

大豆精选→清洗→浸泡 3～4h→蒸料(蒸煮压力为 0.13～0.14MPa)→出锅→加曲精、面粉→接种、32～38℃通风制曲、42～48h 成曲→入池发酵→中间倒池(二次盐水)→风冷、后期成熟→研磨、60～65℃灭菌→分包装出厂

4. 操作要点

(1)原料筛选 选颗粒饱满、无病虫害的大豆,按照大豆与面粉配比的质量比为 65∶35 进行配料。

(2)浸泡 一般浸泡 3～4h 至大豆豆粒饱满,手掐无夹心时立即将水放出。

(3)蒸煮 蒸煮前先排净锅内冷空气,压力控制在 0.13～0.14MPa,时间 15～20min。蒸后大豆应熟、软、疏松、不粘手、无夹心、有豆香气。

(4)接种 先用 50～75kg 面粉将曲精(AS 3042)拌匀,曲精用量为 0.05%左右,再均匀地拌到豆面上,接种后温度在 30～40℃。

(5)发酵 制酱的重点在于发酵过程的控制。

① 发酵前期。成曲入发酵池后,加入 45℃盐水,盐水浓度在 17.8%～20.2%。加入盐水前曲料面要耙平,先均匀地淋摊,使各角落吸水量一致,避免有干曲造成烧曲。最好每个池内放一个可以循环淋浇的笼桶,每天循环浇淋几次,以使酱的颜色、温度、吸水量等上下一致。酱醅一次性加入盐水后含水量在 53%～55%。前 7d 为发酵前期,酱醅温度控制在 41～43℃。发酵池用水浴保温,水浴温度在 50～60℃,7d 后倒醅一次。倒醅可使温度、盐分、水分及酶的浓度趋向均匀,同时放出因生化过程产生的二氧化碳及有害气体和有害挥发物,补充新鲜空气,增加酱醅含氧量,促进有益微生物的繁殖和色素的生成,防止厌氧菌的繁殖。否则会使酱醅发乌、没有光泽、风味口感不正,影响酱的质量,倒池后要翻搅均匀。

② 发酵中期。倒池后 15d 为发酵中期,酱醅温度控制在 43～45℃。这一时期成曲中的蛋白酶已经失活,经过蛋白质的分解,酱醅无盐固形物已经很高,这一时期主要是酱醅转色,使酱醅呈红褐色、有光泽、不发乌,但要注意

酱醅温度不能太高。中期结束后，进行二次倒池，倒池后加入二次盐水，盐水要求为 40℃左右、16.7%~17.8%热盐水。发酵中期应间隔 3~5d 翻搅一次，其作用与发酵前期倒池的作用相同，翻搅次数按酱醅发酵程度而定。如果发酵激烈，有大量气泡产生则要增加翻搅次数，以放出产生的气体，促进酱醅快速成熟；如果发酵很平稳，则相应减少翻搅次数。

③ 发酵后期。这一时期酱醅发酵过程已近尾声，但为了使大酱的后味绵长、适口，酱香、酯香浓郁，还要经过半个月的后熟期。酱醅温度控制在 35~38℃，每 3d 左右翻搅一次，使上下品温一致，并使空气中的酵母菌接入酱醅，约 2 周后停止翻搅。这时观察酱的表面，如果酱面平整，没有气泡溢出，则说明发酵已经结束。整个发酵过程需要 28~30d。

(6) 研磨　发酵成熟的大酱经过研磨及调制（指将要计算达到出厂标准时所需添加的盐水浓度及盐水量兑入酱醅），使产品的指标趋于一致。

(7) 灭菌　经过研磨的酱在包装前最好经过 60~65℃的高温灭菌，可以采用通过提高池温来实现这一目的。但由于酱池中的酱多，不利于快速升温及降温，容易造成酱醅产生焦煳味或颜色过深，最好使用连续灭菌器。这样既能保证达到灭菌效果，又能保证酱的颜色、风味、体态不变。

成品外观呈红褐色，有光泽，酱香浓郁，风味醇正、柔和，无异味。具有大酱独特的滋味、鲜味、鲜甜适口。酱体无豆瓣、无明显的颗粒。

三、黄酱

黄酱的生产采用大酱工艺生产的产品，制醪发酵时所用盐水量较大，也可称稀大酱。以天然野生菌种黄酱为例介绍其配方和生产技术。

1. 原料配方

黄豆 100kg，面粉 50kg，食盐 60kg，清水 240kg。

2. 工艺流程

黄豆→过筛→浸泡→控水→蒸煮→碾轧→掺入面粉→砸黄子→切片→入曲室码架→封席→放气→黄子成熟→刷毛→入缸→加盐水→木耙搅动→过筛（磨细）→续清水→打耙→成品

3. 操作要点

(1) 采曲（制曲）

① 泡豆、蒸豆。将黄豆过筛去除杂质，清水浸泡 20h（用水量 25%）。捞出泡好的黄豆，控净水，入锅蒸煮。开始用急火，汽上匀了以后改用微火，蒸煮时间约 3h。蒸好的黄豆要求红褐色，软度均匀，用两个手指头一捏即成饼状为好。

② 碾轧。把蒸好的黄豆放到石碾上，掺入面粉，进行碾轧，边轧边用铁

锹翻动，轧至无整豆为止。

③砸黄子。将碾轧好的原料放入砸黄子机内，砸成结实的块状（长80cm、宽53.8cm、高13.3cm），再切成长26.6cm、宽8.3cm、厚1.7cm的黄子块，要求切得厚薄一致。

④制黄子。将曲室打扫干净，铺上苇席，席上放长方形木椽，木椽分167cm、200cm、233cm三种。167cm的横放，200cm、233cm的纵放，上面再码好细竹竿，俗称黄子架。然后将切好的黄子片一卧一立码在架上，一层层码至距离屋顶67cm为止。用两层苇席封严曲室，每天往席上洒两次水，以调节室内温湿度。封席后的3～5d，曲室内温度上升到35℃，将两席之间揭开一道缝隙散发室内温度、湿度（俗称放气）。每天放气一次，一般早晨6～7时约放气1h，使曲室温度保持在30℃左右。一周后，每隔1～2d放气一次，直至曲室内无潮气，再将缝封严，20d以后黄子制成。

⑤刷毛。黄子成熟后，拆开封席，吹凉，1～2d后，用刷黄子机刷去菌毛。

（2）泡黄子（发酵）　刷净的黄子入缸，每缸100kg，再加入盐水，其比例为黄子100kg、食盐50kg、水200kg。黄子入缸后，每天用耙搅动，促使黄子逐渐软碎，然后过筛，搓开块状，筛去杂质。过筛后续入少量清水（每缸25kg），以调节浓度，促进发酵。但水不能一次续入，应分3次续入，续水在夏至之前完成。夏至开始打耙，每天4次，每次20耙。在此期间，打耙要缓慢，不宜用力过大，防止再发酵。暑伏开始定耙，早、晚各增打20耙，1个月后，改为每天打耙3次。处暑停止打耙，黄酱即成熟。

4. 产品特点

成品呈红褐色，鲜艳而呈粥糊状，有光泽，并具有酱香和酯香；无不良气味，味鲜而醇，咸淡适宜；无酸、苦及异味；黏稠适度，不稀、不澥、无霉花、无杂质。

四、豆瓣酱

郫县豆瓣酱是川菜食谱中常提到的调味品，已有100多年的历史。因其配料恰当、工艺合理、质量上乘，除用作调味外，也可单独佐食，用熟油拌炒，味道更妙。以四川郫县豆瓣酱为例介绍其配方和生产技术。

郫县豆瓣酱的生产工艺包括三个重要工艺阶段：甜瓣子制作、辣椒坯制作及混合后发酵生香。

1. 原料配方

按目前使用的土陶缸为单位计算，每缸成品67.5～70kg，每缸下料：蚕豆22kg、红辣椒5.25kg、小麦粉5.5kg、食盐12kg。

2. 操作要点

（1）"郫县豆瓣"的原料特点

红辣椒：产自郫都区（原称郫县）及其附近双流、仁寿、中江、三台、盐亭等地区的优质辣椒品种，如"二荆条"等红辣椒，严格规定采摘时间为每年的 7 月至立秋后的 15d 之内。辣椒质量要求色泽红亮、肉质饱满、质地硬朗、新鲜程度高并符合国家相关卫生安全要求。

蚕豆：产自四川省和云南省的优质干蚕豆。

食盐：产自四川自贡的自流井牌精制食盐，其氯化钠含量高、色泽洁白、颗粒均匀细致、可溶解性强。

小麦粉：采用优质小麦粉。

（2）甜瓣子制作

蚕豆→筛选→除杂→脱壳→瓣粒→浸泡→拌和小麦粉→接种→制曲→加盐水→拌曲→发酵→养护→成熟甜瓣子

蚕豆去壳收拾干净后，在 96～100℃ 沸水中煮沸 1min，捞出放冷水中降温，淘去碎渣，浸泡 3～4min。捞出豆瓣拌进小麦粉，拌匀后摊放在簸箕内入发酵室进行发酵，控温在 40℃ 左右，经过 6～7d 长出黄霉，初发酵即告完成。再将长霉的豆瓣放进土陶缸内，同时放进食盐 5.75kg、清水 25kg，混合均匀后进行翻晒。也可采用干蚕豆浸泡后不经蒸煮的生料处理工艺，既可保持瓣粒外观完整，又能满足瓣粒适度酶解，具呈味、生香、提色的特点。甜瓣子成熟后再与盐渍成熟的辣椒坯按比例混合，进入后发酵生香阶段。豆瓣酱白天翻缸，晚上露放，注意避免淋雨。这样经过 40～50d，豆瓣变为红褐色，即为成熟的甜瓣子。

其中，采用沪酿 3.042 米曲霉与中科 3.350 黑曲霉复合制曲或分别制曲，混合发酵酿制甜瓣子的生产工艺，应为"郫县豆瓣"在霉瓣子制曲时的最佳功能菌组合方式之一。

（3）辣椒坯制作

红辣椒→去把→除杂→清洗→沥干→轧碎→盐渍→发酵→淋浇→养护→成熟辣椒坯

（4）郫县豆瓣的后发酵生香

成熟甜瓣子＋成熟辣椒坯→配兑→补盐→补水→入缸（池）→拌和→日晒→夜露→翻坯→养护→检验→成熟郫县豆瓣

成熟郫县豆瓣中加进碾碎的辣椒末及剩下的盐，混合均匀。再经过 3～5 个月的储存发酵，豆瓣酱才完全成熟。

"郫县豆瓣"的后熟周期应严格控制发酵周期为 6 个月至 1 年。需要注意的是，其间需包含一年一度的盛夏"三伏天"，否则，未经充分晒露发酵的产品，保质期将会明显缩短。若的确需要适当延长发酵周期，必须终止发酵，转入低温、隔氧、压实、排气、遮光、密闭的陈酿工序。其中"晴天晒、雨天盖、白天翻、夜晚露"的传统发酵方式历经漫长、周而复始、昼夜8~10℃温差的转换，极有利于多种有益微生物的生长繁殖，有助于物料充分而完全的复式发酵，酿成的"郫县豆瓣"酱香醇厚浓郁，无需任何香精、香料；色泽红润油亮，不添加任何色素、油脂，瓣粒酥脆、辣而不燥、悠香绵长全凭自然天成的纯粹发酵独立完成，属国内发酵辣椒酱中的上品。

（5）郫县豆瓣的保鲜储藏　　"郫县豆瓣"的防腐保鲜方法常同步采用：隔氧、控盐、降低活性水分、针对主要污染菌选择复合防腐剂等方式，效果十分明显。在实际生产中，各企业只要根据污染源的具体情况，合理组合相关的单个"栅栏"，就一定会收到事半功倍的效果。

第四节　豆豉

豆豉是以整粒大豆（或豆瓣），即黑豆或黄豆为原料，经蒸煮发酵而成的调味品。以黑褐色或黄褐色、鲜美可口、咸淡适中、回甜化渣、具豆豉特有豉香气者为佳。豆豉含有丰富的蛋白质（20％）、脂肪（7％）和碳水化合物（25％），且含有人体所需的多种氨基酸、矿物质和维生素等营养物质，营养价值丰富，既能调味，又能入药，长期食用可开胃增食、消积化滞、祛风散寒。

我国较为著名的豆豉有广东阳江豆豉、开封西瓜豆豉、广西黄姚豆豉、山东八宝豆豉、四川潼川豆豉、永川豆豉和湖南浏阳豆豉等。

一、豆豉的分类

豆豉起源于我国先秦时代，已有2000多年的历史，隋唐时期就有咸豆豉与淡豆豉之分，淡豆豉主要是药用，加入不同的调味辅料即可衍生出各具特色的调味型豆豉。因各地工艺不同，豆豉的种类很多，分类方法也很多。

（一）根据发酵微生物的种类分类

1. 霉菌型豆豉

（1）毛霉型豆豉　　利用天然的毛霉菌进行豆豉的制曲，一般在气温较低的冬季生产。毛霉型豆豉在全国同类产品中产量最大，也最富有特色，以四川潼川豆豉、永川豆豉为代表。

（2）曲霉型豆豉　　利用天然的或纯种接种的曲霉菌进行制曲，曲霉菌的培养温度可以比毛霉菌高，一般制曲温度在26~35℃，因此生产时间长。利用曲霉酿造豆豉是我国最早、最常用的方法。如广东阳江豆豉是利用空气中的黄曲霉进行天然制曲；上海、武汉和江苏等地采用接种米曲霉进行通风制曲。现在的北京豆豉、湖南浏阳豆豉、日本静冈县滨松纳豆都属于米曲霉型豆豉。

（3）根霉型豆豉　一种起源于印度尼西亚的大豆发酵食品。利用天然的或纯种的根霉菌在脱皮大豆上进行制曲，在 30℃ 左右生产。以印度尼西亚田北豆豉为代表。

（4）脉孢菌型豆豉　利用花生或榨油后的花生饼，也有用大豆为原料的，接种脉孢菌培养而成。以印度尼西亚昂巧豆豉为代表。

2. 细菌型豆豉

利用天然的或纯种细菌在煮熟的大豆或黑豆表面繁殖，制曲时温度较低。以山东八宝豆豉及日本拉丝豆豉（纳豆）为代表。细菌型豆豉产量较少，一般家庭制作大都属于该类型，如我国云、贵、川一带民间制作的家常豆豉。

（二）根据产品形态分类

1. 干豆豉

发酵好的豆豉再进行晾晒，成品含水量为 25%～30%。豆粒松散完整，油润光亮。由毛霉型或曲霉型豆豉制成干豆豉，如湖南浏阳豆豉、四川豆豉等。

2. 水豆豉

产品为湿态，含水量较大。豆豉柔软粘连，由细菌型豆豉制成，如北京六必居豆豉、山东水豉等。

（三）根据所用原料分类

1. 大豆豆豉

采用大豆为原料生产的豆豉，如广东阳江豆豉、上海和江苏一带的豆豉等。

2. 黑豆豆豉

采用黑豆为原料生产的豆豉，如江西豆豉、湖南浏阳豆豉、山东八宝豆豉、四川潼川豆豉等。

3. 花生豆豉

采用花生或榨油后的花生饼为原料生产的豆豉，如印度尼西亚昂巧豆豉。

（四）根据产品的口味分类

1. 淡豆豉

淡豆豉又称家常豆豉，它是将煮熟的黄豆或黑豆，盖上稻草或南瓜叶，自然发酵而成。发酵后的豆豉不加盐腌制，口味较淡，如湖南浏阳豆豉、日本豆豉、印度尼西亚豆豉等。

2. 咸豆豉

咸豆豉是将煮熟的大豆，先经制曲，再添加食盐及其他辅料，入缸发酵而成的，成品口味以咸为主。大部分豆豉属于这类产品，如广东阳江豆豉、山东水豉、北京豆豉等。

（五）根据辅料的不同分类

根据添加主要辅料的不同分为：酒豉、姜豉、椒豉、茄豉、瓜豉、香豉、酱豉、葱豉、香油豉等。

二、豆豉生产技术

（一）毛霉型豆豉

1. 四川潼川豆豉

潼川豆豉是四川省的优秀产品，也是各地川菜大师们专用的调味品之一。炒食、拌食、制汤皆妙，以它烹调各种荤素菜，最能体现川菜的风味。潼川豆豉出产在三台县，因三台古为潼川府，故习惯称为潼川豆豉（又称三台豆豉），已有300多年历史。潼川豆豉多采用自然发酵，鲜香回甜，油润发亮，色黑粒散。

（1）原料配方（成品1650～1700kg）　黑豆1000kg，盐180kg，白酒（50%以上）10kg，水60～100kg（不包含浸渍和蒸料时加入的水量）。

（2）工艺流程

选料→浸泡→蒸煮→摊晾→制曲→拌料→发酵后熟→包装→成品

（3）操作要点

① 原料选择。采用黑豆、褐豆、黄豆均可，尤以黑豆最佳。因黑豆皮较厚，做出的豆豉面色黑，颗粒松散，不易发生破皮、烂瓣等情况。多采用四川省安县秀水地区的黑色大豆作为原料，这种大豆颗粒大小如花生仁，做出的豆豉质量最佳。普通黄豆制成的豆豉色、香、味皆次之。

② 浸泡。泡料水温掌握在40℃以下，用水量以淹过原料30cm为宜。一般浸泡5～6h，可见有90%～95%的豆粒"伸皮"（无皱）。气候特别寒冷（0℃以下）时，需适当延长浸泡时间，要求100%的豆粒"伸皮"。达到浸泡要求后，沥干，豆粒水分含量为50%左右。

③ 蒸煮。常压蒸料，分前后两个木甑，前甑蒸2.5h左右。待甑盖冒"大汽"和滴水汽时，移至后甑再蒸2.5h。使甑内上下原料对翻，便于蒸熟原料。待后甑冒大汽、滴水汽时，即可出甑散热。蒸料时间需5h左右。蒸料后，熟料的水分含量为56%左右。

④ 摊晾。下甑后，将熟料铲入箩筐，待自然冷却到30～35℃时，进曲房

入簸箕或上晒席制曲，曲料堆积厚度为 2~3cm。

⑤ 制曲。常温制曲，自然接种。制曲周期因气候条件变化而异，一般为 15~21d。冬季制曲，从当年立冬（农历十月）至次年的雨水（农历一月）。在这段时间里，四川地区的最高气温在 17℃ 左右，很适宜毛霉的生长。冬季曲料入曲房 3~4d 后起白色霉点，8~12d 后菌丝生长整齐，16~20d 后毛霉转老，菌丝由白色转为淡灰色，质地紧密，直立，高度为 0.3~0.5cm。同时，在浅灰色菌丝下部，紧贴豆粒表层有少量暗绿色菌体生成。21d 后出曲房，豆坯呈浅灰绿色，菌丝高度为 0.5~0.8cm，有曲香味。此制曲过程中品温为 5~10℃，室温为 2~5℃。

⑥ 拌料。将制好的豆曲倒入曲池内，打散（原料 100kg 可制得成曲 125~135kg）。加入定量的食盐、水，混匀后浸闷 1d，然后加入定量的白酒（酒度 50% 以上的白酒），拌匀后待用。

⑦ 发酵。拌料后的曲料，装入浮水罐，每罐必须装满（每罐约装干原料 50kg，即豆豉成品 82.5~85kg）。装料时，靠罐口部位压紧，其上不加盖面盐，用无毒塑料薄膜封口，罐沿内加水，保持不干涸，同时每月换水 3 次，以保持清洁。用浮水罐发酵的豆豉成品质量最佳，这与浮水罐的装量适当、后期排气、调节水分、温度等因素有密切关系。发酵周期 12 个月，其间不翻罐，罐子可放在室内，也可在制曲季节放在室外（便于厂房合理利用），保持品温在 20℃ 左右。

⑧ 储存。潼川豆豉只要注意密封，一般可存放 5~6 年。此豆豉经长时间储存后，质量越变越好。成品颗粒松散，色黝黑而有光泽，清香鲜美，滋润化渣，后味回甜。

2. 重庆永川豆豉

重庆市永川区以生产豆豉而闻名，素有豆豉之乡的美称。永川豆豉主要分布在松溉镇、朱沱镇及五板桥（现为永川酱园厂豆豉产区）等地，生产工艺起源于永川家庭作坊，距今已有 300 多年的历史。2008 年 6 月"永川豆豉酿制技艺"被列入第二批国家级非物质文化遗产名录。

（1）原料配方（成品 410~425kg）　　黄豆 500kg，自贡井盐 90kg，白酒（酒度 50% 以上）25kg，做醅糟用糯米 10kg，40℃ 温开水（拌料用）25~40kg。

（2）工艺流程

选料→浸泡→蒸料→摊晾→制曲→辅料拌和→发酵后熟→包装→成品

（3）操作要点

① 黄豆筛选。选择颗粒成熟饱满、均匀新鲜、蛋白质含量高、无虫蚀、无霉变、杂质少的黄豆。

② 浸泡。将黄豆浸泡在 35℃ 左右的温水中，一般不超过 40℃，用水漫过原料 30cm，浸泡 1.5~5h。遇气温低时，浸泡时间适当延长，要求超过 90%

的豆粒"伸皮",含水量为 50%～56% 为宜。

③ 蒸料。产量较小时,一般采用水煮,常压蒸煮 4h 左右,不翻甑。产量大时,也可采用改进的通风制曲、大型水泥密封式发酵的配套蒸料方法,即旋转式高压蒸煮锅在 0.098～0.1MPa 压力下,蒸 1h,蒸后含水量为 40%～47%。

④ 制曲。蒸料摊晾,待自然冷却到 30～35℃ 时进曲房入簸箕。若是蒸熟的罐料,则须经螺旋输送机送入通风制曲曲床,料温约 35℃。制曲有簸箕制曲和通风制曲两种,前者为传统的制曲方法,后者为改进的制曲方法。

a. 簸箕制曲。是利用自然发酵常温制曲,曲料厚度为 3～5cm。冬季曲料品温 6～12℃,室温 2～6℃,制曲时间约 15d,其间翻曲一次。3～4d 后起白色霉点,8～12d 菌丝生长整齐,15～20d 毛霉转老。菌丝高度为 0.3～0.5cm 时即可出曲,成曲呈灰白色。每粒豆坯均被浓密的菌丝包被,菌丝上有少量黑褐色孢子生长。豆坯内部呈浅牛肉色,同时菌丝下部紧贴豆粒表层有大量暗绿色菌体生成。成曲有曲香味。

b. 通风制曲。制曲时要求曲料厚度为 18～20cm,品温 7～10℃,室温一般为 2～7℃。制曲周期为 10～12d,其间翻曲 2 次。也可采用自然发酵通风制曲,冬季曲料入曲室 1～2d 后起白色霉点,至 4～5d 菌丝生长整齐,并将豆坯完全包被。同时,紧贴豆粒表层有少量暗绿色菌体生成。7～10d 后毛霉衰老,菌丝由白色转为浅灰色。菌丝长 1cm,其上有少量黑褐色孢子生成。在浅灰色菌丝下部,紧贴豆粒表层有大量暗绿色菌体生成。

⑤ 发酵。向成曲中加入一定量的冷食盐水浸闷 1d 后,再加入定量辅料(食盐、醪糟水、白酒等)拌和后入罐或入池(一般通风制曲的成曲装入配套的密封式水泥发酵池发酵)。毛霉豆豉的后期发酵是利用制曲获得的酶系,在一定条件下作用于变性蛋白质,形成豆豉的色、香、味成分。由于毛霉属于厌氧微生物,在发酵过程中不需要氧,故一定要密封好,一般采用浮水罐发酵,经常检查坛盖槽是否有水,并且经常换水,冬季 1 月 2 次,夏季 1 周 1 次;料温控制在 20℃ 左右,周期 10～12 个月,其间不需翻罐。

(4)产品质量 永川豆豉属天然制曲,对自然环境特别是温度有较为特殊的要求,形成了曲中微生物类群较多、酶系复杂,且各种酶的活力不尽相同的体系,加上发酵时间较长,加入的辅料也属发酵产物,因而永川豆豉具有特有的品质。毛霉型永川豆豉外观为黑色颗粒状,松散,有光泽,口感滋润化渣,清香回甜,具有一定的醇香、酯香。

(二)曲霉型豆豉

1. 广东阳江豆豉

阳江豆豉是广东省知名产品之一,历史悠久,远销东南亚、南美、北美等 30 多个国家,在港澳市场上被誉为"一枝独秀"。阳江豆豉的特点是:豆粒完整，乌黑油亮，鲜美可口，豉味醇香，松软化渣，别具一格，属曲霉型豆豉。

（1）原料配方 黑豆 1000kg，食盐 160～180kg，硫酸亚铁 2.5kg，五倍子 150g（硫酸亚铁及五倍子的作用，是为了增加豆豉的乌黑程度），水 60～100kg。

（2）工艺流程

选料→浸泡→蒸料→摊晾→制曲→洗霉→辅料拌和→发酵→干燥→成品

（3）操作要点

① 选料。选取本地优质黑豆为原料，外地黑豆、黄豆等均不理想。除去虫蛀豆、伤痕豆、杂豆及杂物。

② 浸泡。浸豆用水需没过豆粒面层约 30cm，浸泡时间随季节而异。一般冬季浸豆，经 4～5h 后，有 80% 的豆粒表面无皱皮，可放出浸水，至 6h 左右，全部豆粒表面无皱皮。夏季气温较高，当浸泡 2～3h 后，已有 65%～70% 的豆粒表面无皱皮。浸渍适度的豆粒含水分在 46%～50%。

③ 蒸料。常压蒸料 2h 左右，当嗅到有豆香时，观察豆粒形状，松散而不结团，用手搓豆粒则呈粉状，说明豆已蒸熟。用风机吹风或自然冷却，使熟料温度降至 35℃ 以下。

④ 制曲。将曲料移入曲室，装入竹匾。装竹匾的曲料四周可厚一些，约 3cm 厚度；中间薄一些，厚度为 1.5～2cm。制曲方式为人工控制天然微生物制曲，曲室温度 26～30℃，曲料入室品温 25～29℃。培养 10h 后，霉菌孢子开始发芽，品温慢慢上升；培养 17～18h 后，豆粒表面出现白色斑和短短的菌丝；当培养 24～28h、品温达 31℃ 左右时，曲料稍有结块现象；约经 44h 培养，室温升至 32～34℃，曲料品温升至 37～38℃（最好品温不超过 38℃），菌丝体布满豆粒而结饼，进行第一次翻曲。翻曲时用手将曲料所有结块都轻轻搓散，此时，还要倒换竹匾上下位置，使品温接近。翻曲后，品温可降至 32℃ 左右。再经 47～48h 培养，品温又上升为 35～37℃，可开窗透风，使品温下降至 33～34℃，培养至 67～68h，曲料再一次结块并长出黄绿色孢子，可进行第二次翻曲。第二次翻曲后，品温自然下降，以后保持品温 28～30℃，培养至 120～150h 出曲。成熟豆曲水分 21% 左右，豆曲表面有皱纹，孢子呈略暗的黄绿色。

⑤ 洗霉。用清水将豆曲表面的曲霉菌孢子、菌丝体及黏附物洗净，露出豆曲乌亮滑润的光泽，只留下豆瓣内的菌丝体。洗霉后，豆曲水分为 33%～35%。洗霉后的豆曲，需分次洒水，并堆放 1～2h，使豆曲吸水为 45% 左右为宜。

⑥ 辅料拌和。为了调味和防腐，在吸水后的豆曲中，按比例添加食盐，使氯化钠含量达 13%～16%。此时还要添加硫酸亚铁（俗称青矾）和五倍子，以增加豆曲乌黑程度。添加的方法是：先将五倍子用水煮沸，取上清液与硫酸

亚铁混合，使之溶解，再取上清液与食盐一起浇到豆曲中。

⑦ 发酵。拌匀后的豆曲装入陶质坛中，每坛装 20kg 左右。装坛时要把豆曲层层压实，最后用塑料薄膜封口，加盖，进行发酵。发酵温度 30～45℃较适宜，可在室外日晒条件下自然发酵，30～40d 豆豉成熟。

⑧ 干燥。将发酵成熟豆豉从坛中取出，在日光下曝晒，使水分蒸发。要求豆豉水分含量 35％为宜。成品豆豉应存放于干燥阴凉之处。

广东阳江豆豉皮薄肉多，颗粒适中，皮色乌黑油润，豉肉松化，豉味浓香醇厚，味道鲜美可口、余味绵长。

2. 湖南浏阳豆豉

浏阳豆豉，是浏阳市（原浏阳县）的地方土特产，历史悠久，畅销中外，驰名世界。早在 18 世纪，就有浏阳康裕豆豉作坊，以盛产淡豆豉和五香豆豉而闻名。19 世纪发展到 34 家豆豉专业作坊，其中以杨福和朱晋生最为有名。

浏阳豆豉，以泥豆（秋大豆之一，大豆种子外皮无光泽而有泥膜，像泥巴）或小黑豆为原料，使用黄曲霉发酵酿造而成，制作精细，营养丰富，含有维生素、蛋白质、氨基酸等人体需要的有益成分。

成品豆豉呈黑褐色或酱红色，皮皱肉干，质地柔软，颗粒饱满，加水泡胀后，汁浓味鲜，是烹饪菜肴的调味佳品。湘菜中的"腊味合蒸"名菜，即是以豆豉为佐料。

（1）原料配方　黑豆 100kg，食盐 200g，食用油 200g，3.042 米曲霉、水适量。

（2）工艺流程
黑豆→除杂→干蒸→浸泡（加食用油、水）→沥干→复蒸→冷却→拌曲→制曲→搓散→晒干→筛屑→浸泡→搓洗→淋水→浸泡→淋水→沥干→堆温→翻堆→晒干→成品

（3）操作要点

① 原料处理。黑豆经过精选，并去除其中的沙土、灰尘。

② 干蒸。采用传统的"双蒸法"，有利于把料蒸透。先进行干蒸，用蒸汽将其干蒸 1h 左右。

③ 浸泡。黑豆蒸煮后，与食用油、水同时放入缸中，浸泡至豆粒全部膨胀后再复蒸 1～2h，蒸豆含水量在 43％～48％为好。豆粒熟透后进行冷却，为减少杂菌，冷却速度越快越好。冬季冷却至 40～45℃，夏季温度越低越好，春秋两季凉至 36℃左右。

④ 拌曲。将 3.042 米曲霉均匀撒拌在冷却后的豆粒上，接种量以黑豆计为 3％，接种后平均厚 2.5cm，中间散热困难，应薄一些，边沿可稍微厚一点。

⑤ 制曲。米曲霉生长繁殖的适宜温度为 33～37℃。从入曲室开始，室温尽可能高一些，要求在 25～30℃。在米曲霉繁殖旺盛期，会产生呼吸热与分解热，因此室温可以保持低一点，要求为 25～29℃。制曲初期，为有利于孢子发芽，菌丝生长，品温应在 28～32℃；制曲中期，为米曲霉的菌丝体繁殖旺盛期，新陈代谢旺盛，热量很大，这时要求品温不得超过 40℃；制曲末期，品温逐步下降到 37℃，不得低于 30℃。相对湿度比较高时，有利于曲霉生长繁殖，曲料水分散发速度慢；相对湿度低时，出现干皮现象，要求相对湿度在 85％～95％。整个制曲过程中，如用嫩曲为 48h，如用老曲为 96h。制曲结束后，将成曲搓散，晒干，筛屑。

⑥ 浸泡、搓洗。将筛过的曲下缸浸泡 3～5min，捞起进行搓洗、淋水。再浸泡 2～4h，然后捞起再淋洗干净。

⑦ 堆温。沥干表面水分，入室堆成山形，室温 22～30℃。盖上干净麻袋，经过 6～12h，品温上升到 55～60℃，开始倒堆。

⑧ 晒干。经过 24h 发酵后，不拌食盐，直接进行日晒，晒干后即为成品。成品色黑亮，形同葡萄干，味淡而鲜。

（三）根霉型豆豉（田北豆豉）

田北豆豉是采用无盐发酵法生产的豆豉，产于印度尼西亚，是爪哇岛中部、东部居民的日常生活调味品，已有数百年历史。其生产工艺有传统法和改良法两种，改良法是由美国提出的。

1. 原料配方

大豆 100kg，乳酸（85％）3L，淀粉 1kg，水、菌种适量。

2. 工艺流程

传统法：精选大豆→洗净→一次水煮→排水、脱皮→除皮→浸渍→二次水煮→排水→冷却→接种（加混合菌种）→用芭蕉叶包裹（或装入有孔塑料袋）→发酵→成品

改良法：精选大豆→洗净→浸渍（加沸水）→排水→脱皮→酸性液水煮（加乳酸 0.1％）→排水→冷却→接种（加纯种）→装袋→发酵→成品

3. 操作要点

（1）原料处理　经过精选的大豆水洗后，浸于水中使其充分吸水膨胀。当气温超过 30℃时，为了防止浸渍水中杂菌或致病菌的繁殖，可利用天然乳酸菌进行乳酸发酵，或接种胚芽乳酸菌使大豆的 pH 值下降至 3.2～3.8 或 4.5～5.3。这一 pH 值不适于腐败菌的繁殖，而适于田北豆豉菌的生长，从而保证了发酵安全进行。

利用干燥大豆进行脱皮再浸渍，一夜时间不可能完成乳酸发酵，因此 1kg 大豆需加 30mL 含 85％的乳酸及 1L 的水，或加冰醋酸 7.5mL。当浸渍大豆充

分吸水后，脱皮。

脱皮大豆一般是在100℃水中煮沸1h，也有先将大豆脱皮，而后在100℃沸水中浸渍30min，再煮沸90min。这时若使用0.1%乳酸液，则可以保证发酵安全进行。

蒸煮后的大豆不可过软，否则易招致细菌的污染。冷却时将料摊开，促进大豆上附着水分的挥发，使大豆表面水分适当。冷却后，添加大豆1%左右的淀粉充分混匀。如果使用添加木薯淀粉渣的发酵剂，淀粉可将多余水分吸收，这样就可以防止杂菌的污染，促进霉菌的生长。

（2）菌种的培养及接种 田北豆豉菌的代表菌是豆豉根霉、米根霉、少孢根霉。

少孢根霉为东爪哇省常用的菌种，是田北豆豉生产中最具有代表性的菌株。其蛋白酶活性及脂肪酶活性在田北豆豉菌中最强，而糖化酶最弱。

少孢根霉生长最适温度在37℃左右，较一般霉菌要高些，也能在45℃的熟豆上很好地繁殖；湿度以75%～85%较为适宜；对氧气的要求较一般霉菌低，为大量生产创造了有利条件。少孢根霉孢子生长较慢，菌丝的蔓延较缓慢，需要一定时间。但在较低温度（20～25℃）白色菌丝仍可蔓延，而不易结孢子。米根霉适用于添加碳水化合物的各类田北豆豉。糖化酶活性最强，蛋白酶活性次于少孢根霉。

生产田北豆豉的菌种有两种：一种是印度尼西亚传统使用的混合菌种，另一种是以少孢根霉孢子为中心纯粹培养的菌种。

印度尼西亚所用传统混合菌种（发酵剂）有多种，使用最多的叫乌杂，将接种根霉的部分田北豆豉排在两枚刺桐或柚木叶子中间，培养至生成大量孢子，干燥备用。使用时除去豆豉，将豆豉上附着的孢子搓掉来接种。另外。还有一种将根霉接种于片状木薯淀粉渣上培养，晒干而成的发酵剂叫作拉义田北。也可将切薄的田北豆豉放置培养至结成孢子，晒干后直接或粉碎使用。

纯种培养方法也很多，将脱皮大豆煮熟后放入锥形瓶，于120℃灭菌30min，接种根霉，于37℃培养4d。晾凉干燥，粉碎后作为发酵剂，每1kg煮豆接种发酵剂3～5g。纯种培养的基质以大米或大豆：麦麸＝4：1或小麦：麦麸＝4：1较为适当。发酵剂宜干燥储存于4℃下，在22℃下放置2个月后发芽率显著降低。菌种可装入聚乙烯薄膜袋或有干燥剂（如硅胶或无水碳酸钙）的聚乙烯袋中，在冷库（约4℃）中密封保存；但不可采用冷冻保存，因反复冷冻、解冻，必然导致一些细胞被破坏。水分含量高时会加速这种破坏作用。

煮熟大豆冷却至40℃即可加入种子，充分拌匀，堆积保温，进行数小时的前发酵。然后装入大型容器中，如在40cm×100cm浅竹筐上铺几层芭蕉叶，可堆放厚4～5cm的接种大豆。改良法培养可用塑料或不锈钢制的容器，将拌种的培养基装入袋中堆积起来，待发热后再排列于发酵棚架上。

（3）发酵　培养过程亦属发酵过程，最初数小时是诱导期，不久即开始发芽，再过几小时菌丝生长旺盛，品温及室温均有所升高。当品温达到最高峰时，根霉的生长趋于缓慢，品温也逐步下降。这时豆瓣因菌丝的旺盛生长而结成饼状，在根霉急剧繁殖后形成孢子，随着蛋白质的分解而产生氨气，pH 值由发酵开始的 5.0 上升到 6.0～6.7，最后可达 7.6。

田北豆豉最适发酵温度范围为 25～37℃；温度高，则发酵时间短，25℃需 80h，28℃需 26h，31℃需 24h，37℃则需 22h。20℃时，因温度过低，菌丝不能生长。44℃高温则由于细菌增殖，抑制根霉的生长而制不成田北豆豉。

田北豆豉菌增殖最旺盛的时期品温可达 48℃，这时氧气浓度降至 2% 以下，二氧化碳浓度却增加到 21%。含氧低会抑制根霉生长，氧浓度低于 0.25% 就会使其生长停止。氧浓度在 1.0%～6.5% 时增殖速度很快，氧过多，会产生过多孢子；发酵温度过高时，会产生水滴，这种湿度会促使细菌的生长；湿度过低，可能使大豆表面干燥，抑制根霉的生长。如果控制好温度、湿度及氧气含量，就会使根霉顺利繁殖，18h 即可结束发酵。

（四）好食脉孢菌型豆豉——印度尼西亚昂巧豆豉

昂巧豆豉是印度尼西亚的一种传统发酵食品，它是利用花生或榨油后的花生饼，接种好食脉孢菌橙红色孢子培养而成。它的产量虽不及田北豆豉，但历史悠久，为家庭配制的常用食品。

好食脉孢菌是子囊菌的一种霉菌，具有较强的淀粉分解力、纤维分解力，对蛋白质的溶解力很强，而把蛋白质分解至氨基酸的能力却很弱；乙醇的发酵能力很弱，但酯化力很强，因而在大豆或花生上生长就形成芳香成分。此菌属好氧菌，其生长适宜温度为 27℃，在通气良好的环境下，气菌丝得到充分生长，呈毛状，顶端着生橙红色孢子。

1. 原料配方

花生（或花生饼）100kg，好食脉孢菌、生木薯淀粉、水各适量。

2. 操作要点

（1）原料处理　整粒花生在 20℃浸渍 14h 即可，充分浸渍后可增重 1.3 倍，水分达 35%～40%。不宜水煮，因水煮会有损花生的滋味。然后常压蒸煮 30min。脱脂花生粕一般是加 1～1.5 倍的热水后蒸熟。

（2）发酵　花生浸渍蒸煮，加些生木薯淀粉进行成形，使其成为棒状，而后放于芭蕉叶上，撒上菌种，放入 27～30℃发酵室中，培养 1～2d。培养中要注意发酵室的通风。大概 12h 就可长满菌丝，24h 即着生孢子，48h 全面着生很厚的一层菌丝及孢子。这时放出水果的香气，能引起人们的食欲。

将昂巧豆豉表面布满的部分菌膜耙下，日晒后所得粉末即可作菌种，但现在多采取纯培养的菌种。培养基多用麦麸及玉米，固体培养。一般将培养基于

110℃杀菌 20min，冷却后进行斜面接种，在 27℃培养 3～4d，而后低温干燥，此时好食脉孢菌的孢子极易脱落，脱落的孢子过筛后可作为菌种。

昂巧豆豉的水分一般为 40％左右。其菌丝旺盛并可繁殖深入内部，因此即使把它切成薄片也不会散开，其可用植物油炸或切碎后放入汤中食用。

（五）细菌型豆豉

细菌型豆豉大多是利用纳豆枯草杆菌（*Bacillus subtilis natto*）在较高温度下，繁殖于蒸熟大豆上，借助其较强的蛋白酶系生产出风味独特的豆豉。纳豆枯草杆菌生长适温为 30～37℃，在 50～56℃尚能生长，最大特点是产出黏性物质，并可拉丝。自古以来，制造这种豆豉是将蒸熟大豆趁热在高温下包入稻藁内或用稻秆覆盖保温生产的。纳豆枯草杆菌的孢子耐热性较枯草杆菌的孢子高 1.6 倍。因此，制曲时创造高温、高湿的条件可以杀死杂菌，纳豆枯草杆菌的孢子被高温所激活，迅速发芽、繁殖。

参与细菌型豆豉制曲和发酵的微生物种类很多，除主要的枯草芽孢杆菌外，还有豆豉芽孢杆菌及微球菌，其机理为厌氧菌生长于蒸煮过的大豆中，使大豆发黏，散发一种豆豉特有的气味，在此过程中又产生多种蛋白酶，使蛋白质分解成氨基酸，赋予产品鲜味。

1. 水豆豉

水豆豉主要是云南、贵州、山东一带民间制作的家常豆豉。水豆豉制曲水分和发酵水分均较高。水豆豉的发酵属细菌型发酵，主要是小球菌和杆菌等参与。水豆豉是在淹水状态下发酵，成品为固液混合状态，豉汁微黄、透明、质地黏稠，挑起悬丝长挂；豉粒完整柔和，为豉汁所浸渍。水豆豉口味清淡典雅，富有纯正的豉香，富含维生素和多种氨基酸，营养丰富，消化性极好，鲜香宜口，既是大众欢迎的菜肴，又是极好的调味料。

（1）原料配方　黄豆 100kg，豉汁 200kg，食盐 40kg，萝卜粒 75kg，姜粒 10kg，花椒 250g，水适量。

（2）工艺流程

花椒、姜粒、萝卜粒

熟豆 → 入箩培菌 → 豉曲 → 配料 → 入坛发酵 → 成品

大豆 → 淘洗 → 煮豆 → 沥干 → 豆汁 → 陈酿培养 → 豉汁 → 食盐

（3）操作要点

① 煮豆。制作水豆豉常采用黄豆。将黄豆投入木桶中，掺水搅拌，漂浮去不实之粒，淘洗净泥沙，分选除石子，捞出洁净、完整、饱满的黄豆放入蒸煮锅中，加入 3～4 倍于黄豆的清水煮豆。煮豆时间从水沸腾时计 1h。

② 培菌。水豆豉的培菌分豆汁培菌和熟豆培菌，它们都是利用空气中落入的微生物及用具带入的微生物自然接种繁殖而完成培菌过程的。体系中微生物区系复杂，枯草芽孢杆菌和乳酸菌是占优势的种群。豆汁培菌是把煮豆后过滤出的豆汁放于敞口大缸中，在室温下静置陈酿 2～3d，待略有豉味产生时搅动 1 次，再静置培养 2～3d，豉味浓厚并微有氨气散出，以筷子挑之悬丝长挂，即成豉汁。

熟豆培菌在竹箩中进行，箩底垫以厚 10cm 的新鲜扁蒲草。扁蒲草俗名豆豉叶，茎短节密而扁，匍匐生长，叶似披针，肉质肥厚，表面光滑，保鲜力强，能充分保持水分，使豆粒表面湿润。在扁蒲草上铺上厚 10～15cm 的熟豆，表面再盖厚 10cm 左右的扁蒲草，入培养室培养。培养 2～3d 后翻拌 1次，再继续培养 3～4d，即培养成熟。成熟的豆豉曲表面有厚厚一层黏液包裹，并有浓厚豉香味。因为竹箩体积大，制曲入箩的豆也不多，豆粒含水量又大，制曲过程中温度不易升得过高，只能在室温 20～22℃。制曲时间需要经过 6～7d。如果一批接着一批生产，可利用上批生产的豉汁为菌母，进行人工接种培菌，接种量为 1%，这样可以大大缩短培菌时间。

水豆豉培菌过程中，蚊蝇易在豉内产卵导致生蛆，所以水豆豉生产季节多选在寒露之后，春分之前。其他季节生产则需严格防蚊除蝇。

③ 入坛发酵。入坛发酵在浮水坛中进行。入坛前先洗净浮水坛，准备好原料。老姜洗净刮除粗皮，快刀切细成米粒大小的姜粒。花椒去子除柄摘干净。选个头较小、肉质结构紧密的胭脂萝卜晾萎、洗净，快刀切成豆大的萝卜粒。

将食盐投入豉汁，搅动使全部溶解，再按豆豉曲、花椒、姜粒、萝卜粒的顺序一一投入搅匀，入坛，盖上坛盖，掺足浮水，密闭发酵 1 月以上则为成熟的水豆豉。

④ 保存。发酵成熟的水豆豉可以经常取作食用。取后立即盖坛，并经常注意添加浮水，勿使水干漏气。这样经久不会变质，并且越陈越香，滋味越放越好。

2. 日本豆豉

一般说的日本豆豉，是将发酵菌（*Bacillus natto*）接种在大豆上而制成的抽丝发酵点。发酵菌能产生蛋白酶、淀粉酶等，在发酵过程中能促使蛋白质分解成易于消化的形态。

（1）原料配方　大豆 100kg，纯种发酵菌、水适量。

（2）工艺流程

大豆→精选→浸渍→加压蒸煮→接种→入室→出室→冷却→成品

（3）操作要点　选用充分干燥的小、中粒大豆，除去杂质，经水洗后浸泡。浸泡时间随大豆种类和水温而有所不同。一般夏季浸泡 8～12h，冬季需浸泡 24～30h。浸泡后的大豆质量可增大 2～3 倍。将浸泡好的大豆放入 0.138MPa 的压力锅中，蒸煮 20min，待冷却至 70℃以后，接种事先培养的纯种发酵菌。接种的大豆用木质纸、竹皮包好放入箱中重叠堆放，盖好箱盖。将箱置于温度为 40～42℃、湿度为 95％左右的室内发酵。经数小时后，由于发酵品温上升，将室温下降到 37℃左右，再发酵约 20h 即可终止发酵。然后将发酵豆从室内取出冷却，为使风味良好还需稍加后熟，即为成品。成品氨基酸含量高，滋味鲜美，易于消化吸收。

第五节　腐乳

　　腐乳又称乳腐、乳豆腐、霉豆腐、酱豆腐或豆腐乳，是我国著名的传统酿造调味品之一。它是以黄豆为主要原料，经过磨浆、制坯、培菌、发酵而成的调味、佐餐制品。它有较高的蛋白质含量，口味鲜美、风味独特、质地细腻、营养丰富，不仅备受国内广大消费者的关注和喜爱，而且在国外亦有很大的消费市场，在世界发酵食品中独树一帜，被西方人称为"东方的植物奶酪"。

　　腐乳在我国有悠久的酿造历史，相传至今已有 1000 余年。在《本草纲目拾遗》中就有腐乳的记载："腐乳又名菽乳，以豆腐腌过加酒糟或酱制者，味咸甘心"。又据报道，五世纪魏代古书已有记载："干豆腐加盐成熟后为乳腐。"比较详细的制作方法是在明朝李日华的《蓬栊夜话》中介绍"黔（移）县人善于夏秋间盐腐，令变色生毛，随拭去之，俟稍干……"。清朝的李化楠在《醒园录》也有详细的记述"将豆腐切方块，用盐腌三四天，晒两天，置蒸笼内蒸至极热出晒一天，和酱下酒少许，盖密晒之，或加小茴香末，和酒更加"。清朝初期又有了青腐乳（臭豆腐）的制造方法，形成腐乳中风味独特的产品。自明清以来，我国腐乳生产规模和技术水平有了很大的发展，形成各具地方特色的传统产品，如北京的王致和腐乳、黑龙江的克东腐乳、桂林的白腐乳以及四川的辣味型花色腐乳等。

一、腐乳的分类

（一）按工艺分类

1. 腌制腐乳

　　豆腐坯经灭菌、腌制、添加各种辅料协同发酵制成的腐乳称为腌制腐乳。生产时豆腐坯不经微生物生长的前期发酵，而直接进行腌制和后期发酵，缺乏前期发酵产生的蛋白酶，风味的形成完全依赖于添加的辅料，即发酵动力来源于面曲、红曲、酒类等，由于蛋白酶活力低，后期发酵时间长，产品不够细腻，滋味差，氨基酸含量低。厂房设备少，操作简单，目前以此工艺生产的腐乳厂家已很少，如山西太原的一些腐乳，绍兴腐乳棋方都是腌制腐乳。

2. 发霉腐乳

豆腐坯先经天然的或纯菌种的微生物生长前期发酵，再添加配料进行后期发酵。前期发酵阶段在豆腐坯表面长满了菌体，同时分泌出大量的酶；后期发酵阶段豆腐坯经酶分解，产品质地细腻，游离氨基酸含量低。现在国内大部分企业都是采用此工艺生产腐乳。

（二）按发酵微生物分类

1. 毛霉型腐乳

以豆腐坯培养毛霉，称前期发酵，使白色菌丝长满豆腐坯表面，形成坚韧皮膜，积累蛋白酶，为腌制装坛后期发酵创造条件，腐乳质地柔糯、滋味鲜美。毛霉生长温度较低，最适为 16℃ 左右，一般只能在冬季气温较低的条件下生产毛霉型腐乳。传统工艺利用空气中的毛霉菌，自然接种，培养 10～15d（适合家庭作坊式生产），也可培养纯种毛霉菌，人工接种，15～20℃ 下培养 2～3d 即可。

2. 根霉型腐乳

采用耐高温的根霉菌，经纯菌培养，人工接种，在夏季高温季节也能生产腐乳，但根霉菌丝稀疏，呈浅灰色，蛋白酶和肽酶活性低，生产的腐乳其性状、色泽、风味和理化质量都不如毛霉型腐乳。

3. 细菌型腐乳

利用纯种细菌接种于豆腐坯上，让其繁殖并产生大量的酶。北方以藤黄微球菌为主，南方以枯草杆菌为主。细菌型腐乳菌种易培养，酶活力高，质地细腻，口味鲜美，但成形性差，不宜长途运输。

（三）按颜色和风味分类

1. 红腐乳

红腐乳简称红方，北方称酱豆腐，南方称酱腐乳，是腐乳中的一大类产品。发酵后装坛前以红曲涂抹于豆腐坯表面，外表呈酱红色，断面为杏黄色，滋味鲜甜，具有酒香。如六必居红腐乳、王致和红腐乳、老恒和玫瑰腐乳等。

2. 白腐乳

白腐乳是在后期发酵过程中，不添加任何着色剂，汤料以黄酒、酒酿、白酒、食用酒精、香料为主酿制而成的腐乳，产品为乳黄色、淡黄色或青白色，醇香浓郁，鲜味突出，质地细腻，是腐乳中的一大类产品。在酿制过程中因添加不同的调味辅料，而呈现不同的风味特色，如糟方腐乳、霉香腐乳、醉方腐乳等。其主要特点是含盐量低，发酵期短，成熟较快，主要产区在南方，如广东广合腐乳、老才臣糟方腐乳等。

3. 青腐乳

青腐乳也称青方，俗称"臭豆腐"，在后期发酵时，以低浓度盐水为汤料酿制而成的腐乳。具有特有的气味，表面颜色呈青色或豆青色，具有刺激性的臭味（主要呈味物质是甲硫醇和二甲基二硫醚等），但是臭里透香，最具代表性的是北京王致和臭豆腐。

4. 酱腐乳

酱腐乳是在后期发酵过程中，以酱曲（大豆酱曲、蚕豆酱曲、面酱曲等）为主要辅料酿制而成的腐乳。产品表面和内部颜色基本一致，具有自然生成的红褐色或棕褐色、酱香浓郁、质地细腻等特点。它与红腐乳的区别是不添加着色剂红曲，与白腐乳的区别是酱香味浓而醇香味差。

5. 花色腐乳

花色腐乳又称别味腐乳，因添加了各种不同风味的辅料而酿成了各具特色的腐乳，有辣味、甜味、香辛味、咸鲜味等。该产品是随着消费水平的不断提高和地区生活习惯的不同而创造的新型风味腐乳，其制作方法有两种：一是同步发酵法，二是再制法。前者是将各种辅料一次性加入配成汤料与盐坯一起进入后期发酵；后者是先制成一种基础腐乳或使用成熟的红腐乳或白腐乳，把要赋予某种风味的辅料拌到腐乳的表面，再装入坛中经短期成熟，即制成各种风味的花色腐乳。由于同步发酵法在长期的发酵过程中损失了大量挥发性风味物质，所以花色腐乳生产以采用再制法较多。

（四）按产品规格分类

1. 太方腐乳

太方腐乳是以规格区分的一种块形最大的腐乳。一般大小为 7.2cm×7.2cm×2.4cm，每四块质量为 500g 左右。采用这种规格制作的腐乳以红腐乳为最多，但随着消费特点的变化，现在很少生产这种规格的腐乳，因其块形太大，吃剩下的部分不易保存，且包装和销售都有不便之处。

2. 中方腐乳

中方腐乳是以规格区分的一种中型腐乳，块形大小适中，是目前产量最多的一种规格，其一般大小在 4.2cm×4.2cm×1.6cm 左右。这种规格的腐乳几乎所有类型的腐乳都有，是消费者最常见的规格。

3. 丁方腐乳

丁方腐乳是以规格区分的一种块形较大的腐乳，块形大小约为 5.5cm×5.5cm×2.2cm，比太方小而比中方大，因其大小与古城门钉大小相似而得名，所以亦称为门钉腐乳。这种规格的腐乳多属于红腐乳类型。

4. 棋方腐乳

棋方腐乳是以规格区分的一种块形最小的腐乳，大小一般为 2.2cm×2.2cm×1.2cm，因为块形大小类似棋子，故名棋方。目前出口较多的霉香腐乳大多采用这种规格，但因块形小，生产过程中的效率低，其他品种很少用这种规格。

二、腐乳生产技术

（一）北京王致和腐乳

王致和腐乳创制于 1669 年（清康熙八年），现已开拓出一系列腐乳产品，如玫瑰腐乳、红辣腐乳、甜辣腐乳、桂花腐乳、五香腐乳、霉香腐乳、火腿腐乳、白菜辣腐乳、虾籽腐乳、香菇腐乳、银耳腐乳等，北京市场占有率为 90％。

1. 原辅料配方

（1）原料　大豆、盐卤、毛霉菌种、食盐。

（2）辅料

丁方腐乳：以每坛 220 块计，规格 5cm×5cm×1.8cm，食盐 1.6kg、黄酒 3.2kg、白酒 0.2kg、上等白砂糖 600g、红曲米膏 100g、面糕 500g。汤料配制后酒精体积分数 15％。红曲米膏的配制方法是：红曲与 3 倍黄酒混合，浸泡 6~7d，用磨磨细。

甜辣腐乳：以每坛 320 块计，规格 4.5cm×4.5cm×1.5cm，食盐 1.6kg、黄酒 3.6kg、白酒 250g、砂糖 700g、搅匀，制成汤料，再加辣椒粉 125g、面糕 500g。

2. 工艺流程

原料→筛选→浸泡→磨浆→滤浆→煮浆→点浆→蹲脑→压榨→划块→豆腐坯→降温→接种→入室发酵（长毛阶段）→搓毛→腌制→咸坯→装瓶→灌汤→封口→后期陈酿→清理→贴标→装箱→成品

3. 操作要点

（1）原料　选用优质大豆为原料，并要求颗粒饱满、无虫蛀、无变质，水分≤13％，粗蛋白质 32％，杂质≤1％，黄曲霉毒素 B_1≤5μg/kg。

（2）浸泡　根据一年四季泡料时间的不同，确定清洗泡料时间为冬季

16～20h；春秋季 14～18h；夏季 12～16h。

（3）磨浆 采用针磨磨浆，针磨是两个针盘，分上盘和下盘，也叫动盘和静盘。上盘有 12mm 粗的钢针 34 根，分两层圆形排列；下盘有 32 根钢针，两层圆形排列。下盘连接 22kW 的 3500r/min 电机，上下盘针对针合在一起，针与针之间的间隙在 7mm 左右。原料从上盘中心注入，通过针磨的高速运转，运用撞击的原理将原料破碎。

（4）滤浆

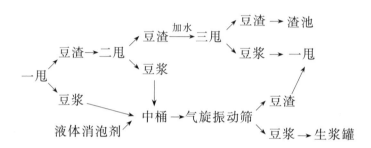

气旋振动筛筛网为 80 目，滤浆后豆浆感官标准：色泽乳白色，无异物、无杂质。检验标准：豆浆含渣量≤15％；豆渣含粗蛋白质≤28％（干基）；豆渣的水分≤85％。

（5）煮浆 采用溢流煮浆系统进行连续加温。此工序需两个限值控制：①溢流煮浆罐末端罐内豆浆温度≥95℃；②出口豆浆温度≥90℃。

（6）点浆、压榨 从点浆工序至压榨制坯由自动化设备完成：自动点浆机储浆罐 20 个，每个容量 38L，盐卤浓度 13～14°Bé，运行时间 10～20min（可调整）；自动圆盘压榨机工位 8 个，压制时间 8～15min（可调整）。点浆、压榨工艺流程为：

注浆→点浆→蹲脑→破脑→压脑→抽水→破脑包布→压榨→切块

质量要求：酱腐乳白坯水分在 66％～73％；臭腐乳白坯水分在 66％～69％。

（7）降温接菌 豆腐坯进行风冷降温至 40℃以下接菌，王致和食品厂采用蒸馏水混合菌液喷雾接菌法。

（8）前期发酵 前期发酵时间为 36～48h，发酵室培养温度 28～30℃，通过三次倒笼来调节温度。头遍笼为两屉倒，倒笼时间视毛霉菌丝生长情况而定，一般头遍笼在入发酵室 22h 内完成。二遍笼根据菌丝的生长情况晾开或合笼。若菌丝生长旺盛产生大量热量，则把屉适当错开散热；若菌丝生长稀疏，则适当合笼保温。三遍笼根据菌丝的生长程度来决定倒笼时间和晾开程度。

（9）搓毛腌制 毛坯一块块错开，放置腌制盒中进行腌制，腌制时一层毛坯一层盐，撒盐均匀，码放整齐，松紧合适。腌制一天后开始出汤，检查腌制盒内汤量，若汤量不足，需补盐汤至满。补汤用的盐水要求：酱盐坯补汤用的盐水盐度为 22～24°Bé；臭盐坯补汤用的盐水盐度为 16～18°Bé，一般腌制 5～7d。

盐坯标准：酱盐坯盐度为 13～18°Bé，臭盐坯盐度为 10～14°Bé。腌制完成后，放毛花卤，将豆腐捞起、淋干、装瓶。

（10）灌汤　王致和腐乳风味独特，与所加的各种辅料有一定的关系。按品种不同，汤料的配制方法各异。其主要的配料有面曲、红曲和酒类，辅之各种香辛料。汤料配制完毕后灌入已装好盐坯的瓶内，入后期发酵室。

（11）后期发酵（陈酿阶段）　豆腐完成上述工序后，进入发酵室，直至产品成熟，后期陈酿需 1～2 个月的时间。在此期间，各种微生物及其酶进行着一系列复杂的生化变化，也是色、香、味、体的形成阶段。此时，室内需要有一定的温度。如果温度低，微生物活动减弱，酶活力低，发酵期长；如果温度高，易出现焦化现象，也不利于后期的酵解。室内温度一般控制在 25～38℃。春、夏、秋三个季节，室内一般为自然温度，在冬季，为了缩短生产周期，加速腐乳成熟，则以通入暖气来提高室温，室内温度一般控制在 25℃左右。

（12）清理　产品在陈酿期间，灰尘和部分霉菌依附在瓶体表面，这既影响卫生，又易污染产品，故需用清水清理瓶体表面的污物。而后，再经紫外线灭菌，以达到食品卫生标准。

（13）成品　经过清洗、灭菌后，瓶体进入下道工序贴标、装箱、入库。

4. 质量标准

（1）感官指标

规格：丁方腐乳（以每坛 220 块计）规格 5cm×5cm×1.8cm；甜辣腐乳（以每坛 320 块计）规格 4.5cm×4.5cm×15cm。

色泽：表面呈鲜红色或枣红色，断面呈杏黄色。

组织：毛茸密实，方块完整。

味道：滋味鲜美，咸淡适口，具有腐乳特有气味，无异味。

（2）理化指标　蛋白质含量不低于 11%，可溶性无盐固形物 80% 以上，氨基酸态氮 0.7% 以上，盐分 12%，酸度 1.3% 以下。砷含量（以 As 计）≤0.5mg/kg，铅含量（以 Pb 计）≤1.0mg/kg。

（3）微生物指标　黄曲霉毒素 B_1≤5ug/kg，大肠杆菌群≤30 个/100g，致病菌不得检出。

（二）上海鼎丰精制玫瑰腐乳

上海鼎丰酿造食品有限公司，创建于 1864 年（清同治三年），现年产腐乳近 5000t，居全国大型腐乳生产企业前列。1979 年起，鼎丰腐乳连续被评为上海市局名优产品，精制玫瑰腐乳在 1983 年获国家银质奖，1988 年获首届中国食品博览会金质奖。

1. 原料配方

硬豆腐 5000g，白糖 1500g，精盐 500g，玫瑰香精 25g，红曲 120g，毛霉菌菌种 1.2g。

2. 工艺流程

毛霉菌试管→克氏瓶

大豆→浸泡→磨豆→滤浆→煮浆→点浆→上箱→压榨→划坯→豆腐坯→接种→培养→凉花→搓毛→腌坯→装坛（瓶）→封口→后期发酵→成熟腐乳

食盐

3. 操作要点

（1）豆腐坯制作

① 原料处理。大豆需经振动筛筛选，除去大豆中的泥块、石块、铁屑等杂物。使制出的豆腐坯有光泽且富有弹性，从而保证腐乳质量。

② 大豆浸泡。大豆浸泡时，加水量控制在 1∶3.5 左右，浸泡时间冬季为 12～16h，春秋季为 8～12h。要根据大豆品种、新豆和陈豆确定具体的浸泡时间。

③ 磨豆。磨豆操作必须掌握磨碎的粗细度，要求不粗不黏，颗粒大小在 15μm 左右。加水量一般控制在 1∶6 左右，并以适量加水和调节磨子松紧来控制浆温。

④ 滤浆。滤浆主要是将大豆中的水溶性物质与残渣分开，采用锤卧式锥形离心甩水机，滤布选用 96～102 目的尼龙绢丝布。在离心分离过程中，豆渣分 4 次洗涤，洗涤的淡浆水套用。豆浆浓度一般掌握在 6°～8°（以乳汁表测定）或 5°Bé 左右，每 100kg 大豆出浆 1000kg 左右。

⑤ 煮浆。使用蒸汽煮浆，快速煮至 95℃，将熟浆经振荡式筛浆机振筛，除去熟豆渣，以提高豆浆的纯度。

⑥ 点浆。点浆操作时，要注意控制盐卤浓度、点浆温度及豆浆的 pH 值。生产上一般使用的盐卤浓度为 16～24°Bé。小白方腐乳用 14°Bé 左右的盐卤。点浆温度应控制在 80～85℃为宜。

⑦ 压榨。压榨动作要轻，压榨时加压先轻后重，防止豆腐包布被压破，导致豆腐脑漏出。使用电动压榨床，榨出豆腐脑中的部分水分。白坯水分应控制在 71%～73%，小白方水分掌握在 76%～78%。成形的豆腐坯厚度要均匀，四角方正，无烂心，无水泡，富有弹性，具有光泽。

⑧ 划坯。用多刀式豆腐切块机划坯，按产品的大小规格事先调节好刀距，

划后坯子不得有连块现象，不合乎标准的坯子要剔除掉。

（2）前期培菌（发酵）

① 菌种检查。要求培养瓶内的毛霉菌种纯，菌丝齐壮浓密，无杂菌感染，培养瓶底板不得有花纹、斑点及异味。

② 制备菌种悬浮液。每只 800mL 克氏瓶菌种配制成 1000mL 左右的菌液。配制好的菌液存放时间不宜过长，特别是夏天，要防止发酵变质。使用时需摇匀，使孢子呈悬浮混合状态。

③ 接种（喷菌）。把划好的豆腐坯按规定块数整齐放入发酵格，将装在喷雾接种器内的毛霉菌悬浮液喷洒在豆腐坯上，菌液要五面喷洒均匀。

④ 培养（发花）。毛霉菌生长繁殖需要以蛋白质和淀粉等为养料，并要求一定的水分、空气和温度。室温控制在 20～24℃，培养时间为 48～60h。待菌丝大部分生长成熟时，搭格养花，促使豆腐坯水分挥发和降低品温，以防菌体自溶而造成坯子外表黏滑和形不成菌膜皮，同时养花还可以提高酶活力。

⑤ 凉花。待毛霉长足、菌体趋向老化、毛头呈浅黄色时，方可将培养室的门窗打开，通风降温，凉花老熟，散发水分。

⑥ 搓毛（扳毛头）。毛头凉透即可搓毛。搓毛时应将每块连在一起的菌丝搓断，整齐排列在格内待腌。

（3）后期发酵

① 腌坯。要求定量坯用定量盐，一层坯撒一层盐，每缸 13600 块，用盐 75kg。腌期一般为 7～8d，坯氯化物含量为 17%～18%。

② 配料、染色。用黄酒和上海产特级红曲调配成染色液，将咸坯染成红色，染色要六面均匀。用黄酒、红米酱配制成卤汤，供咸坯装坛用。

③ 装坛。既不能装得过紧，又不能装得松散歪斜，坛子必须先经洗涤和蒸汽灭菌，晾干后方可使用，否则腐乳易霉变。咸坯装坛后（每坛 260 块）加入配好的卤汤和其他辅料，每坛加封 100g，通常是用白酒封口。

④ 封口。将装好咸坯及卤料的坛子盖上坛盖，用厚尼龙膜盖密封扎紧口，送仓库贮存 6 个月后即可成熟。

4. 质量标准

（1）感官指标　色呈暗红，质地细腻，香甜适口，稍有咸味。

（2）理化指标　水分≤72%，氨基酸态氮（以氮计）≥0.42%，水溶性蛋白质≥3.20%，总酸（以乳酸计）≤1.3%，食盐（以氯化钠计）≥6.5%。总砷（以 As 计）≤0.5mg/kg，铅（Pb）≤1.0mg/kg。

（3）微生物指标　黄曲霉毒素 B_1≤5μg/kg，大肠杆菌群≤30 个/100g，致病菌（沙门菌、志贺菌、金黄色葡萄球菌）不得检出。

（三）桂林花桥腐乳

桂林花桥腐乳不含任何防腐剂和人工色素，含有人体所需的氨基酸、蛋白质和原糖等多种营养成分，是真正100％纯天然酿造的高级调味品。腐乳色泽黄亮、气味清香、口味细腻柔嫩，是桂林著名的传统特产，也是桂林三宝之一。

1. 原辅料配方

原料：大豆、老水（酸水）、毛霉菌种、食盐。

辅料配方（1万块豆腐坯计）：食盐100kg，茴香0.1kg，三花酒100kg（酒精含量20％），八角2.5kg，陈皮0.17kg，草果0.17kg，砂姜0.1kg。

2. 工艺流程

大豆→精选→浸泡→磨豆→分离→煮浆→点浆→压榨→切坯（豆腐坯）→接种→摆坯→前期发酵→拣坯→腌坯→腐乳盐坯→装瓶→上酒→后期发酵→清洗→包装→检测入库

3. 操作要点

（1）浸泡　经过精选的大豆按豆水比为1∶3.5浸泡。浸泡时间长短要根据气温高低的具体情况决定，气温在0～10℃时泡20～24h；气温在10～20℃时泡14～20h；气温在20～30℃时浸泡7～14h，一般膨胀率为1.8～2.2倍。

（2）磨豆　桂林花桥腐乳采用冷破碎方式磨豆，通过棒状钢针的定子与转子之间的空隙及转子的高速旋转将大豆撞击破碎形成磨糊。

（3）分离　一般将磨糊通过三次离心、一次筛选来完成浆渣分离。头浆与二浆合并为豆浆，三浆水与筛选过的滤渣混合加入磨糊，豆浆浓度5～6°Bé，豆浆内含渣量低于10％，豆渣残蛋白质含量低于2.5％。

（4）煮浆　滤出的豆浆要迅速升温至沸（100℃），目的是使蛋白质达到适度变性。

（5）点浆　采用老水（酸水）点浆。老水系用压榨豆腐和撇水抽出的黄浆水，经酸化发酵24～48h制成。先将煮好的豆浆放入固定的桶内，按测定老水酸度所确定的使用量，将老水与豆浆均匀混合，使蛋白质凝固成豆腐脑，并在点浆后静置5～10min，然后撇水。

（6）压榨　压榨时需逐步缓慢加压，一般要求腐乳坯有弹性，无蜂眼，结构细密，水分在68％～72％。再用划刀根据产品要求切成规格不同的腐乳坯。

（7）前期发酵　采用液体菌种将毛霉接种至豆腐坯上，将装用豆腐坯的盒子垛放或者架放，控制好房内的温度和湿度，一般发酵房内温度为26～28℃，湿度为75％以上，培菌需30～36h，要求腐乳坯表面六面有霉，呈白色或棉絮状白色，毛霉茂密，生长旺盛。然后拣出霉坯，加辣椒、食盐腌制，腌制需要 28h 以上，盐坯含盐量为 $10\% \sim 13\%$。腌坯 1000 块加辣椒、盐量为 $1.05 \sim 1.15 \mathrm{kg}$。

（8）后期发酵　将腌制腐乳坯装入容器内，加入浸提好的香料酒、辅料，密封存放于发酵库，控温发酵，温度控制在 15℃以上，发酵时间 $40 \sim 60 \mathrm{d}$，腐乳成熟后出库清理、检测。

桂林花桥腐乳制作依次经过以上制坯、前期发酵和后期发酵 3 个阶段，整个生产周期需 $45 \sim 65 \mathrm{d}$。

4. 质量标准

（1）感官指标　颜色淡黄，质地细腻，气香味鲜，咸淡适宜，无杂味。

（2）理化指标　水分 67% 以下，食盐（以氯化钠计）$8\% \sim 10\%$，蛋白质含量 11% 以上，氨基酸态氮 0.8% 以上，总酸 1.0% 以下，水溶性无机盐固形物 8% 以上。砷含量（以 As 计）$\leqslant 0.5 \mathrm{mg/kg}$，铅含量（以 Pb 计）$\leqslant 1.0 \mathrm{mg/kg}$。

（3）微生物指标　黄曲霉毒素 $B_1 \leqslant 5 \mu \mathrm{g/kg}$，大肠杆菌群 $\leqslant 30$ 个/100g，致病菌不得检出。

（四）黑龙江克东腐乳

克东腐乳起源于 1916 年开设的人和春酱园，前期发酵采用滕黄微球菌作为发酵剂。滕黄微球菌来源于人和春酱园，经过多年反复接种传代，菌种始终保持纯正。克东腐乳质地柔软，色泽鲜艳，味道芳香，后味绵长。

1. 原料与配方

原料：大豆、卤水、滕黄微球菌菌种、食盐。

辅料配方（按 100kg 豆腐坯计）：白酒 10.5kg，面曲 6.5kg，红曲 1.4kg，香料 1kg。

香料配方：良姜 800g，白芷 800g，砂仁 490g，白蔻 390g，公丁香 880g，母丁香 880g，紫蔻 390g，肉蔻 390g，贡桂 120g，山柰 780g，陈皮 120g，甘草 390g。

2. 工艺流程

大豆→精选→浸泡→磨豆→滤浆→煮浆→点浆→压榨→切块→汽蒸→冷却→腌制→倒坯→清洗→改块→摆盘→接菌→前期发酵→倒垛→干燥→装缸→后期发酵→成品

3. 操作要点

（1）制坯

① 大豆的选择与除杂。豆腐坯的质量优劣，首先取决于大豆的品质。一般选择粒大、皮薄、含蛋白质高的本地大豆。大豆在浸泡前务必除尽泥土及

杂质。

②浸泡。浸泡用水量以大豆膨胀后仍高于3.3cm为宜。浸泡时间分季节而定。同时在浸泡过程中适时醒豆，以利浸泡均匀。

③磨豆。采用二磨三滤工艺，磨出的浆水粗细均匀，加水量为大豆的2.8～3倍，并加入适量的消泡剂，以便于过滤。

④滤浆。采用三级过滤工艺。将磨糊通过三次离心、一次筛选来完成浆渣分离。头浆与二浆合并为豆浆，三浆水与筛选过的滤渣混合加入磨糊，豆浆浓度5～6°Bé，豆浆内含渣量低于10%，豆渣残蛋白质含量低于2.5%。

⑤煮浆。采用连续煮浆器煮浆，出口温度控制在105～110℃。

⑥点浆。熟浆根据品种的要求冷却至80～90℃，先用小木板轻轻划动豆浆使其上下翻动，边划豆浆边加卤水。盐卤加入速度要缓，使豆浆逐渐凝结成豆腐为止。

⑦压榨。豆腐脑经养花、开浆、撇去部分黄浆水后，即可压榨。榨格内先垫豆腐包布再上脑，每板上脑量要均匀，薄厚一致，四角用板列好。拢包不要太过分，以免出现秃角，上完后送入液压机成形。

⑧切块。成形后的豆腐板，经翻板机翻板后切成10cm×10cm×2cm的方块，经检验合格后，再拣入铁屉中送入蒸汽高压锅内蒸20min后取出，冷却后进入下道工序。

（2）前期发酵 将已冷却的豆坯块一层层地码入腌池内，码一层撒一层盐。第一次用盐为所需盐量的2/3，腌制24h后倒坯一次，再用第二遍盐，用盐量为总量的1/3，腌制48h即可。将腌制后的盐坯用温水稍洗净后，装入塑料筐内，改切成小块后摆放在木花盘上，接滕黄微球菌菌种至其上，码入前期发酵室进行前期培菌发酵。3d后倒垛一次，7～8d后，视菌坯呈黄红色为成熟。将成熟的菌坯送入干燥室，在不超过60℃的高温下干燥12h左右。坯子的软硬适度，有弹性，水分收缩率在20%左右。

（3）后期发酵

①配汤。将面曲、红曲及中药粉用16°Bé盐水浸泡48h后，用磨反复磨两遍，再配入酒精含量为60%的白酒，搅匀备用。

②装缸。将干燥后的菌坯一层层码入坛内，每块之间要有0.5mm间隙，码一层浇一层配汤，坯子离坛口10cm左右，最上层要装得紧一些，装完后再加入5cm深的第二遍汤，以备发酵时损耗。

③后发酵。大坛加入第二遍汤后，送入后发酵室，封盖、码垛、封库后在30℃下发酵4～5个月后，即成成品。

4. 质量标准

（1）感官指标 色泽鲜艳，质地细腻而柔软，味道鲜美而绵长，具有特殊的芳香气味。

（2）理化指标　水分 55.2％以下，食盐（以氯化钠计）8％～10％，蛋白质含量 13％以上，氨基酸态氮 0.8％以上，总糖 5.0％。砷含量（以 As 计）≤0.5mg/kg，铅含量（以 Pb 计）≤1.0mg/kg。

（3）微生物指标　黄曲霉毒素 B_1≤5μg/kg，大肠菌群≤30MPN/100g，致病菌不得检出。

第六节　料酒

　　料酒又称调味酒，是专门用于烹饪调味的酒，在我国的应用已有上千年的历史，日本、美国、欧洲的某些国家也有使用料酒的习惯。从理论上来说，啤酒、白酒、黄酒、葡萄酒、威士忌都可用作料酒。但人们经过长期的实践、品尝后发现，不同的料酒所烹饪出来的菜肴风味相距甚远。经过反复试验，人们发现以黄酒烹饪为最佳，而黄酒之中又以浙江省绍兴地区出产的绍兴黄酒为上等烹饪佳品，多数菜谱书中称其为绍酒。

一、料酒的概念

　　由于地理环境的差异，料酒在不同国家有不同的标准，中国《调味料酒》（SB/T 10416—2007）行业标准的定义如下：以发酵酒、蒸馏酒或食用酒精成分为主体，添加食用盐（可加入植物香辛料），配制加工而成的液体调味品。目前料酒生产大致有三种工艺：一是以优质黄酒为酒基，添加食盐和香辛料，调配制成的"原酿料酒"工艺，这种工艺复杂、生产周期长，产品酒香浓郁、酒味醇厚，含有多种氨基酸，主要用于生产高端料酒产品，市场前景广阔；二是以部分黄酒和食用酒精为酒基，添加食盐和香辛料浸提液，调配而成的"调配料酒"工艺，该工艺以黄酒中加入适当比例稀释后的食用酒精为基酒，再添加香辛料浸提液调配而成，该工艺生产的料酒产量最大，产品在市场上销售量最多；三是完全使用食用酒精，加入香精、味精、色素等勾兑而成，该工艺简单、耗时短、产量大、价格低廉，但是产品质量低下。

　　较好的料酒是经粮食发酵酿制，并添加食盐和天然香辛料而制成的，酒中除含有乙醇外，还有糖分、肽类、多种氨基酸、有机酸、酯类和维生素等物质。在烹调肉类时，加入料酒能使散发腥膻味的物质溶解于热酒精中，并随酒精的挥发而被带走。在烹饪过程中，料酒中的糖类和多种氨基酸与菜肴融合，经高温加热，进而增香添味。因此，料酒已是百姓厨房中必不可少的调味品，可起到祛腥、解腻、增香、添味等功效。

二、料酒生产技术

目前新型料酒主要是以陈酿糯米、粳米黄酒为酒基，甜糟油、米醋为辅料，经过酿造、科学调配和陈酿而成，该产品不含化学添加剂。化验表明，其总酯、氨基酸态氮和浸出物含量都高于一般干型黄酒，产品呈棕红色，融酒香、植物清香为一体，香气浓郁协调、口味醇和、舒适回甜。用于烹调，可除腥解腻、开胃消食；用于腌渍和冷拌荤菜食品，既可添风味，又有杀菌防腐作用。

料酒的生产工艺主要有粳米、糯米的酒基酿造，甜糟油的酿制，中途分缸取醪固态醋酸发酵和配制陈酿等工序。

（一）酒基酿造

酒基酿造是以粳米（淋饭搭窝制酒母）、糯米（摊冷喂饭）为制酒原料，并以传统酒药和生麦曲为糖化发酵剂的一种新型半干型黄酒酿造工艺。具有出酒率高（达 275%），发酵周期短（60～65d）和产品香气醇和、爽适、鲜甜的风味特点。

1. 工艺流程

粳米→筛选→浸渍→冲洗沥干→初蒸→吃水→复蒸→淋水→米饭拌药→入缸搭窝→保温培养→酒酿液→翻酿转缸放水→扩培酒母→糯米摊冷喂饭→开
　　　　　　　　　　　　　　　　　　　　　　　　　　　　↑
　　　　　　　　　　　　　　　　　　　　　加生麦曲

耙→移醪灌坛→堆坛养醅→压榨滤酒→澄清过滤→煎酒→封坛扎口→堆坛→储存→成品

2. 操作要点

要求操作中头尾相顾、合理控制、精工细作。

注意控制温度：米饭吃水时保持水温 45～50℃，入缸搭窝时饭温为 28～30℃，酒酿液温度为 32～34℃，开耙温度保持在 32～33℃，堆坛养醅时温度保持在 15℃以下，煎酒时温度为 84～85℃。

（二）甜糟油的酿制

料酒以甜糟油为部分配料。甜糟油的酿制是以精白糯米为原料，香辛料为辅料。酿制甜糟油采用糯米经酒药搭窝分解糖化转为酒酿汁，其主要成分是葡萄糖、麦芽糖、低聚糖、糊精、有机酸、氨基酸和维生素等，并在此基础上配入八角、花椒、桂皮、丁香和砂仁等 12 种名贵香辛料，通过独特加工酿造和1 年多封坛储存，使各种成分互相配合、变化、融合和反应，形成了甜糟油香气浓郁、滋味丰富的独特风格。因此，将甜糟油作为香味辅助料和黄酒酒基相混合，能相辅相成、优势且补，使单一的黄酒香味变成丰满协调的料酒香气和丰富圆润的独有风味。

1. 香辛料配方

花椒 3kg，桂皮 4.5kg，八角 3.8kg，陈皮 3.5kg，小茴香 2.5kg，丁香 2.0kg，甘草 2.8kg，山奈 2.5kg，砂仁 1.5kg，白果 2.5kg，豆蔻 1.5kg，薄荷 1.5kg。以 25kg/坛酒酿汁计，数量 100 坛。

2. 工艺流程

糯米→浸泡→冲洗→蒸煮→米饭摊凉→冲淋→入缸→拌酒药→糖化发酵→酒酿液→压榨取汁→灌坛→密封储存→成熟→装坛成品

　　　　　　　　　　　↑

　　　　香辛料、食盐

（三）中途分缸取醪固体醋酸发酵

在黄酒酒基酿造过程中抽出部分酒醪，调整酒度 6%～7%（体积分数）、酸度 0.30%～0.35%。然后将醪拌入麸皮和谷壳，接入醋酸菌液，进行保温醋酸发酵，约经 15d 即为成熟。及时加盐后熟，然后淋醋，陈酿和灭菌后得成品。由于食醋是一种含酸调味品，不仅含有机酸，而且有清醇香气和鲜味，其有增加食欲、帮助消化、防腐杀菌和保健养生等功效，所以将米醋按比例与黄酒、甜糟油互相混合、陈酿，经生化反应和酯化反应后，可以增加烹调作料酒特有的清香味和滋味。

1. 配料

酒醪 200kg，麸皮 25kg，谷壳 150kg，醋酸菌液 20kg，食盐 5kg，砂仁 1.5kg。

2. 工艺流程

酒醪→调整酒精度→加麸皮、谷壳→接醋酸菌液→保温→固态发酵→醋酸→加盐→后熟→淋醋→澄清→杀菌→灌坛密封→陈酿→成品

（四）配制陈酿

将酒基、甜糟油和醋按适当比例混合，再密封、陈酿，使酒香、料香和醋香融合一体，进而相互产生复杂的化学反应，增加生香滋味。陈酿期一般为 3～6 个月，陈酿期越长，香气越浓，风味越丰富、协调和圆润。最后吸取上清液，过滤、灌瓶、杀菌和贴标，即得料酒成品。

第七节　水产调味品

水产调味品也称海鲜调味品，自中国饮食文化形成时起，就在调味品大类

中占有一席之地，具有重要的地位和作用。早在北魏时期《齐民要术》一书中鱼酱油这一海鲜调味品就有详细记载，后来其工艺传至日本及东南亚国家，成为重要的调味品。

由于人们对生活品质的重视，餐桌上的食物逐渐由以陆地生物为主发展到以海洋生物为主。海洋生物如鱼、虾、贝等含有更高含量且更易吸收的蛋白质成分、更全面的氨基酸组成、更多更全的微量元素等。同时，越来越多的水产品及其加工下脚料被作为酶解原料，水解后，蛋白质利用率提高，水解得到的短肽也更易被人体吸收，同时由于分解出了呈鲜味氨基酸，产品味道更加鲜美，更受消费者欢迎。

一、鱼露

鱼露，又称鱼酱油，在日本的秋田、能登、鹿儿岛分别被称为盐汁、鱼汁、煎汁。而日本广岛的牡蛎汁、文蛤酱油和扇贝酱油均可能是鱼露复配的海鲜油类产品。人们所熟知的鱼露还有越南的虐库曼（Nuoc-man）、泰国的南普拉（Nampla）、马来西亚的布拉（Budu）和菲律宾的帕提斯（Patis）。

鱼露呈琥珀色，味道略咸，口感鲜美温和，伴有一点鱼虾的腥味。鱼露富含多种氨基酸、蛋白质、维生素和矿物质，具有较高的营养价值和独特的风味，在烹饪中常被用作风味增强剂或盐替代品，备受我国沿海地区人们的喜爱。所以，在我国辽宁、天津、山东、江苏、浙江、福建、广东、广西等地均有鱼露的生产，其中福州、汕头的鱼露较为有名。

鱼露的传统发酵法主要是天然发酵法，即在常温常压的条件下，经过太阳光的暴晒，利用光、氧气和鱼体本身的酶，以及空气中的酵母菌、乳酸菌、醋酸菌等微生物的共同作用进行发酵，产品味道鲜美，但生产周期长，达 $10 \sim 18$ 个月，产品盐度高，为 $20\% \sim 30\%$。随着技术的进步将传统方法与现代方法相结合，通过保温、加酶、加曲等手段，可缩短生产周期、降低盐度，但总体感官指标远远不如传统方法生产的鱼露。下面介绍鱼露的现代速酿法。

1. 工艺流程

鱼、曲（或酶混合）→加盐→保温发酵→成熟→杀菌→分离→成品

2. 工艺要点

（1）加曲或加酶 曲是在适当条件下由试管斜面菌种经逐级扩大培养而成的。加曲能促进鱼体蛋白质的分离，在较短的时间内释放出各种重要的氨基酸。而鱼露的鲜味又主要来自氨基酸，所以加曲不但能显著缩短鱼露的发酵周期，还能改善产品的风味。目前，鱼露发酵采用的曲是用于生产大豆酱油的曲，曲霉为米曲霉。鱼肉的水分含量在 $60\% \sim 85\%$，不利于米曲霉的生长繁殖和酶的分泌，易受到杂菌的污染，所以鱼肉不适合直接制曲。而鱼

粉的水分含量不高，可以用湿式法生产的鱼粉制备蛋白酶产量高、杂菌少的曲。

（2）低盐发酵　利用蛋白酶在低盐时活性强的原理，在发酵前期少加盐，至蛋白质分解到一定程度时再加足盐的方法，可缩短发酵周期。但该方法对所用原料的要求较为严格，以新鲜鱼等较合适，鲜度太差的鱼不宜采用低盐发酵。发酵期间还要注意经常观察，严格掌握用盐量和用盐时间，防止蛋白质水解过度，若控制不好就易变质。

（3）保温发酵　鱼体自身酶系在最适温度下具有最高酶活，所以保温发酵是指通过维持适宜的发酵温度，以加快鱼体蛋白质和脂肪水解速度的方法。保温发酵是鱼露快速发酵中研究较早、较成熟的方法。该方法主要是调节发酵早期盐浓度和温度，并找到两者间平衡点，使鱼露既能快速发酵又能保持鱼露应有的独特风味。保温发酵分电热保温发酵和蒸汽保温发酵两种方法，两者均可分为室内保温发酵和发酵池的周壁保温发酵。蒸汽盘旋管保温发酵池，是在水泥池或铁制发酵池的中央装有蒸汽盘旋管，由间接蒸汽加热，通过热的传导对流使池或罐内的发酵物达到发酵所需求的温度，一般为 45～50℃。水浴保温发酵是在池或罐的周壁设有夹层，可导入蒸汽加热夹层内的水，通过热传导，使池内的发酵物达到发酵所需的温度。一般而言，池的体积长×宽×高＝600cm×300cm×100cm，池内壁厚度 6～8cm，周壁水浴层厚度 20～30cm，水浴层的水温 50～55℃，发酵池内的物料品温 45～50℃。铁制发酵池，有的内涂生漆（国漆），有的内涂一层环氧树脂，衬一层玻璃纤维，前者三层，后者两层。人工保温发酵成熟的时间视原料的用盐量多少，以及盐渍时间长短而不同。高盐时，由于鱼体内的各种酶系和微生物的活性受到抑制，部分酶系失去活性，而只有耐盐微生物繁殖。因此，高盐发酵所需的时间长；而低盐发酵所需的时间短，但发酵液往往有味。

二、鱼酱

鱼酱是以鱼为原料，经脱腥、采肉、鱼肉粉碎、增稠、富钙等方法处理后按一定配方添加食品添加剂，开发出适合大众口味的鱼制品。

传统的鱼酱制作方法是利用体型较小的鱼作为原料，低值鱼原料一般以少脂为佳，必须新鲜，加入盐，在原料中的酶及微生物作用下分解蛋白质，经发酵后再研磨，制成黏稠状的酱料。

1. 原料配方

小鱼 100kg，食盐 25～30kg，香辛料适量（可不添加）。

2. 工艺流程

原料处理→盐渍→发酵→成品

3. 操作要点

（1）原料处理　将原料用清水清洗，沥干水分。

（2）盐渍　将腌制用的容器（可用木桶或缸）清洗干净，放入原料，按原料质量的 25%～30% 加入食盐可用木棒捣碎成酱，搅拌均匀，压紧抹平，加盖密封容器口。放盐量可根据季节气温变化而定，一般春夏季按原料质量的 25% 放盐，秋冬季按原料质量的 30% 放盐，如需增香，可在加食盐的同时加入茴香、花椒等香辛料，以提高制品风味。

（3）发酵　经日晒 10d 左右，当酱料发酵膨胀时，每天 2 次边晒边搅拌，每次搅拌约 20min，促进发酵均匀充分，并挥发臭气，在发酵几日后沥去卤汁，连续发酵 30d 左右，即可得成品。

鱼酱的现代化生产工艺已不再进行自然发酵，如鲢鱼酱的制备可采用鲢鱼下脚料煮沸使骨肉分离，除去大骨，然后经漂洗、过蒸、打浆使骨刺完全粉碎，加入豆酱、面酱、食盐、白砂糖、味精、胡椒粉、芝麻、料酒、葱、花椒油等配料及焦糖色素、防腐剂搅拌均匀，装袋、杀菌后制得成品。进一步可融入软包装、低真空浓缩和酶解等现代化技术，使产品的质量和出品率大大提高。

三、虾酱

虾酱，又名虾膏，是各种小鲜虾加盐，经磨细后发酵制成的一种黏稠状酱制品，味道鲜美，营养丰富，深受沿海地区广大群众的喜爱。虾酱历史悠久，其中最具代表性的是蚝子虾酱，其制作工艺在战国时期已形成雏形，清雍正年间因其鲜美的口感赢得了"宫内御品"的美誉。

虾酱所用的加工原料以新鲜、加工困难的小型虾类为主，常用的有小白虾、毛虾、糠虾等。虾酱制品在我国盐渍水产品中产量最多、产区最广，我国沿海凡产小虾地区均能生产，每年 5～10 月份为生产加工期。虾酱的食用方法有很多，适用于各种烹饪方法，也可用作调味底料。

传统自然发酵制备的虾酱含盐量为 25%～30%，大多数情况下只能用作调味品，用量不多，限制了虾酱的食用范围。酶法制备低盐虾酱是利用蛋白酶加速蛋白质的分解转化，大大缩短发酵时间，并且可明显降低含盐量。下面介绍酶法制备虾酱的工业化生产工艺。

1. 原料配方

鲜虾 100kg，食盐 10～15kg，蛋白酶、香辛料适量。

2. 工艺流程

鲜虾→去杂→清洗→粉碎→加酶→加盐→酶解→恒温发酵→包装→杀菌→成品

3. 操作要点

（1）原料收购　必须采用当日定置网捕获的鲜虾，并要及时采集和加工，尽量缩短鲜虾在码头、运输途中及厂内的停留时间，已经产生异味的虾不能采用。

（2）去杂、清洗　进厂的鲜虾原料，应剔除少量个体较大的杂鱼、杂虾和聚乙烯线头等杂质，并通过特制的 20 目、40 目漏筐，采用洁净的（经沉淀或过滤处理）流动海水漂洗干净。

（3）加酶、加盐　为了快速发酵和便于食用，并考虑到方便储存和在发酵过程中有效抑制细菌的繁殖，加入中性蛋白酶（酶活力 70000U/g）为鲜虾质量的 0.3%～0.5%，食盐为鲜虾质量的 10%～15% 为宜。可在加盐的同时适量添加料酒、糖、花椒和大料等，以进一步增强产品的风味。

（4）酶解　在 50℃ 作用下酶解 2～3h，加速蛋白质分解，使更多的氨基酸游离出来，减少后续发酵时间。

（5）恒温发酵　可在专用发酵罐中进行，也可采用自制简易发酵罐。发酵温度为（37±1）℃时需 4～6d，其间每天搅拌 1～2 次，使发酵产生的气体逸出。酱体颜色变红、鲜香浓郁时表明发酵已经完成。注意，已完成发酵的虾酱因处于低盐状态，应及时进一步加工处理，不可长时间自然放置，以免细菌大量繁殖，引起腐败。

（6）包装、杀菌与检验　采用专用蒸煮袋包装，真空封口后水煮，并微沸 30min 进行杀菌处理，然后检验剔除破损袋。

在已发酵的虾酱加水煮沸进行浸提、压滤、浓缩还可以制成虾油或虾味素。在虾味素中添加葱粉、姜粉等配料，则可制成复合型风味调味料。

四、蚝油

蚝油，又称为牡蛎油，是众多海鲜风味制品的代表，是将煮蚝（主要指近江牡蛎）后的汤，予以浓缩并加少量食盐，放置较长时间使之适度发酵而成。蚝油体态浓稠，颜色呈深棕红色，具有浓郁的鲜蚝特有香气，营养丰富，光亮圆滑，味道咸甜适中，再配上一些特色风味配料（如香鲜增强剂等）进行调和以去除牡蛎的腥味，对于增进食欲有较好的效果。

蚝油分为原汁和复加工品两种。原汁蚝油具有重金属含量高、色泽差、腥味大及略带苦味等缺点，且只能作为加工原料。复加工品一般以浓缩蚝汁为原料进行配制，最终产品感官上有蚝油的独特风味，没有苦涩或不良异味，呈红褐色或棕褐色的黏稠状。蚝油的制备分为两个步骤，一是浓缩蚝汁的制备，二是蚝油的配制。

（一）浓缩蚝汁的制备

1. 工艺流程

盐渍→发酵→过滤与浸提→浓缩蚝汁

2. 操作要点

（1）盐渍　将牡蛎与盐混合均匀或分层下盐，顶层用盐覆盖，用盐量应足以抑制腐败微生物的繁殖发育，但又不影响牡蛎的发酵速度。一般用盐量为30%～45%，但是个体较大、脂肪含量高或者有腐败迹象的牡蛎，用盐量应加大。牡蛎经过盐渍后，渗出大量卤水，由于牡蛎自体酶类和有益微生物的共同作用，牡蛎溶化。盐渍时间的长短对后续的发酵具有较大的影响，盐渍时间长，发酵所需的时间短，成品的风味好，但为了提高设备的利用率，缩短生产周期，盐渍时间不宜拖得太长。

（2）发酵　发酵分自然发酵和人工保温发酵两种。自然发酵生产周期长，成品风味好；人工保温发酵生产周期短，但成品风味略差。

①　自然发酵。常温下，利用牡蛎自体的酶类，再添加适量的蛋白酶、脂肪酶、纤维素酶加速牡蛎降解，并结合空气中坠落的耐盐酵母菌、耐盐乳酸菌等有益微生物共同作用，进行发酵。

不加盐水发酵：只利用自身的卤水进行发酵，发酵成熟后所得的滤液，氨基酸含量高，风味好，称为原汁。原汁不作商品出售，只作调配用。

加盐水或卤水发酵：加入一定量的盐水或卤水进行发酵，得到的发酵液，可直接调配成不同等级的蚝油。

在发酵过程中应经常检测发酵液的各种理化卫生指标，观察发酵期间微生物的变化情况，并加以控制。发酵液中的氨基酸含量随着发酵时间延长逐渐升高，当氨基酸的增值趋向稳定，发酵液上层澄清，颜色变深，蚝香四溢，味道鲜美，即表示发酵成熟。发酵时间的长短需根据生产厂家的要求确定，一般发酵时间长，风味好，通常从盐渍到发酵成熟半年左右。

②　人工保温发酵。即借助某种设备通过人工控制温度进行发酵的技术。分为蒸汽盘管保温发酵、水浴保温发酵和电热保温发酵三种。

蒸汽盘管保温发酵：在池或缸的周壁装有夹层，或池与缸的中央装有蒸汽盘管、蛇形管或平行列管。蒸汽可进入夹层或蒸汽管，间接将池或缸内的发酵液加热，达到所需温度（40～45℃），并利用压缩空气搅拌，使发酵液受热均匀。

水浴保温发酵：在池或缸的周壁、底壁特制有夹层，为方便水及蒸汽进出，配有水管、蒸汽管。通入蒸汽将夹层内的水加热，通过周壁、底壁使热传导到发酵液内，并保持发酵液的品温为40～45℃。水泥的周壁、底壁夹层之间间距200～250mm；铁池或缸用6～7mm钢板；水浴层厚250～300mm。

　　电热保温发酵：在池或缸的周壁、底壁设有特制的夹层，以安装电热丝，通电加热使发酵液的品温维持在 40～45℃。这种池或缸一般用 6～7m 钢板，除锈后加防锈剂，黏 2～3 层玻璃纤维布，再涂 4～5 层环氧树脂，或单独涂 5～6 层生漆，防止铁生锈。

　　人工保温发酵成熟时间随原料的用盐量、卤水的含盐量与发酵液品温的不同而变化。盐的含量高会抑制酶类和微生物的活性；品温高不利于低温生长微生物的繁殖；发酵液中生长的微生物不同，成品的风味和成熟时间也不同。一般，发酵时间长，酯香味合成的时间长，成品的风味好。盐渍时间长的牡蛎，蛋白质已部分或全部酶解，酯香味合成的时间长，而发酵所需的时间短。例如，45～50℃、盐渍 2～3 个月的牡蛎，发酵 1～2 个月成熟；常温盐渍半年以上的牡蛎，则发酵 1 个月成熟，并且风味更好。

　　（3）过滤与浸提　牡蛎发酵成熟后，从发酵池或缸中抽取滤液，得到原蚝汁；其渣用盐水或卤水反复浸提数次，以收尽渣中的蚝味及氨基酸，浸提液可用于调配蚝油。

（二）蚝油的配制

蚝油常以浓缩蚝汁为原料进行配制。

1. 工艺流程

```
           水、糖、盐、淀粉      糖  提味剂、增香剂、防腐剂
               ↓              ↓           ↓
浓缩蚝汁 → 搅拌 → 加热 → 改色 → 增味增香 → 过滤 → 装瓶 → 巴氏杀菌 → 成品
```

2. 操作要点

　　先在盛有浓缩蚝汁的夹层加热锅中加入所需的水，在搅拌情况下，依次加入辅料，搅拌均匀后，夹层加热煮沸，并保温 20min。辅料目前尚无统一规定，但行业已有如下共识。

　　（1）加水量　以使蚝油稀释至总酸小于 1.4％，但氨基酸和总固形物分别大于 0.4％ 和 28％ 为度。

　　（2）加盐量　以使蚝油含氯化钠达到 7％～14％ 为度。

　　（3）改色　一般食品都含有糖类和蛋白质，这些成分在加工储藏过程中易发生非酶褐变。该类反应通常在高温下进行，主要包括脱水、裂解、聚合等复杂的化学反应过程。有研究发现非酶褐变中的焦糖化反应和美拉德反应可用于调味品的改色。牡蛎作为蚝油原料时，因其色泽灰暗、外观不佳，可利用焦糖化反应和美拉德反应达到蚝油改色的目的。具体操作如下：先将铁锅加热，抹一层花生油，然后放入糖加热熔化，温度控制在 200℃ 以下，至糖脱水，使糖液黏稠起泡至金黄色后，加入水和蚝汁，加水量以稀释后游离氨基酸含量符合

标准为原则，再加热到 90℃ 以上，使颜色转变为红色。

（4）增稠　增稠剂的种类很多，常见种类有变性淀粉、黄原胶、卡拉胶等。淀粉作为增稠剂，以支链淀粉含量高者为佳，用量以使蚝油呈稀糊状为度。采用一定比例的淀粉及食用羧甲基纤维素作为增稠剂，使液体不分层，并具有浓厚的外观，提高产品质量。

（5）增香　主要取决于蚝油新鲜程度及配料量，一般以少量优质酒为增香剂，可使酯香明显，并可去腥味，使蚝油味道纯正。

（6）增鲜　营养型天然鲜味剂主要包括水解动物蛋白（HAP）、水解植物蛋白（HVP）、酵母抽提物等。构成蚝油的成分很多，除各种游离氨基酸之外，还有糖原、低肽、甜菜碱类、琥珀酸等，它们是构成蚝油独特风味的特征物质。蚝的糖原含量较高，糖原本身无味，但有调和抽提物风味成分，具有增加味的浓厚感和持续性的功效，有助于保持蚝油的鲜美感。蚝油的鲜美感是以谷氨酸为核心，再加上各种氨基酸、有机酸等形成的复杂而有特色的味。由于 IMP 和 GMP 等核苷酸关联化合物同谷氨酸有相乘作用，故添加一定量的 IMP＋GMP 可调整蚝油的整体风味。

（7）过滤、装瓶、巴氏杀菌　配料完毕，以 120 目筛过滤，趁热灌入已洗净杀菌的加热瓶中，已装瓶蚝油再经巴氏杀菌或在热水流水线上杀菌。

近年来，有些企业采用了一些新技术对蚝油生产传统工艺进行了改进，使加工出来的产品更具有市场竞争力。如原料水解时加入中性蛋白酶或复合酶可促进降解，生成大量的多肽和部分游离氨基酸，增加蛋白质的水溶性，丰富产品的功能性，并改善产品风味；采用壳聚糖-海藻酸钠-金属硫蛋白凝胶球色谱柱去除蚝油中的铅，可使蚝油中的铅含量降为原来的 1/6，而氨基酸态氮、总酸、总固形物等的含量没有明显变化，不影响其营养价值。

五、扇贝酱

扇贝是一种重要的食用贝类，其本身营养价值很高，不仅含有丰富的蛋白质、人体生理活动所必需的氨基酸及微量元素，还含有氨基多糖、扇贝多肽、牛磺酸、EPA 和 DHA 等具有生理活性的功能性成分。这些成分对抑制肿瘤生长、增强病毒抵抗力、延缓衰老、降低血压以及促进机体能力起积极作用，是集营养价值和经济价值于一体的食品。

扇贝酱生产发酵是利用米曲霉、酵母菌和细菌所分泌的各种酶，在适宜的条件下，使原料中的物质进行一系列复杂的生物化学变化，主要包括大分子物质的分解和新物质的生成，从而组成扇贝酱所特有的色、香、味、体。这既符合当代人的饮食习惯，又能将大分子蛋白质水解为小分子肽和氨基酸等，使人们能充分利用扇贝的营养物质。

扇贝酱的酿造分为三个主要阶段：制曲、发酵、后熟。传统扇贝酱是以扇贝贝柱为原料，以豆粕或者面粉为辅料，高压杀菌后经米曲霉发酵得到的。扇贝豆酱或扇贝面酱入口细腻，具有浓郁的海鲜风味。以贝柱为原料成本较高，因此寻找其替代品是解决这一问题的最好途径。若以扇贝裙边为原料，成本只有贝柱的1/3，且扇贝裙边有较高的营养价值，因此扇贝裙边是一种良好的替代品。

（一）扇贝面酱加工工艺

以不规则扇贝和面粉为原料，以米曲霉为发酵菌种，通过加酶、加曲、恒温发酵等手段，生产营养丰富、配比合理、风味鲜美的扇贝面酱。

1. 工艺流程

```
        面粉＋酱油曲精→面曲
                      ↓
形状不规则贝柱→匀浆→混料发酵→磨细→杀菌→成品
                      ↑
        蛋白酶＋酒醪＋食盐
```

2. 操作要点

（1）制备面曲　取面粉1kg与水0.03kg混合，和面至碎，蒸熟后冷却，待面温降至38℃时接种0.5‰酱油曲精，将物料拌匀，摊平于白色瓷盘中，厚度约为1.0cm，表面用湿润的6层纱布盖住以保湿，30℃保温培养48h，培养过程中物料出现结块现象要及时翻曲，曲料表面结满黄绿色孢子即得成熟面曲。

（2）混料发酵　将贝柱、面曲、蛋白酶、酒醪和食盐按照一定比例盛于发酵容器中，混合均匀，容器表面用保鲜膜密封，恒温发酵12d。发酵过程中每4d测定1次氨基酸态氮含量，发酵结束后进行感官评定。

（3）磨细　将发酵好的扇贝面酱，用胶体磨磨细，过磨5次。

（4）杀菌　将磨细的扇贝面酱于80℃杀菌10min，冷却后进行包装即为成品。

（二）扇贝豆酱加工工艺

以扇贝为主要原料，以米曲霉为发酵菌种，经大米和豆粕制曲，制得营养丰富、风味鲜美的扇贝豆酱。

1. 工艺流程

```
          扇贝→除杂、清洗、捣碎、开水热烫
                      ↓  食盐、红曲米、水
豆粕→高压杀菌→冷却→制曲→发酵→磨细→杀菌→成品
              ↑          ↑
        浸泡后的大米    米曲霉
```

2. 操作要点

（1）原料处理　豆粕70℃水浸泡30min，大米冷水浸泡12h，使原料中淀粉吸水膨胀、糊化，以便溶出米曲霉生长所需要的营养物质。以 m（豆粕）：m（大米）＝1.5：1 的比例混合后放入高压锅杀菌，121℃杀菌30min。扇贝除去杂质后清洗、捣碎，开水热烫。

（2）制曲　豆粕和大米杀菌后冷却至40℃，添加0.05％米曲霉，平铺在托盘中，料厚为1～1.5cm，盖上6层湿纱布后，放入35℃恒温培养箱（用75％的酒精溶液消毒）中保温培养36h。在培养过程中，每隔2h向纱布上喷灭菌水，以保持纱布的湿润状态，同时保持物料湿度，并随时翻曲以防曲料结块，减少通风阻力，降低曲料温度，使曲料温度均匀，以利于米曲霉正常生长繁殖。曲料表面结满黄绿色孢子时制曲结束。

（3）发酵　将处理好的扇贝、豆曲、食盐、红曲米及水按一定比例盛于发酵容器中，混匀，密封，恒温发酵。

（4）磨细　将发酵好的扇贝豆酱，用胶体磨磨细，过磨5次。

（5）杀菌　将磨细的扇贝豆酱于80℃杀菌10min，冷却后进行包装即为成品。

（三）由扇贝裙边发酵扇贝酱加工工艺

扇贝裙边较贝柱而言成本降低，研究发现扇贝裙边营养丰富，粗蛋白质、脂肪、总糖含量分别为80.67％、3.21％、7.35％，是一种很理想的高蛋白、低脂肪、低糖类食物，且其氨基酸种类达18种以上，与联合国粮食及农业组织/世界卫生组织推荐的氨基酸模式较为接近。此外，动物试验结果表明，裙边在体内的消化吸收及利用率均在60％以上，具有较高的生物学价值，所以扇贝裙边作为原料有着良好的应用前景。

1. 工艺流程

豆粕→高压杀菌→冷却制曲
　　　　　　　　　　　↓
扇贝裙边→除杂、清洗切碎→加入蛋白酶、食盐混料发酵→接种耐盐四联球菌增香发酵→磨细→真空包装→杀菌→成品

2. 操作要点

（1）制曲　豆粕用水浸泡12h后放入高压杀菌锅中，0.1MPa杀菌30min，冷却至38℃，添加0.05％酱油曲精，在30℃保持充分的空气湿度制曲36h，备用。

（2）菌种活化　将保藏于斜面的耐盐四联球菌接种于液体德曼-罗戈萨-夏普培养基中，于26℃恒温培养箱培养32h，连续活化传代3次，备用。

（3）发酵　取扇贝裙边 400g、豆曲 100g，加入中性蛋白酶 2000U/g（以混合后物料的质量每克添加酶的活性计算），添加食盐 60g，在 40℃恒温培养箱中发酵 8d 后接种耐盐四联球菌，混匀，再在 30℃恒温培养箱中发酵 7d，最后在 25℃恒温培养箱中后熟 30d。

（4）磨细、真空包装、杀菌　磨细后真空包装、杀菌制得成品。

第四章　非发酵酱制品

第一节　辣椒酱

一、红辣椒酱

1. 原料配方

鲜红辣椒 100kg，食盐 15kg。

2. 工艺流程

选料→剪蒂→洗涤→切碎→腌渍→磨细→存放→成品

3. 操作要点

（1）选料　选成熟、新鲜、红色辣椒为原料，剔除腐烂、破熟的辣椒。

（2）剪蒂　用剪刀剪去红椒的蒂把。

（3）洗涤　剪蒂后的红椒倒入清水中，洗去附在红椒面上的泥沙等污物，捞起装入竹箩，沥干水分。

（4）切碎　沥干后的红椒倒入电动椒机剁碎，也可用菜刀切碎。

（5）腌渍　切细的红椒加盐腌渍。先将一层辣椒放在缸内，再撒一层食盐。每天搅拌 1 次，连续 10d，使盐全部溶化即成椒酪（椒块）。

若为了长期储存，避免经常搅动，可在腌渍后的椒块缸内，先放入一个篓筒，上面盖上竹帘，压上石块。从篓筒内抽出卤汁，再将原卤灌入缸边，需要时再起缸磨细。

（6）磨细　将椒酪放进电磨或手推磨磨细，即成辣椒酱。

（7）存放　磨细后的辣椒酱存放在阴凉处，每天或捞出销售时搅动一次，防止上层干、下层淆。取后即用纱布盖好，防止污染，以保持产品清洁。

4. 成品质量指标

成品色泽呈红色，质地细腻，干稀适宜，含盐量为13％左右。

二、新型辣椒酱

1. 工艺流程

$$盐渍蒜米→脱盐→绞碎→磨细$$
$$\downarrow$$
$$干红辣椒→洗净、去蒂→绞碎→浸泡→磨细→调配→杀菌→灌装→成品$$

2. 操作要点

（1）原料选择及处理　选择干净、色泽鲜红、辣味极强无腐烂变质的干红辣椒，在清水中洗净，沥干水分后去掉青蒂及柄，利用绞碎机将辣椒磨成碎片状。

（2）浸泡、磨细　按100kg干红辣椒加水300kg、食用冰醋酸5kg，浸泡24～36h，期间搅拌2～3次，将浸泡透的红辣椒磨成细泥状。

（3）盐渍蒜米的脱盐、绞碎、磨细　选择腌渍后蒜味重、无腐败变质的优质蒜米，在清水中浸泡漂洗，使含盐量不超过6％，利用绞碎机绞碎后，再磨细备用。

（4）调配　将磨成细泥状的红辣椒及其他辅料（白砂糖、黄原胶、亚硫酸氢钠、山梨酸钾、食盐、味精等）按一定的比例调和，搅拌均匀。若水分过少，可加入适量的水进行调节，使稠度适宜。若颜色较浅，可加入辣椒红色素进行调节。

（5）杀菌　将调配好的辣椒酱用夹层锅加热到90～95℃，期间要不断进行搅拌，以防粘锅，然后立即加入磨好的大蒜泥，充分搅拌均匀，继续加热至90℃后停止加热，加入适量的白醋，调节酸度，并搅拌均匀。

（6）灌装　将玻璃瓶洗净，用过氧乙酸浸泡消毒，沥干水分。瓶盖用蒸汽于121℃维持30min进行杀菌。将熬煮好的辣椒酱趁热进行灌装，立即盖紧瓶盖。

3. 成品质量指标

（1）感官指标　产品具有天然辣椒的鲜红色泽，带有愉快的蒜香气，糊状均匀，味辣、酸中带甜，无异味，无外来杂质。

（2）理化指标　水分≤80％，食盐（以氯化钠计）≥4.0％，总酸（以乳酸计）≤30mg/kg，砷（以As计）≤0.5mg/kg，铅（以Pb计）≤1mg/kg，食品添加剂执行GB 2760—2014。

（3）微生物指标　无致病菌及因微生物引起的腐败现象。

三、蒜蓉辣椒酱

辣椒及其制品作为一种开胃食品特别受消费者喜好。蒜蓉辣椒酱具有色泽鲜艳、风味香醇、保质期长的优点。开瓶后保质期可达20d以上。

1. 原料配方

辣椒酱50kg、味精300g、蒜酱20kg、醋精1kg、食盐6kg，山梨酸钾50g、砂糖1kg、卡拉胶100g。

2. 工艺流程

鲜辣椒→去蒂→清洗→腌制→磨酱

蒜→去皮→去蒂→清洗→腌制→磨酱→配料→搅拌→均质→灌装→封口→成品

3. 操作要点

（1）辣椒酱制作　选择色红、味辣的辣椒品种，剔除虫害、霉变的辣椒，去蒂，然后清洗干净，沥去水分。按46kg鲜辣椒加4kg食盐的配比，一层辣椒一层食盐腌于缸中或池中，腌渍36h，将腌过的辣椒同未溶化的盐一起用钢磨磨成酱。在磨制过程中，边磨边补加煮沸过的盐水5kg。该盐水的配法：100kg水，加食盐14kg，山梨酸钾500g，柠檬酸1.5kg，煮沸。磨成酱后，放置半个月再用。

（2）蒜酱制作　采用当年大蒜，剔除虫害、霉变的蒜头，去蒂去皮，洗净沥干。采用与辣椒酱相同的加工制法。

（3）配料　按配方将卡拉胶、食盐、醋精等溶于水中，煮沸冷却备用。将辣椒酱、蒜酱和溶解冷却后的料一同混合搅拌均匀。

（4）均质　将酱料经胶体磨均质，便可灌装。

4. 成品质量指标

（1）理化指标　酱呈棕红色，色泽一致；具有辣椒和蒜头组合的滋味和气体，无异味；酱体细腻，黏稠适度；固形物≥35%；pH≤4.5。

（2）微生物指标　大肠菌群≤30MPN/100g，致病菌不得检出。

四、海鲜辣椒酱

海鲜辣椒酱是由精虾油腌制辣椒酱及香辛料等原料配合而成，其色泽鲜红、口感细腻、鲜辣可口，是深受欢迎的佐餐佳肴。同时可作为方便面的调料，一同食用。

1. 原料配方

红辣椒25kg，虾油30kg，料酒3kg，白醋1kg，姜1.5kg，味精0.5kg，

白砂糖 5kg，桂皮、花椒、小茴香、丁香各 0.2kg，水 34kg。

2. 工艺流程

$$香辛料→粉碎$$

鲜辣椒→盐腌→脱盐→磨糊→混合→搅拌→后熟→装袋灭菌→成品

3. 操作要点

（1）虾油制作　为了使产品口味纯正，一般采用日晒夜露法生产虾油。每 100kg 虾用盐 30kg，主要生产工序包括：选虾、淘洗、日晒夜露、盐腌、晒熟、炼油和烧煮。

（2）辣椒腌制　将红辣椒的头部和尾部各用竹签扎一个孔，然后在水中漂洗几分钟，捞出沥干。然后放入大缸中加入盐水进行腌制，每隔 12h 要翻倒 1 次，4～5d 后捞出。再将辣椒放入大缸中加入 25% 的粗盐继续腌制，每天翻倒 1 次，4d 后可进行静置腌制，40d 左右后便可成为半成品备用。

（3）磨糊　将辣椒半成品从缸中捞出，在清水中浸泡 5～6h，并洗去盐泥等杂物，把处理好的辣椒、姜片及少量盐水打碎磨糊。

（4）粉碎　按照配方要求将桂皮、白砂糖、味精、香辛料、料酒、虾油、醋等原料同辣椒糊一起放入大缸中，搅拌均匀，封盖进行后熟。要求每天搅拌 1 次，将酱料上下翻倒，15d 即可成熟。

（5）装袋灭菌　将酱料加热到 85℃，保持 10min，然后趁热灌装封口，经过冷却即为成品。

4. 成品质量指标

（1）感官指标　鲜红或枣红色，色泽鲜亮；黏稠半固体，无杂质；鲜辣绵软，味鲜不腥，口感细腻，具有海鲜特有的气味，无异味。

（2）理化指标　水分≤50%，食盐≥15%，氨基酸态氮≥0.8%。

（3）微生物指标　大肠菌群≤30MPN/100g，致病菌不得检出。

五、海虾黄灯笼辣椒酱

黄灯笼辣椒生长于海南南部，颜色金黄，形状似灯笼，其辣度可达 15 万辣度单位，是真正的"辣椒之王"。它除了辣度高外，胶质和蛋白质含量也都较高，肉质极为细嫩，虽然超辣但口感清爽，食后令人回味无穷。本产品是在虾酱和辣椒酱的传统制作工艺基础上进行改良，将小海虾和黄灯笼辣椒一起腌制，不仅增加了辣椒酱的营养，使之含有较多的胶质蛋白、磷脂质及钙、磷等矿物质，而且极大地改善了传统辣椒酱的风味及口感，较好达到了丰富口味和增加营养的目的。

1. 原料配方

酱 68％、蒜头 10％、蔗糖 5％、白萝卜 5％、白酒 2％、醋 2％、香油 2％、鸡精 1％、食盐 1％、柠檬酸 0.1％、抗坏血酸 Na 0.1％、水 3.8％。

2. 工艺流程

蒜头、白萝卜→洗净→沥干→泡制→破碎

黄灯笼辣椒、小海虾→洗净沥干→破碎→腌制→混合→煮酱→装瓶→成品

蔗糖、鸡精、食盐、柠檬酸、抗坏血酸 Na、白酒、醋和香油等

3. 操作要点

（1）小海虾、黄灯笼辣椒的腌制　将除柄、去蒂、洗净沥干的黄灯笼辣椒和洗净沥干的小海虾按 8∶2 的比例破碎、混合均匀，再加入食盐，按一层辣椒一层食盐腌制在缸内，最后用食盐平封于表层、食盐量为 20％。腌制缸一定要密封，避免辣椒和空气接触变质，腌制 20d 即可。

（2）蒜头、白萝卜泡菜的制作　蒜头去皮，白萝卜去蒂洗净沥干备用。在凉开水中加入适量的蔗糖、食盐、姜、辣椒和白酒，然后加入蒜头及白萝卜，密封好，泡制 7d。食盐的量控制在 10％。

（3）配料、入锅、煮酱　蔗糖、鸡精、食盐、柠檬酸和抗坏血酸 Na 先用水溶解过滤后，与辣椒酱及破碎好的蒜头、白萝卜搅拌均匀，然后倒入夹层锅中，加热至沸，倒入白酒、醋及香油等，搅拌均匀后停止加热。

（4）保温　将煮好的酱倒入具有保温功能的缓冲罐中，该罐应设有搅拌器，可以避免灌装时香油与辣椒酱分离。

（5）灌装　将缓冲罐中的酱品，按规定质量装入杀菌后的四旋玻璃瓶中，保持灌装温度≥85℃。将封口后的玻璃瓶清洗并擦拭干净，以免辣椒酱沾在玻璃瓶上引起发霉。

（6）包装　将灌装好的辣椒酱放置于库房 10d 左右，经检验，无胀瓶和漏瓶的产品再进行包装。

4. 成品质量指标

（1）感官指标　金黄色，带有白色蒜头、白萝卜粒；糊状，上层浮有封口油；黄灯笼辣椒酱特有风味，略带虾酱风味，酸辣适口。

（2）理化指标　氯化物≥15％，pH 值 3.8～4.5，氨基酸态氮≥4.5g/kg。

（3）微生物指标　大肠菌群≤300MPN/kg，致病菌不得检出。

第二节　芝麻酱

芝麻酱，也叫麻酱，国家粮食行业标准（LS/T 3220—2017）定义芝麻酱是以芝麻为原料，经除杂、清洗和焙炒后，采用研磨等工序制成的产品（其中，芝麻全部脱皮后制成的产品又称为芝麻仁酱）。芝麻酱是人们非常喜爱的香味调味品之一，有白芝麻酱和黑芝麻酱两种类型。食用以白芝麻酱为佳，滋补益气的以黑芝麻酱为佳，其中火锅麻酱是常见的一种。芝麻酱除含有较高的油脂外，还含有丰富的蛋白质、碳水化合物等成分，酱除了佐餐，还可用于凉拌菜和糕点制作。

一、原味芝麻酱

1. 原料配方

芝麻。

2. 工艺流程

原料筛选→漂洗→焙炒→风净→磨坯→检验合格→装瓶→成品

3. 操作要点

（1）筛选、漂洗　将芝麻除去糠壳、杂物及不成熟的芝麻并漂洗干净。

（2）焙炒　用小火将其炒至嫩黄色，熟透而不焦煳，用手一捏呈粉末状即可。

（3）风净　降低温度、散尽烟尘。

（4）磨坯　稍凉后用小磨磨成稀糊状即成芝麻酱。要求酱汁细腻，消除污染，保证食品卫生。

（5）装瓶（缸）　将磨好的芝麻酱装入玻璃瓶或缸内即可。

芝麻酱本身除了芝麻的香味外，并没有什么味道，所以必须经过调味，才能用作调味的酱料。比如炒制前，将 4kg 盐溶化成水，加入适量大料、茴香、花椒粉等，搅拌均匀后倒入 50kg 芝麻中盐渍 3~4h，让调料慢慢渗入芝麻中，制出的芝麻酱风味更佳。

一般最常用的芝麻酱，就是做麻酱面的淋酱，它是芝麻酱经过简单调味制作而成的。

常规生产的芝麻酱在长期存放时易发生油与固体颗粒分离的现象，通过加入一定的乳化剂可避免此种现象。

二、乳化芝麻酱

1. 原料配方

芝麻97kg，蔗糖酯、甘油酯各1.5kg。

2. 工艺流程

原料筛选→漂洗→焙炒→风净→磨坯→混合→冷却→检验合格→装瓶→成品

3. 操作要点

(1) 焙炒、磨坯　先将芝麻（包括去皮芝麻）焙炒、磨碎（60目以上的粗渣含量在15%以下），制成芝麻酱。

(2) 混合　将1.5kg的蔗糖酯与1.5kg的甘油酯混合，在80℃的温度中与97kg的芝麻酱混合，使之分散、溶解。

(3) 冷却　冷却至25℃以下。

(4) 装瓶、放置　将芝麻酱装瓶，在30℃以下的温度中放置。乳化芝麻酱放置1个月后，分离出来的油的质量分数在1%以下。而普通芝麻酱放置1个月后，大部分芝麻酱固、液分离，油的分离比例为20%。

成品味美可口，具有芝麻清香。可长期存放，不会发生油与固体颗粒分离的现象，不会因固体颗粒沉淀而固化，可使芝麻固体颗粒在油中稳定分散，因此可储存于广口瓶等容器中，取用方便。

三、咸芝麻（仁）酱

1. 原料配方

芝麻50kg，食盐4kg，八角、花椒粉、大小茴香、水各适量。

2. 工艺流程

干法筛选→淘洗→脱皮→烘炒→扬麻过筛→磨酱→成品

3. 操作要点

(1) 原料筛选　选择成熟度好的上等芝麻为原料，拣除混在芝麻中的土块、小石子、杂草梗等杂物，筛后要求芝麻含杂量在1%以下。

(2) 淘洗　把处理好的芝麻晒干扬净，放入水中，淘洗干净，捞出漂在水面上的空皮、秕粒和杂质。淘洗芝麻时，一般以在水中浸泡10min左右为宜。浸泡时间不宜过长，以免芝麻中的脂肪酸浸泡损失，影响酱汁的质量。芝麻润湿后，要求含水量在25%左右，待芝麻吸足水分后，捞入密眼筛中沥干，然后摊平晾干。

(3) 脱皮　将浸泡洗净的芝麻倒入锅内，炒至半干，可人工脱皮，放在席子上用木辊轻打，搓去皮，再用簸箕将皮簸出，也可用脱皮机脱皮。注意不要把芝麻打烂，以脱掉皮为宜。

（4）烘炒　为增强芝麻酱的风味，烘炒芝麻前最好将 4kg 食盐化成盐水，再加入适量八角、花椒粉和小茴香等，然后均匀拌入脱皮芝麻中，堆放 3～4h，让调料慢慢渗透。

将脱皮芝麻倒入已烧热的平底铁锅内烘炒，火候不宜过大，一般比磨制香油火力低 2%，否则会破坏芝麻的蛋白质和卵磷脂，降低成品的营养成分和香度。炒时先用中火，按 30～60r/min 的速度均匀搅动，同时要上下、内外不断翻搅。每锅（15kg）翻炒时间为 30min 左右，炒芝麻时间不宜过长，以免麻籽烧焦失油。炒到芝麻鼓起来后（约 20min），改用文火炒制，不断翻炒到芝麻本身水分蒸发完、颜色发红、香味浓郁、手捻碎芝麻粒、其心呈棕红色为止。芝麻炒熟后，即往锅内泼冷水，使芝麻遇冷酥脆，泼水量为芝麻量的 3% 左右，再炒 1min。芝麻出烟后，温度在 190～205℃时，马上起锅，速度越快越好，并要扫净锅内芝麻。炒熟出锅的芝麻切忌用麻袋包装或覆盖闷捂，不然会吸水变疲，不好磨制，而且会使酱色变乌不清亮。

（5）扬麻过筛　炒熟的芝麻出锅后，要集中扬透扬净。温度以不烫手为宜，禁止窝烟。筛出麻糠灰杂，避免磨成的麻酱颜色发乌。

（6）磨酱　将炒酥的芝麻放入油磨中磨成稀糊状。磨得越细越好，细度控制在 150～180 目。成品色泽红亮，浓度似粥，可装入玻璃瓶或瓷缸中封好保存。一般每 100kg 上等好芝麻可磨制芝麻酱 80～85kg。

四、甜芝麻（仁）酱

1. 原料配方

芝麻 50kg，白砂糖 10kg，蜂蜜 10kg，香草粉 20g。

2. 工艺流程

干法筛选→淘洗→脱皮→烘炒→扬麻过筛→混合→磨酱→加蜂蜜→成品

3. 操作要点

将芝麻捣破皮，文火炒熟，用风力吹净皮杂，备用。将白砂糖、香草粉与芝麻混合，一同上磨磨成酱，再将蜂蜜掺进拌匀，即为成品。成品香甜可口，营养丰富。

第三节　花生酱

花生酱是以花生果实为原料，经脱壳去衣后，再经焙炒研磨制成的酱品，黄褐色、质地细腻、味美、不发霉、不生虫。花生酱含有优质蛋白质、脂肪以及大量的磷、钾、铁、烟酸、硫胺素等成分，营养丰富，风味独特。同时，花生酱具有很好的展开性，食用方便，吃法多样，可作为中、西餐的涂抹食品和佐料，也可用于食品工业制作夹心饼干、馅饼、三明治、糖果等食品。

花生酱包括花生原酱（不加入任何添加物的花生酱）、稳定型花生酱（加入稳定剂等辅料的花生酱）、风味花生酱。

根据口味，花生酱分为甜、咸两种，在西餐中的应用比较广泛。一般分为幼滑及粗粒两种，粗粒是在制作好的花生酱中再加入花生颗粒，以增加其口感，另外亦有加入蜜糖、巧克力等做成不同口味的花生酱，但不常见。

一、花生原酱

花生原酱生产通用工艺：

花生仁→筛选→焙炒→风净→磨酱→检验合格→装瓶→成品

花生原酱中加入各种调味辅料，可制成不同口味的花生酱，如咸味、甜味、辣味等。

（一）咸味花生酱

1. 原料配方

花生米 1kg，食盐 150g，冷开水适量。

2. 操作要点

（1）筛选　选用上等花生米，筛除各种杂质和霉烂果仁，备用。

（2）焙炒　把选好的花生米炒熟或用烘箱烤熟，然后压碎去皮。

（3）配料　把压碎去皮的花生米加食盐，再加冷开水适量，搅匀。

（4）磨酱　将经过以上工序的花生米加入圆盘石磨中磨成细浆，即成花生酱。放入洁净瓶中盖严，随吃随用。

（二）甜味花生酱

1. 原料配方

生花生米 5kg，砂糖 1kg，清水适量。

2. 操作要点

（1）浸泡　将经挑选后的生花生米放入清水中，浸泡 4～8h。

（2）磨浆　加适量水，用磨浆机研磨。

（3）过滤　将上述浆液用过滤机或多层纱布过滤，边水洗边过滤，滤出浆汁。直到花生渣再挤不出浆汁为止。

（4）煮沸或炖熟　合并浆汁、混匀，加入砂糖进行煮沸或隔水炖熟，即为成品。

成品呈乳白色酱体，味美，具花生清香。

（三）咸甜味花生酱

1. 原料配方

花生仁 50kg，食盐 6.5kg，蜂蜜 5kg，香草粉 20g。

2. 操作要点

将花生仁文火炒熟，脱去皮衣，再风干、簸净，备用。将食盐、香草粉与花生仁一同混合，用磨磨成酱，再与蜂蜜混合搅拌均匀，即为成品。

成品味香、咸、甜，营养丰富。

二、稳定型花生酱

花生酱在我国早有生产，但是花生经磨碎后，其细胞结构被破坏，油脂析出，因密度差的作用及油相、非油相互不相溶的特性，使油脂上浮，非脂部分自然降解，形成坚硬固形物。这种油酱分离的固有倾向，导致离析出来的油脂因失去脂肪细胞膜的保护而很快发生氧化以致酸败，从而使产品原有的风味、感官质量、贮存期都不理想。

稳定化技术是花生酱生产的关键技术，可在成品中快速搅拌均质后加入适量的单甘油酯或卵磷脂等稳定剂，避免油层离析的现象，保证产品质量。该技术制备的花生酱称为稳定型花生酱，其外观细腻，口融性好，膏状无油析出，适用于面包等食品的涂抹使用。产品不易氧化，不流油，便于携带。

（一）甜味稳定型花生酱

1. 原料配方

花生浆液 30kg，蔗糖（白砂糖）35kg，琼脂 250g。

2. 工艺流程

原料选择→热烫→冷却→脱膜→漂洗→打浆→微磨→调配→均质→真空浓缩及杀菌→装罐→杀菌→冷却→成品

3. 操作要点

（1）原料选择　选用籽粒饱满、仁色乳白、风味正常的花生米，剔除其中的杂质和霉烂、虫蛀及未成熟的颗粒。

（2）热烫及冷却　将选好的花生米投入沸水中热烫 5min 左右，随后迅速捞起并放入冷水中冷却，使花生米的红衣膜在骤冷中先膨胀后收缩起皱，以便于去膜。热烫时间不宜过长，以免花生仁与衣膜一起受热膨胀，不利于衣膜与花生仁的脱离。

（3）脱膜、打浆　可用手轻轻揉去衣膜，并用流动清水漂洗干净。将漂洗后的花生仁用打浆机打成粗浆，再通过胶体磨磨成细腻浆液。

（4）调配　预先将蔗糖配成浓度为 70% 的浓糖液，用少量热水将琼脂溶胀均匀。然后将所有物料（花生浆液、蔗糖、琼脂）置于不锈钢配料桶中调和均匀。为了增加产品的稳定性．采用琼脂作增稠剂、稳定剂。

（5）均质　用 40MPa 的压力在均质机中对调配好的料液进行均质，使浆料中的颗粒更加细腻，有利于成品质量及风味的稳定。

（6）真空浓缩及杀菌　采用低温（60～70℃）、真空（0.08～0.09MPa），使浆液中可溶性固形物含量浓缩至 62%～65%，关闭真空泵，解除真空，迅速将酱体加热至 95℃，维持 50s 杀菌，完成后立即进入装罐工序。

（7）装罐及杀菌　将四旋玻璃瓶及瓶盖预先用蒸汽或沸水杀菌，保持酱体温度 85℃以上装瓶，并稍留空隙，通过真空封罐机封盖密封。封罐后将其置于常压沸水中保持 10min 进行杀菌，完成后逐级水冷至 37℃左右，擦干瓶外水分，即为成品。

（二）风味稳定型花生酱

1. 原料配方

（1）甜味花生酱　花生原酱 90～92kg，白糖 3.5～5.5kg，食盐 0.9～1.2kg，稳定剂 2.7～3.5kg，维生素 A 80～100IU/100g（1IU＝0.3μg）

（2）海鲜花生酱　花生原酱 90kg，甜味剂 3.6kg，海味盐 1kg，味精 0.2kg，干虾皮细粉 1.8kg，稳定剂 3kg，抗氧化剂适量。

（3）奶油花生酱　去皮花生仁 100kg，单甘酯 1.8kg，蔗糖 5.5kg，葡萄糖 2.5kg，人造奶油 5kg，花生油 5kg，精盐 1.8kg，BHT（抗氧化剂）11g，柠檬酸 5g。

2. 工艺流程

花生→剥壳→筛选→清洗→烘烤→脱皮→拣选→粗磨→混合配料→精磨→冷却→包装→熟化→成品

3. 操作要点

（1）剥壳、筛选　利用花生剥壳机将花生壳去除，然后再进行筛选，剔除花生仁中的杂质和霉烂、虫蛀与未成熟的颗粒。

（2）清洗　花生易受到黄曲霉毒素的污染，快速淘洗可去毒 80% 以上。筛选和清洗都是为了有效降低花生中黄曲霉毒素的含量，确保花生酱达到卫生指标。

（3）烘烤　烘烤是直接决定成品风味、口感和色泽的关键工序。烘烤温度 130～150℃，时间 20～30min，烘烤不足则香气淡薄；烘烤过度则会产生焦煳苦味。烘烤好的花生应立即进行降温，以防余热产生后熟现象，导致花生焦煳。

（4）脱皮与拣选　冷却至 45℃ 的花生仁进入脱皮工序，用风吹出破碎的红衣，用筛子筛出胚芽，要求红衣残留量不超过 5%，否则残留的红衣会使花生酱出现杂色斑点且口感苦涩，胚芽也具有苦味且与花生酱的酸败有关，均影响感官指标及口感。脱皮后及时拣选，除去烘烤过度和未去尽红衣的花生。

（5）精磨　先将花生仁进行粗磨，然后将粗磨后的酱料与调味料、稳定剂等按比例配好、混匀，即可进行精磨。精磨的目的在于进一步磨细酱料，让各种物料充分混合，使稳定剂能够完全分散于酱料中，达到整个物系的均质。由于研磨细度直接关系到花生酱的适口性及口融性的优劣，而花生细胞的大小在 $40\mu m$ 左右，故研磨细度必须低于此值，否则就会有粗糙感。研磨细度在 $7\mu m$ 左右较合适，研磨过程中，酱体温度会升高。若采用一次研磨法，要使研磨细度达到 $7\mu m$ 以上，则必然会使酱料因高温而产生油脂的热氧化与热聚合现象，或使花生本身含有的抗氧化物遭到破坏，造成产品颜色变深、品质下降。而采用二次研磨法，一般可将两次研磨的出口温度均控制在 68℃ 以下，可避免上述现象，也可大大降低设备磨耗。另外，出口温度还取决于酱料在磨膛内停留的时间，二次研磨的出口温度在 65℃ 以下，停留时间少于 3min。

（6）冷却　精磨后的酱料应立即进行冷却处理，也是再次均质处理。冷却工序对保证花生酱的质量是十分必要的，因刚刚精磨后形成的乳化胶体物系是不稳定的，这时如不迅速排出物质的热量，就会因物质间的分子剧烈运动而破坏这种尚未完全稳定的、硬性的乳化网络状结构，重新离析出油脂来。

从理论上讲，物系冷却的速度越快，温度越低，成品的稳定性越好。在实际加工中是迅速冷却到 35℃ 以下即贴标包装，然后再冷却到 25℃ 或更低。

（7）包装　零售的花生酱一般装在玻璃瓶内，有的也装在聚乙烯或聚酯瓶内。大批量出售的花生酱常装在马口铁桶、不锈钢桶或鼓形钢桶内。

（8）熟化　所谓熟化，就将包装好的产品静置 48h 以上，目的是让花生酱乳化胶体中的网络状结构完全稳固定形。在此期间，任何物理的或机械的作用都会对酱体的稳定性、坚硬度有极大的影响。因此，在熟化处理过程中应尽量避免对产品频繁搬动或振动。

（三）低脂花生酱

每 100g 花生酱含有大约 2.5kJ 热量，其中脂肪热量约占总热量的 72%，通过减少脂肪的含量，可以起到减少热量的目的。但是如果将花生酱除去 50% 以上的脂肪，所得到的产品会变得非常黏稠。若再进一步排除脂肪，花生酱就会不呈糊状，而变成了粉，因此花生酱的脂肪含量通常要求在 35% 以上。

1. 原料配方

脱脂花生粉100kg，花生油5～6kg，蔗糖5～10kg，食盐1～2kg，单甘酯1kg，花生香精适量。

2. 工艺流程

蔗糖、食盐、水
↓
脱脂花生粉→烘烤→搅拌→花生粉成糊＋花生香精、花生油、单甘酯→花生酱体→乳化→冷却→包装→后熟

3. 操作要点

（1）预处理 将花生粉置于恒温干燥箱内烘烤，不断翻动，防止因局部受热、温度过高引起焦煳。烘烤温度为160℃，时间为40min。烘烤后立即风冷，避免花生粉焦煳，颜色变深。

（2）调味 用蔗糖、食盐调节花生酱的甜度和咸度。将蔗糖、食盐按比例溶解于水中，调和花生粉呈糊状，脱脂花生粉与水之比为1∶2.5。

（3）调香 将花生香精、单甘酯溶解于花生油中，搅拌均匀。

（4）混合酱体 将调制好的花生粉糊体与调配好的花生油混合，制成花生酱体。

（5）乳化 将花生酱体于75℃水浴中保温35min，不断搅拌。

（6）冷却、包装 化后的酱体处于不稳定的高能量状态，一方面，酱体温度高、黏度低，分子间剧烈的运动极易破坏尚未完全稳定的乳化网络状结构；另一方面，由于成品颗粒粒径小、表面能大，颗粒相互聚集的趋势大，分子的剧烈运动以及颗粒的聚集将使油脂离析出来，因此必须快速冷却，可在不断搅拌下强风冷却，至酱体温度达到50℃以下再进行包装。

（7）后熟 将包装好的花生酱室温静置48h以上，固定花生酱乳化体中的网络状结构。避免对产品碰撞、频繁搬动或振动。

三、风味花生酱

（一）可可花生酱

可可花生酱是以花生为原料，配以天然可可脂，采用二次研磨法制得的一种具有可可和花生特殊香味稳定性良好的可可花生酱，既解决了普通花生酱存在的"析油"问题，又赋予花生酱以特殊风味。

1. 原料配方

去皮花生仁86kg，白砂糖7kg，可可脂4.5kg，单甘酯0.5kg，精盐1.5kg，味精0.5kg。

2. 工艺流程

可可脂、单甘酯、白砂糖、精盐、味精
↓

花生果→剥壳→选料分级→烘烤→脱皮→配料→粗磨→精磨→灌装→封盖→
成品

3. 操作要点

（1）剥壳、选料分级　用花生剥壳机脱去花生果外壳后，挑出霉变、败坏的花生仁，再用振动筛将合格的花生筛分成大、中、小三个级别，以便分级烘烤。

（2）烘烤、脱皮　花生仁烘烤得好坏直接影响产品的风味和滋味。用烤箱将分级后的花生仁分别进行烘烤，烘烤温度控制在 $150 \sim 155℃$，温度过低，烤不出浓厚的花生香味，又浪费时间和能耗；温度过高，会使花生仁表面焦煳。烤制时间一般以烤至花生仁表面由白变黄，再转为淡淡的棕黄色，且散发出浓浓的烤熟花生的香味而无焦煳味为宜。烤制完毕，待花生仁冷却后，用脱皮机脱去花生仁的红衣表皮。

（3）配料、粗磨　将原料按配方要求在配料桶中充分混合均匀，然后用花生磨将其粗制成花生酱。

（4）精磨、灌装封盖　将粗制花生酱再用胶体磨研磨，磨酱温度为 $60 \sim 65℃$，研磨后及时进行灌装封盖，经过冷却后便得到可可花生酱成品。

成品为浅棕黄色均匀一致的半固体，咸甜适中，具有可可和花生的特有香味，无异味和异物。

（二）脱脂麦胚花生酱

1. 原料配方

花生仁 600g，脱脂麦胚 200g，单甘酯 12g，乙基麦芽酚 0.02g，没食子酸丙酯 0.098g，食盐 8g，奶油 40g，葡萄糖 20g，蔗糖 24g，花生油 40g，脱脂淡奶粉 40g。

2. 工艺流程

小麦胚芽→筛选→灭酶→萃取→脱脂小麦胚芽→粉碎→称重
↓

花生米→筛选→清理去杂→焙烤→去红衣→粉碎→称重→混合配料→磨酱→装
瓶→贴标→冷却→熟化→成品

3. 操作要点

（1）灭酶　新鲜小麦胚芽中含有蛋白酶、脂肪酶、淀粉酶等多种酶及较高的水分，应及时处理以防变质。可将鲜麦胚晾晒后，再进行干燥钝化，如采用远红外辐射法，控制温度130～160℃，烘烤20～25min，可使麦胚中的水分含量降至3%以下，并达到灭酶的目的。烘烤温度过低，不易除净麦胚生腥味；烘烤温度过高，其风味及口感不佳，保存性能也变差。经过干燥钝化后的小麦胚芽呈金黄色，具有较好的清香味。

（2）萃取　从小麦胚芽中提取小麦胚芽油，萃取后得脱脂小麦胚芽。可用超临界 CO_2 萃取法，在30MPa、50℃条件下进行萃取小麦胚芽油，萃取率可达95%以上，得到的脱脂小麦胚芽用于本产品的加工原料。

（3）筛选　对花生米进行筛选，剔除虫粒、未熟粒、霉变粒、瘪粒，以及花生外壳、石（铁）屑、土块等杂物，得到的花生米籽粒饱满、仁色乳白、风味正常。

（4）焙烤　此道工序至关重要，决定成品的风味、口感和色泽。通常将花生在180～200℃焙烤20min左右，焙烤后的花生呈棕黄色，香味浓郁，无焦煳味。焙烤后应立即进行强风冷却，迅速降温，防止由于余热引起的花生焦糊。

（5）去红衣　将冷却至45℃以下的花生米破碎为2～3瓣，然后用风选法分离花生仁和红衣。花生红衣中含有单宁和色素，留存下来不仅会使产品出现杂色斑，还会使产品带苦涩味，影响产品的色泽、风味和口感。因此，花生红衣的留存率不应超过2%。

（6）磨酱　将粉碎后的脱脂小麦胚芽、花生仁和其他原料按比例配好混匀，即可进行磨酱工序。在研磨过程中，酱体温度升高会使原料中的油脂产生热氧化和热聚现象，氨基酸成分损失过多，而且使花生、小麦胚芽本身所含有的抗氧化物破坏，造成产品颜色变深、品质下降。因此，采用二次研磨法，即先粗磨，后细磨，使产品出口温度降低在70℃以下，产品粒度进一步降低，各种物料充分混合，使稳定剂能够完全分散于酱料中，达到整个酱体的均质。

磨酱过程中，胶体磨细度直接关系到产品的适口性及口融性。磨得粗，产品质地相对硬度增加，口感不好；磨得太细，虽然产品质地细腻，但花生油大量从细胞中分离出来，使得产品流动性过大。一般胶体磨细度在10～14μm为佳。

（7）熟化　将包装好的产品静置48h以上，在此期间，尽量避免对产品频繁搬动或振动。

成品为黄棕色，具有浓郁小麦胚芽和花生的复合香味，呈均匀浓稠状，组织细腻，无油析、沉降或结晶现象。

（三）多维麦胚花生芝麻酱

1. 原料配方

小麦胚芽：花生：芝麻＝9：70：20，稳定剂（氢化植物油）1.5%～2%，调味料及抗氧化剂适量。

2. 工艺流程

```
          小麦胚芽→精选→灭酶┐
花生仁→清理→烘烤→强冷→破碎→脱红衣├混合→粗磨┐
白芝麻→清理去杂→风选→水洗、沥干→炒籽┘              │
     成品←包装←脱气←冷却←细磨←─────────────┘
```

3. 操作要点

（1）小麦胚芽预处理

① 精选。新鲜的小麦胚芽中混有麸皮等杂质，应先清理去杂，使小麦胚芽的纯度达到 90% 以上。

② 灭酶。鲜麦胚中含有多种酶（蛋白酶、淀粉酶、脂肪酶等）及较高的水分，应及时处理以防变质。具体操作要点为：先将鲜麦胚晾晒后，再经远红外电烤箱控温 125～130℃，烘烤 20～25min，使麦胚中的水分含量降至 3% 以下，以达到灭酶、去除腥味的目的。烘烤后的麦胚呈金黄色，香味纯正。

（2）花生仁预处理

① 清理。选取饱满花生仁，去除其中霉烂、虫蛀、皱皮、变色粒以及花生壳、石屑、土块等杂质。

② 烘烤。烘烤温度掌握在 130℃ 左右，时间为 20～30min。烘烤温度和烘烤时间对产品的风味、色泽、质地和口感有很大的影响，若烘烤度不足，花生香味淡薄；烘烤度过大，则口感太苦、色泽深暗。要求烘烤后的花生仁呈棕黄色，香味浓郁，无焦煳味。烤后应用风机强制进行冷却，使其迅速降温，以防颜色变深。

③ 脱红衣。利用轧辊破碎机将花生仁轧成 3～4 瓣，然后经风选将仁和红衣分离。要求仁中红衣残留量小于 2%，否则会使酱体中出现杂色斑点且口感苦涩，影响产品的风味和色泽。

（3）芝麻预处理

① 精选。芝麻先筛分出大小杂质，再经风选去除不饱满粒及杂质，最后用水洗净并沥干。

② 炒籽。在电炒锅中，控制温度为 120℃，炒制 10min，至外皮微黄，并迅速冷却。

（4）混合　将经过上述预处理的小麦胚芽、花生仁、芝麻和调味料（主要包括碘盐、蔗糖粉、辣椒粉、香辛料等）、稳定剂、抗氧化剂等按照配方要求，依次倒入混合机中混合均匀。

（5）磨酱　先用电动石磨进行粗磨，再经胶体磨细化处理。粗磨料温控制在 50℃左右，细磨料温控制在 70～75℃。若磨温过低，各种固体添加剂不能充分溶解；磨温太高，会使原料中的氨基酸成分损失过多，并影响产品的风味。

（6）脱气　磨酱后大大增加了与氧气的接触机会，原料中的脂肪成分容易被氧化，从而影响产品的外观及贮存期。因此，除了使用抗氧化剂和增效剂外，还应对酱体进行脱气处理，脱气压力为 10～25kPa。

（7）冷却、包装　待酱品冷却至 40℃左右时，方可装入容器内。包装方式可采用玻璃瓶装、复合薄膜袋装或软管包装，包装前包装材料应严格消毒处理。包装后的产品经检验合格后，应存放在阴凉、干燥、通风处。

成品呈金黄色或淡黄色酱状，具有小麦胚芽、花生和芝麻复合风味和香味，酱体均匀浓稠，组织细腻，无油析、无沉聚或结晶现象。

（四）紫菜花生调味酱

1. 原料配方（质量分数）

紫菜全浆 30％，花生原酱 30％，芝麻原酱 10％，食盐 5％，稳定剂 1％，白糖 3％，调味料 0.2％，饮用水 20.8％。

2. 工艺流程

```
干紫菜→浸泡清洗→高温蒸煮→打浆┐
花生仁→清洗→烘烤→冷却→脱红衣→打浆┤
芝麻→清洗→烘烤→冷却→打浆┤ →混合调配→加热→灌装→排气
稳定剂、调味料┘
→杀菌→冷却→检验→成品
```

3. 操作要点

（1）紫菜全浆的制备　选择新鲜干燥、厚薄均匀、颜色鲜亮有光泽、无杂质无霉变的紫菜，加清水浸泡清洗 1.5～2h，并在 100℃下蒸 90min 使组织软化，然后用打浆机打浆，并过 0.5mm 滤网，备用。

（2）制备花生原酱　选择新鲜干燥、无霉变、无虫蛀及破损等不合格的花生仁，清洗干净后置于烘干箱中，在 140～160℃下烘 30～40min，使花生仁含水量在 0.5％以下。取出后先脱去红衣和胚芽，以防产品有苦涩味。打浆时先用粉碎机将花生仁破碎、粗磨，然后再经胶体磨研磨成细度在 25μm 左右的酱体备用。

（3）制备芝麻原酱　选择新鲜干燥、无霉变、无虫蛀及破损等不合格的芝麻，清洗干净后置于烘干箱中烘烤至淡黄色，烤出熟芝麻特有的香味。取出冷却后用胶体磨研磨成细度在 25μm 左右的细浆备用。

（4）混合调配　先按配方称取其他辅料，并将稳定剂及调味料分别溶解，滤除杂质，然后将紫菜全浆、花生原酱和芝麻原酱按比例混合在一起，充分搅拌，使酱体均匀一致。

（5）加热、灌装　将酱料加热至85℃以上，及时用灌装机灌入果酱瓶内（瓶子、瓶盖要预先清洗、消毒），加热排气至中心温度达75℃时趁热密封。

（6）杀菌、冷却　采用高温杀菌的方式，即在10～20min内升温至121℃，保持10min，高温杀菌后，迅速使其降温至37℃左右。

（7）检验与成品　将冷却后的调味酱置于35～37℃的保温室观察5～7d，经过检验剔除漏气、漏水及胀罐等不合格产品后，将成品装箱入库或出售。

第四节　番茄酱

番茄酱是番茄味原料，添加或不添加食盐、糖和食品添加剂，经洗涤、剔除皮籽、磨酱、筛滤、装罐、杀菌等工序加工而成的一种酱状调味料，添加辅料的品种可称为番茄沙司，呈鲜红色，味酸鲜香，在烹饪中主要起赋色、赋味、赋香等作用。番茄酱、番茄沙司等均是从西餐引入的，现已形成颇具特色的番茄（汁）类菜肴，广泛应用于冷菜、热菜、汤羹、面食和小吃中。

番茄浓缩制品的种类主要有以下三类：

1. 番茄浆

番茄经处理后，再经细孔筛板打浆，去净皮和种子，不加盐和其他调料，经浓缩而制成的产品。目前生产的番茄浆系指干物质含量在20％以下（包括20％）的产品。

2. 番茄酱

加工方法与番茄浆相同，唯浓缩的浓度不同，所含的干物质较番茄浆高，其干物质含量一般为22％～24％或28％～30％。

3. 番茄沙司

一般由番茄打浆后的原浆或浓缩至干物质含量12％～14％的番茄浆，加入果醋、精盐、糖和多种香辛料浓缩制成。一般分为干物质含量不低于33％、29％、25％三种。

一、原味番茄酱

1. 原料配方

番茄。

2. 工艺流程

原料验收→清洗→修整→破碎→加热→打浆→真空浓缩→预热→装罐→密封→
杀菌及冷却→成品

3. 操作要点

（1）原料验收　番茄原料采收一定要全红，符合规格要求，采收后的番茄
按其色泽、成熟度、裂果等进行分级，分别装箱。

（2）清洗　把符合生产要求的番茄倒入浮洗机内进行清洗，去除番茄表面
的污物。

（3）修整　剔除不符合质量要求的番茄，去除番茄表面有深色斑点或青绿
色果蒂部分，以保证番茄原料的质量。

（4）破碎　螺旋输送机将精选后的番茄均匀送入破碎机进行破碎和脱籽。

（5）加热（热处理）　通过管式加热器在85℃左右加热果肉汁液，以便及
时破坏果胶酯，提高番茄酱黏稠度。

（6）打浆　将经热处理后的果肉汁液及时输入三道不同孔径、转速的打浆
机进行打浆。第一道孔径为1mm（转速为820r/min）；第二道孔径为0.8mm
（转速为1000r/min）；第三道孔径为0.4～0.6mm（转速为1000r/min）。

（7）真空浓缩　应用真空浓缩锅进行浓缩，浓缩前应对设备仪表进行全面
检查，并对浓缩锅及附属管道进行清洗和消毒，然后进行浓缩。采用双效真空
浓缩锅经过三个蒸发室，使番茄酱浓度达到要求为止。

（8）预热　浓缩后的番茄酱，经检查符合成品标准规定即可通过管式加热
器快速预热，酱温加热至95℃后及时装罐。

（9）装罐密封　番茄酱装罐后要及时密封，密封时，封罐机真空度为
26.7～40.0kPa。

（10）杀菌及冷却　已密封的罐头应尽快进行杀菌，间隔时间不超过
30min。灭菌公式：5min-25min-0min/100℃。沸水灭菌后的罐头应及时冷却
至40℃以下。

（11）揩罐　冷却后应及时将罐头揩干，堆装。

番茄酱为红色或橙红色，同一罐中酱体色泽一致（允许内容物表面有轻微
褐色），具有番茄酱应有的滋味与气味，无异味，酱体细腻，黏稠适度。

二、调味番茄酱

调味番茄酱是以番茄为主要原料，再配选糖、盐、洋葱和香辛料等辅料，
经打浆、调味、蒸煮等过程制成的。其中含有丰富的营养成分，特别是维生素
和矿物质，如维生素C、胡萝卜素、钙、磷、铁等，还含有多种能提高人体免
疫能力的活性成分。

1. 原料配方

番茄浆 100kg（含可溶性固形物 6.0%）、白砂糖 7.6kg、肉桂 0.1kg、精盐 1.5kg、茴香 0.035kg、白醋 0.6kg、胡椒粉 0.016kg、丁香 0.067kg、洋葱 1.4kg、豆蔻 0.007kg、大蒜 0.145kg。

2. 工艺流程

原料→挑选→分级→洗涤→浸泡→整理（去皮、去心等）→打浆→调味（加入香辛料、盐、糖等）→蒸煮→装罐→杀菌→冷却→成品

3. 操作要点

（1）原料选择　最好选用充分成熟、色泽鲜艳、含可溶性物质高、皮薄、肉厚、味浓的番茄品种。

（2）挑选和分级　一般靠人工挑选，剔除带有绿肩、污斑、裂果、损伤、脐腐、成熟度不足的果实。分级和挑选可同时进行。

（3）洗涤　目的在于除去果实上黏附的泥沙、杂质、残留农药等。生产中一般是先浸泡再清洗，清洗最好采用逆流多次清洗系统，对番茄进行至少 4 次的清洗，也可采用化学清洗、浸渍清洗、喷雾清洗等方法。

（4）浸泡　将洗涤后的番茄置于 55～56℃ 的热水中浸泡 3min，去除果表的幼虫或虫卵。

（5）整理　用刀去除果蒂绿色部分，再去皮、去心，也可根据需要去籽，以达到打浆时的质量标准。

（6）打浆　用打浆机或旋转分离器进行打浆，种子等残渣留在打浆机内，果浆和汁通过过滤网流出，要求打出的果浆不带其他杂物而且细腻均匀。打浆以三道打浆机为好，第一道筛网孔径 1.0～2mm，第二道筛网孔径 0.7～0.9mm，第三道筛网孔径 0.5～0.8mm。

（7）调味　番茄酱的成分在调味番茄酱中，主料是番茄，辅料有糖、盐、醋、洋葱、大蒜和其他香辛料等。常用的香辛料有丁香、肉桂、豆蔻、胡椒、茴香（也可根据需要添加红辣椒、生姜、芥子、八角等，本配方中不含）。

（8）配料准备　糖、盐、醋要求洁净、质量好，洋葱、大蒜应去皮、洗净并切碎，丁香（去头）、豆蔻（磨碎）、肉桂（磨碎）、茴香、胡椒粉用纱布过滤后再用。

（9）蒸煮　按配方将各成分混合后，放入夹层锅中蒸煮，蒸煮时间不应超过 45min，但也不能少于 30min，否则很难将香辛料的风味提取出来。

（10）装罐、密封　调味番茄酱可装在各种规格的瓶子中，但瓶子在使用之前必须洗净消毒。装罐时为避免空气进入，保证瓶内的真空度，常采用蒸煮后趁热装瓶（温度保持在 85℃ 以上），然后立即真空密封。

（11）杀菌及冷却　在100℃沸水中杀菌18～20min，杀菌后迅速冷却，使制品温度降至常温，以免过度加热造成酱体色泽不良，番茄红素受热氧化。经质检达到产品质量要求即为成品。

三、多维番茄酱

1. 原料配方

番茄300g，胡萝卜（或南瓜）100g，羧甲基纤维素8g，柠檬酸2g。

2. 工艺流程

主料→挑选→去杂→破果
↓
辅料→清洗→去杂→切片→混合→打浆→装罐→杀菌→冷却→包装→成品

3. 操作要点

（1）原料采收　从田间采收回来的番茄应尽量缩短存放时间，早日投入生产。暂时无法加工的原料应用硬纸篓、筐盛放，防止受压，在0～5℃的温度下储存，储存期不得超过10d。

（2）挑选、清洗去杂　除去有病害及腐烂的果实，利用流动水充分洗去泥沙，去除柄和杂物等。

（3）破果与切片　利用机械将清洗过的番茄切成块状，胡萝卜（或南瓜）切成厚度不超过5mm的片状（南瓜应去籽），以便打浆。

（4）打浆　将切碎的原料与配方中的添加剂按照配方比例混合后，送入打浆机中打碎成果酱，通过直径为0.6mm的不锈钢滤网过滤。

（5）装罐与杀菌　将原料加热，在不低于80℃的温度下进行装罐，浸入水浴中升温至85～95℃，排除罐内的气体，密封，保持0.5～1h，然后冷却到40℃以下。

（6）包装　检查冷却至室温的罐头，以剔除破损产品，粘贴标签装箱，产品应保存于低温干燥处。经过包装的产品即为成品。

四、番茄沙司

番茄沙司是在番茄泥中加入白砂糖、食盐、醋、香辛料以及其他调味料制成的。原料中番茄的质量和配料中醋、香辛料的选择、配比等都是决定番茄沙司质量的重要因素。番茄沙司中所用的调味料宜于佐食油腻食物。

1. 原料配方

配方一：番茄泥10L，30%的醋精0.1L，白砂糖0.5kg，食盐0.1kg，洋葱0.1kg，大蒜5g，丁香4g，肉桂3g，肉豆蔻衣1g，辣椒1g，天然调味液 20g。

配方二：番茄泥 45L，醋 6L，冰醋酸 0.5kg，白砂糖 6kg，食盐 1kg，洋葱 1kg，红辣椒 50g，肉桂 50g，多香果 40g，丁香 35g，肉豆蔻衣 10g，大蒜 10g。

配方三：番茄酱或泥（12%）50kg，白砂糖 7.5kg，食盐 1kg，冰醋酸 500g，洋葱 1kg，丁香 50g，桂皮 70g，生姜粉 10g，红辣椒粉 10g，大蒜末 10g，五香子 15g，玉果粉 5g，美司粉 5g，煮调味料用水 3.5kg 左右。

配方四：番茄酱（浓度 14%）380L，精盐 12kg，白砂糖 57kg，碎洋葱 12kg，蒸馏果醋（10%醋酸）45L，肉桂 500g，肉豆蔻 50g，丁香粉 300g，辣椒粉 30g，胡椒粉 500g。

配方五：番茄酱（含干物质 5.5%）380L，精盐 3.6kg，白砂糖 22kg，蒸馏果醋 10L，洋葱碎末 1kg，大蒜碎末 200g，肉桂 50g，丁香 40g，肉豆蔻 40g，辣椒粉 60g，胡椒粉 500g。

配方六：番茄酱（含干物质 7%～8%）300L，白砂糖 45kg，精盐 5kg，饴糖 20kg，醋精（30%）3L，肉桂粉 150g，肉豆蔻 25g，胡椒粉 100g，丁香 100g，辣椒粉 30g。

2. 工艺流程

各种香辛料→配比→熬煮→过滤→调味液

番茄酱、盐、糖→搅拌→熬煮→打浆→搅拌→杀菌→浓缩→装罐→冷却→成品

3. 操作要点

（1）预处理　将洋葱外衣去掉，切去根须，洗后切成细丝；蒜头去掉外衣，并用斩拌机斩成细末。其他香辛料能洗的要洗净，然后尽可能粉碎或敲碎。

（2）熬煮　向夹层锅中加入适量的水、醋或冰醋酸，再加入各种香辛料，加热煮沸后，加盖闷 2h，然后用纱布过滤，渣子应加适量水再煮一遍，过滤取汁，作为下次煮调味料的用水。

（3）打浆　将所有配料（除调味液）加入搅拌锅中，加热搅拌，待糖、盐溶化后打浆，通过 0.6～0.8mm 的筛孔过滤。

（4）包装　打浆后加入调味液，搅拌煮沸后趁热灌装封口，先以 50℃ 左右热水淋洒降温，再分段冷却至 30～40℃，要防止瓶口浸水。

调味液最好现用现煮，若需多煮分次使用，应把配方中的糖、盐一同加入调味液中，这样可提高调味液的渗透压，达到抑制微生物的作用。调味液必须储存于陶缸或不锈钢瓶中，空瓶要用清水洗净并消毒后备用。

第五节 肉酱

肉酱即酱状的肉，碎肉做成的糊状食品。肉酱是中国古代的一种酿造类菜肴，《周礼》等记载先秦礼制的文献中均可见其大名"醢"。制作肉酱的原料有牛、猪、鱼、虾、兔、雁、鹿等，甚至连蚌蛤、螺、蜗牛、蚁卵等都可以制作。

肉酱的生产工艺与发酵酱类有根本性的不同，肉酱生产基本上是属于腌渍工艺。

一、牛肉香辣酱

牛肉香辣酱为深褐色，有光泽，具有牛肉和其他原料的复合香味。味鲜，香辣，味感纯厚，口感细腻，回味无穷。营养丰富，含有蛋白质、糖类及脂类，是开胃、调理食欲、解腻助消化的佐餐佳品。

1. 原料配方

熟牛肉 15~20kg、植物油 12kg、食盐 1.5kg、增鲜剂 0.01kg、辣椒 1kg、黄酱 13kg、芝麻 1kg、面酱 5kg、糊精 15kg、芝麻酱 7kg、味精 0.15kg、分子蒸馏单硬脂酸甘油酯 0.5kg、植物水解蛋白粉 1kg、辣椒红 0.5kg、葱 0.25kg、蒜和姜各 0.4kg、保鲜剂 0.05kg。

2. 工艺流程

牛肉→炖熟→称量→绞碎

↓

炝锅→入料→熬制→配料→出锅→灌装→封口→杀菌→贴标→成品

3. 操作要点

（1）炖牛肉　将香料捣碎，用纱布包好，与牛肉等其他调味料一起煮沸，要求每100kg鲜牛肉加水300kg，煮至六七成熟后，加入4kg食盐，小火炖2h即可。

香料配比如下：葱 5kg（切段）、姜 2kg（切丝）、肉豆蔻 200g、丁香200g、香叶 200g、小豆蔻 200g、花椒 200g、八角 400g、桂皮 400g、小茴香200g、砂仁 200g。

本配方原料选用的是熟牛肉，该步骤可省略。

（2）炒酱　将油入锅烧热后加入葱和姜，出味后加入辣椒，然后将黄酱、面酱、芝麻酱和糊精加入，进行熬制。

（3）配料　分别将辅料用少量水溶化，在熬制后期加入，如保鲜剂、单甘酯、盐、味精可直接加入，同时加入绞碎的牛肉和部分牛肉汤。快出锅时加入蒜泥、芝麻和辣椒红色素。

应注意的一点是，保鲜剂应用温水化开后在开锅前加入，一定要混合均匀，否则达不到防止霉变的作用，另外也可加入少量抗氧化剂，使产品货架期更长。

（4）灌装　将瓶子洗净后控干，用80～100℃的温度将瓶烘干，然后进行灌装，酱体温度在85℃以上时趁热灌装，可不必进行杀菌，低于80℃灌装，应在水中煮沸杀菌40min。

成品为鲜艳而有光泽的红棕色，鲜甜香味，酱体均匀，无分层，水分＜25％。

二、复合型麻辣牛肉酱

1. 原料配方

配方一：牛肉10kg、鲜辣椒20kg、花生2kg、芝麻2kg、鲜生姜2kg、食盐4kg、冰糖2kg、甜面酱10kg、味精1kg、花椒粉1kg、白酒1kg、色拉油12kg、苯甲酸钠33.5g。

配方二：牛肉10kg、鲜辣椒10kg、花生1kg、芝麻1kg、核桃仁1kg、瓜子仁1kg、鲜生姜2kg、食盐3.4kg、大豆粉2kg、麸皮2kg、冰糖1.7kg、甜面酱10kg、味精0.8kg、花椒粉0.8kg、白酒0.8kg、色拉油10kg、苯甲酸钠28.75g

2. 工艺流程

原辅料处理
↓
色拉油→加热至六成热（加入牛肉丁）→翻炒至牛肉熟→中火→搅拌→混合均匀→煮酱→翻搅→灌装→杀菌→检验→成品

3. 操作要点

（1）原辅料选择　芝麻选用成熟、饱满、白色、干燥清爽、皮薄多油的当年新芝麻；花生选用成熟、饱满的优质花生米炒熟或市售五香花生米；瓜子选用炒熟的葵花籽；核桃仁要求干净、无虫蛀、干燥、无变质；大豆粉是将干黄豆用粉碎机粉碎后制得；牛肉选用经过卫生检验合格的牛前肩或后臀肉；辣椒选用无虫蛀、无霉变的优质鲜红辣椒，也可用辣椒粉。

（2）原辅料处理

① 牛肉。将选好的牛肉去除脂肪、筋腱、淋巴、瘀血后洗净，将其切成1cm见方的小丁。

② 芝麻。把芝麻用微火炒至香气充足，注意不要炒焦，以防失去特有的香味。

③ 花生。将花生加入辅料炒制成五香花生米（或直接购买市售五香花生米），去皮，用刀斩碎（约 1/6～1/4）或用料理机轻微粉碎，不宜过碎，否则吃的时候尝不到完全的花生香味，且无咀嚼的快感。

④ 瓜子。将炒熟的葵花去壳留仁。

⑤ 核桃仁。用烘箱或文火炒出香味，去皮，炒的时候一定要掌握方法，防止核桃仁皮焦化，影响产品外观，然后用刀切碎（和花生要求相同）。

⑥ 辣椒。鲜辣椒用料理机打酱或用刀切碎，无鲜辣椒季节可采用干辣椒粉（5∶1）。

⑦ 花椒、生姜。花椒焙干，打成粉末；生姜去皮、洗净、剁碎或用干姜粉。

（3）烧油、加料　将上述各种原辅料准备好后，然后点火烧油，将色拉油倒入夹层锅内，油烧至六成热时，把牛肉倒入锅内翻炒，待牛肉变色炒熟后，将剩余原辅料按一定的顺序加入锅内，首先加入辣椒，可以充分吸油，产生辣椒特有的香气，颜色亮红，随后加入大豆粉、面酱、麸皮、大麦粉，然后将花生、瓜子、核桃仁、芝麻及各种调味料依次加入锅内，白酒、味精、冰糖（用水稍溶化）最后加入。

（4）煮酱　在煮酱过程中每加入一种料，都应不断翻拌，使各种原辅料充分混合均匀，防止煳锅底。料加完后，用小火在不断搅动中再煮制 25～30min。

（5）灌装　煮好的酱，应趁热装入预先灭菌的四旋瓶内。用灌装机时应注意尽量不要让料粘在瓶口，防止污染，装完后应立即旋紧瓶盖。

（6）杀菌　杀菌分两种情况：其一，若灌装时肉酱本身温度在 95℃ 以上，可以认为自身灭菌。此时瓶中心温度不低于 85℃。其二，若瓶中心温度较低，应在密封后置于沸水杀菌池内 15min，灭菌后瓶子应尽快冷却至 45℃ 以下。

（7）检验　杀菌后，应检查是否存在有裂缝的瓶子，瓶盖是否封严，不得有油渗出，合格后贴标包装入库即为成品。

成品色泽红亮，有光泽；有浓郁的花生、芝麻、瓜子、核桃仁、大豆的香味及牛肉香味；具有麻辣味；上层为红油，下层为深红色肉酱，可见果仁、芝麻均匀分布。

三、香菇肉酱

1. 原料配方

猪肉块（腿肉、五花肉、肥膘之比为 9∶2∶1）100kg，豆瓣酱 70kg，青葱（未油炸）20kg，香菇（干）2330g，番茄酱（12%）10kg，猪油 1.5kg，辣椒粉 500g，蒜头（未油炸）2kg，味精 280g，砂糖 28660g，辣油 10kg，酱油 2.5kg，精盐（调整成品含盐量 6%～8%）适量。

2. 工艺流程

原料处理→切块→制肉酱→装罐→排气→密封→杀菌→冷却→成品

3. 操作要点

（1）原辅料验收

① 香菇。采用无苦味、无霉变、无虫蛀、气味正常的干香菇或鲜香菇，鲜香菇应呈褐色，干香菇允许带黑色。

② 豆瓣酱。发酵完全，豆瓣呈红褐色，里外一致，氯化钠含量为 16%～20%，氨基酸含量在 0.5% 以上，组织松软，无硬心，鲜味浓，无焦苦味，无霉变和其他异味。

③ 蒜。结实饱满，不瘪粒，不抽薹，辣味浓。

（2）猪肉处理　合格的新鲜猪肉经成熟，冻猪肉经解冻，去皮去骨、去除淤血和淋巴等后分成腿肉、五花肉和肥膘三部分。将肉分别切成 10～12mm 的肉丁，肉层薄的应切成 15～20mm 的小块。

（3）辅料处理

① 香菇。干香菇在清水中浸泡约 15min，并不断搅动，待香菇完全变软后洗净捞出。去除菇蒂后切成 5mm 宽的丝条，以清水漂洗两次捞出备用。

② 青葱。切去绿叶，清洗沥干后打碎，投入 140℃ 的油中炸 3～5min，至浅黄色时捞出沥油，控制脱水率在 50%～55%。

③ 蒜头。切去两端，去除外膜，打碎后与青葱一样在油中炸 1.5～2min，脱水率控制在 40%～45%。

④ 豆瓣酱。去除杂质，搅匀后绞细，马上使用，以免色泽变暗。

⑤ 酱油。过滤后备用。

⑥ 砂糖。溶解于番茄酱中用纱布过滤后使用。

（4）制肉酱　将猪肉、香菇丝及番茄酱在夹层锅中边搅拌边加热约 30min，至肉块基本煮熟，再加入豆瓣酱、青葱、蒜头、味精和酱油（先混匀再加入）搅拌后，最后加入辣椒粉、辣油及猪油等，继续加热约 7min，酱温达 80℃ 时出锅。每次配料量不低于 247kg。

（5）装罐、密封　肉酱趁热装罐，即刻密封，密封时肉酱的温度不能低于 65℃。

（6）杀菌、冷却　采用 10min-20min-10min/110℃ 的杀菌公式灭菌，杀菌后急速冷却至约 40℃ 后擦罐入库。

四、鹅肝酱

目前研究生产的鹅肝酱，主要是把鹅肥肝预先煮熟，再用腌制剂进行腌制，最后打碎与其他配料混合而得。

1. 原料配方

鹅肝 880g，葵花油 40g，洋葱 40g，鲜姜 5g，曲酒 5g，精盐 15g，白糖 5g，味精 1g，五香粉 2g，香油 1g，胡椒粉 0.5g，维生素 E 0.5g。

2. 工艺流程

解冻→冲血清洗→热烫→配料腌制→打浆→高温杀菌→无菌包装→成品

3. 操作要点

（1）解冻　冻结的鹅肝需缓慢解冻至中心温度 0℃左右，减少营养损失。将冻结鹅肝置于 4℃温度下缓慢解冻，防止水分和脂肪流失。

（2）冲血清洗　将解冻以后的鹅肥肝平放于流动水下，边清洗边人工去除血筋、油筋等杂质。必须把血冲洗干净，以免影响鹅肝酱的色泽。

（3）热烫　肥肝解冻后，由于酶的活性提高和微生物的污染，在以后的加工中极易变质。用 85～95℃的水烫 2～3min，可在增强搅拌效果的同时，抑制酶的活性和微生物的生长繁殖。

（4）配料腌制　为了提高鹅肝酱的风味和增加其稳定性，将热烫后的鹅肥肝沥干水分，按原料的 2%添加腌制剂，于 4℃下腌制 12h。

（5）打浆　将腌制好的鹅肥肝切成碎块，加入胶体磨进行打浆，打浆的同时加入冰水，分多次加入。

（6）高温杀菌　因为肥肝中可能有肉毒梭状芽孢杆菌等耐热菌，所以鹅肝酱必须在 115～118℃下灭菌 30～40min。

（7）无菌包装　杀菌后的鹅肝酱，应在无菌条件下趁热装罐、封口。空罐应严格消毒。包装后的罐头放在 35℃温度下保持 1 周，剔除胀罐、漏罐和变形罐后即为合格产品。也可装罐后高压杀菌，包装入库。

成品鹅肝酱开罐后表面有一层 1mm 厚的白色油脂层，油脂层下的鹅肝酱呈灰黄色，质地细腻柔软，品尝时味道鲜美，咸淡适中，香味浓郁。

五、风味鸭肝酱

1. 配方

原料配方：鸭肝 1kg，鸡肉 500g，猪肉 500g，食盐 120g，生姜 25g，冰水 1600mL、柠檬酸 4g，β-环糊精 2g，白砂糖 80g，五香粉 20g，胡椒粉 20g，大豆油 200g。

辅料配方：3%白砂糖、1%生姜、0.1%胡椒粉、0.1%五香粉、2%料酒、2%醋（按鸭肝和水的总质量计算），以上为预处理用料；0.1%陈皮、0.1%砂仁、0.1%沙姜、0.3%八角、0.3%花椒、0.1%小茴香、0.1%白芷、0.3%胡椒、0.1%肉蔻、0.1%草果、0.1%桂皮、0.1%香叶（按煮制时原料和水的总质量计算)，以上为煮制用料。

2. 工艺流程

原料解冻→预处理→煮制→混合→匀浆→胶体磨→细化→调配→灌装→杀菌→
冷却→成品

3. 操作要点

（1）原料解冻　将瘦猪肉和鸡肉自然解冻，至肉表层发软，中间稍有硬
心，即肉中心温度 0℃，表层温度 3～5℃视为解冻良好。

（2）预处理　将位于鸭肝中央的主要血管摘除，流动水冲洗 30min；将分
别为鸭肝质量 1/2 的瘦猪肉和鸡肉混合，在流动水中冲洗两遍。在盛鸭肝容器
中添加鸭肝两倍体积水，加入预处理用料，50℃恒温 45min 后，用 40～60℃
温水冲洗 3 遍，开水焯 3 遍，水以没过固体原料为宜；瘦猪肉和鸡肉混合后操
作同鸭肝。

（3）煮制　锅中水的添加以没过原料为宜，加入用纱布包裹的煮制用料。
鸭肝单独煮制，煮制时大火 10min、小火 20min，鸡肉、瘦猪肉煮制时，大火
10min、小火 30min，保持锅内一直沸腾。

（4）匀浆　将煮熟的鸭肝、瘦猪肉、鸡肉混合后，加适当去皮生姜，匀浆
15min，同时加冰水至肉糜组织状态良好。

（5）胶体磨、细化　打浆后的肉糜用胶体磨处理。

（6）调配　添加柠檬酸 0.1%、β-环糊精 0.05%、食盐 4%、白砂糖 4%、
五香粉 0.5%、胡椒粉 0.5%、大豆油 5%，搅拌均匀。

（7）杀菌　在 115～120℃的条件下高压杀菌 20min，杀菌结束后，经过冷
却即为成品。

六、鸡肉番茄酱

1. 原料配方

番茄 54%、辣椒（干）0.5%、水 30%、食盐 0.7%、鸡肉 13.5%、增稠
剂 0.5%、生姜（鲜）0.8%。

2. 工艺流程

鸡肉→漂洗→煨汤→捞取切丁

↓

番茄→挑选→烫漂→破碎打浆→混合→烹煮→加增稠剂→包装→灭菌→检验→
成品

3. 操作要点

（1）原料选择　番茄要选择饱满、鲜红、成熟的果实。鸡肉选用仔鸡肉。

（2）烫漂和漂洗　番茄放入沸水中烫漂 2min，待果皮开裂后捞取去皮、去蒂备用。鸡肉置于温水中漂洗数分钟，洗净血浆，去除血腥味即可。

（3）破碎打浆　番茄用捣碎机捣碎后过筛，使浆料质地粗细一致。

（4）煨汤　鸡肉、食盐、水、辣椒、生姜等原料放入高压锅中煨汤，至鸡肉咀嚼易烂为止。将鸡肉捞取切丁，其他原料用滤布滤出。

（5）烹煮　将鸡肉汤、鸡肉丁放入夹层锅中浓缩至水分收干约一半时加入一部分番茄浆料一起烹煮。余下的浆料和增稠剂于捣碎机或搅拌机中混合均匀后再倒入夹层锅中搅拌均匀，烹煮至沸腾即可出锅。

（6）包装、灭菌　可用蒸煮袋或玻璃瓶进行包装，灌装后封口加盖，于 90℃的水浴中灭菌 25～30min，灭菌完毕后进行降温，玻璃瓶应分级降温，经过检验合格即为成品。

七、多味鲜骨酱

1. 原料配方

辣椒酱 15％、鲜骨泥酱 15％、甜面酱 25％、花生仁 10％、牛肉丁 10％、水和香辛料等适量。

2. 工艺流程

辣椒→腌制→破碎→香花辣椒酱┐
鲜黄牛骨→鲜黄牛骨泥→精制→鲜骨泥酱→混合→蒸煮├→混合→灌装
花生仁、牛肉、葱蒜姜泥、香辛料过油、甜面酱或豆瓣酱┘
→真空封盖→杀菌→冷却→检验→贴标→入库→成品

3. 操作要点

（1）原辅料处理

① 鲜骨泥酱。将新鲜黄牛骨用专门成套设备破碎、粗磨、细磨成鲜骨泥，再以食盐、香辛料等精心调味后熟化制酱，即成不同风味的鲜骨泥酱。

② 辣椒酱。新鲜辣椒去蒂去柄、洗涤、沥干后入缸腌制（以 15％的食盐分层进行腌制）。六个月后开封启用，临用时用打浆机制成辣椒酱。

③ 花生仁。恒温电烤箱烤至有香味后取出，冷却，去红衣，破碎（每颗花生仁破碎为 10～16 粒大小）即可。

④ 芝麻。白芝麻筛选除杂后，用电烤箱烤出香味，冷却后备用。

⑤ 牛肉丁。新鲜牛肉去除脂肪与筋膜，洗除污血，加食盐及香辛料腌制（牛肉事先切成约 1kg 的小块）10h 以上，沥干盐卤后切丁（约 5mm 见方），再入花生油中稍炸至表皮发硬，沥油后备用。

（2）配料、煮酱（混合）　将上述处理好的各种原辅料分别按照配方要求进行称量，做好记录并依次存放。然后按照工艺要求依次将各种原辅料投入夹层锅中，开启搅拌机和蒸汽开关，5～10min（随季节而异）酱料沸腾，维持此温度搅拌加热20min，关闭蒸汽停止加热，添加味精等并继续搅拌5～10min，停止搅拌，趁热出锅，送灌装车间。

（3）灌装、真空封盖　出锅酱料按产品规格定量（200g）灌装入（四旋）瓶内，酱料表面可加入15g调味油（花生油等事先用香辛料调味处理）封口，加盖后由真空封盖机进行封盖。

（4）杀菌　封盖后，按生产批次转入杀菌锅内，常压蒸汽杀菌15min，出锅冷却。杀菌冷却后及时擦瓶，抽检合格后贴标入库即为成品。

成品色泽棕红或棕黑色，有光泽；鲜香醇厚，酱香丰富；有特征性鲜（肉）香味，香辣足量，咸淡适口，无焦煳味；黏稠适当，不稀不澥，无霉花。

第六节　其他酱类

一、苹果酱

1. 原料配方

苹果5kg、水1.5kg、白砂糖5.75kg、柠檬酸12.5g、果胶12.5g。

2. 工艺流程

原料→去皮→切半、去心→预煮→打浆→浓缩→装瓶→封口→杀菌→冷却→成品

3. 操作要点

（1）原料选择　成熟度适宜，含果胶、酸较多，芳香味浓的苹果制作的果酱风味较好。所选用的苹果应新鲜饱满、成熟度适中，风味良好，无虫蛀、无霉病的果实，罐头加工中的碎果块也可使用。

（2）去皮、切半、去心　可手工或机械去皮，切半，挖净果心，且去皮后应立即护色。护色液可用1%食盐溶液、0.5%～1%柠檬酸溶液或0.1%NaHSO$_3$。

（3）预煮　在不锈钢锅内加适量水，加热软化15～20min，以便于打浆为准。预煮软化时，要求所需的升温时间要短，避免苹果发生褐变。

（4）打浆　用筛板孔径0.70～1.0mm的打浆机打浆。

（5）浓缩　果泥和白砂糖比例为1:（0.8～1）（质量比），并添加0.1%左右的柠檬酸。先将白砂糖配成75%的浓糖浆煮沸过滤备用。按配方将果泥、白砂糖置于锅内，迅速加热浓缩。在浓缩过程中应不断搅拌，当浓缩至酱体可

溶性固形物含量达 60%～65% 时即可出锅，出锅前加入柠檬酸，然后搅匀。

（6）装瓶　以 250g 容量的四旋瓶作容器，瓶应预先清洗干净并消毒。装瓶时酱体温度应保持在 85℃ 以上，并注意避免果酱沾染瓶口。

（7）封口　装瓶后及时封盖，封口后应逐瓶检查封口是否严密。

（8）杀菌、冷却　采用沸水杀菌，升温时间 5min，沸腾（100%）条件下保温 15min 后，产品分别在 65℃、45℃ 温水和凉水中逐渐冷却到 37℃ 以下。

产品酱体呈酱红色或琥珀色；均匀，无明显分层和析水，无结晶；具有苹果酱应有的芳香风味，甜酸适口，无异味。

二、香菇酱

1. 原料配方

新鲜香菇 5kg、干红辣椒 100g、生姜 50g、大葱 50g、豆瓣酱 400g、花椒 50g、八角 50g、花生仁 400g、食盐 125g、味精 5g、白砂糖 50g、老抽 50g、大豆油 3L。

2. 工艺流程

选料→清洗→预处理→炒制→装罐→预封→排气、密封、杀菌→冷却→成品

3. 操作要点

（1）选料　选择新鲜香菇，要求无虫害、无霉烂。

（2）清洗　用清水洗净香菇表面的泥沙、污物，沥干水分。

（3）预处理　切除香菇根部，切成约 5mm 见方小丁（伞及柄都能用），用一半的食盐杀水，用纱布将水分挤出。生姜、大葱切末，干红辣椒用粉碎机粉碎，熟花生仁擀碎。

（4）炒制

① 炒香菇。炒锅中放入约 1/2 大豆油，油热后倒入葱末、姜末、辣椒末，炒出香味后加入香菇粒及食盐、味精、糖、酱油等调料。

② 炒酱。豆瓣酱中加入适量水（约为豆瓣酱的 10%，为防止煳锅）进行稀释，锅中倒入约 1/8 大豆油，油热后倒入豆瓣酱进行炒制，趁热与炒制好的香菇及花生碎混合。

③ 炸花椒油。将剩余 3/8 大豆油加热，放入花椒，炸出香味，加入香菇酱中。

（5）装罐　将适量炒制好的香菇酱及汤汁装于玻璃罐内，留 6～8mm 顶隙，然后预封。

（6）排气、密封、杀菌、冷却　蒸锅中蒸汽排气约 10min 至罐中心温度达到 80℃ 后趁热封罐，然后在高压杀菌锅中杀菌，杀菌公式：15min-30min-15min/121℃。

（7）贴标储存　把经过处理的成品贴上标签，置于阴凉处进行储存。

产品具有完整香菇颗粒和香菇固有的色、香、味，酱香浓郁，无苦味和焦糊味。

三、冬瓜酱

1. 原料配方

冬瓜肉 10kg，砂糖 13.8kg，蜂蜜 1.25kg，琼脂 110g，柠檬酸 72g。

2. 工艺流程

选料→预处理→软化→浓缩→装瓶→密封→杀菌→冷却→检验→成品

3. 操作要点

（1）原料选择　选用生长良好、充分成熟、无病虫害、瓜肉肥厚的冬瓜为生产原料。作为辅料的砂糖、柠檬酸、蜂蜜等均应符合食用卫生标准。

（2）清洗、去皮、去籽瓤　在流动的水中将冬瓜外表皮上的泥土、白霜洗净，然后用去皮刀刮去冬瓜的皮（以去净青皮为度）。去完皮后用水清洗 1 次，然后用刀将瓜纵向切成两半，用半弧刮刀刮去籽瓤（指瓜肉上的海绵状物质）。去皮、去籽瓤时不宜多伤瓜肉。

（3）绞碎、软化　处理好的冬瓜肉切成小块，投入绞板孔径为 9～11mm 的绞碎机中绞碎。配制浓度为 65%～70% 的糖液，过滤。取一部分配好的糖液，加入绞碎的冬瓜肉中，冬瓜肉与糖液的体积比为 1∶（1～1.3）。加热使其软化，时间约 20min。

（4）浓缩　在剩余的糖液中按配方加入蜂蜜，与软化的冬瓜肉泥混合，加热浓缩，不断搅拌，直至可溶性固形物浓度达 65% 左右，然后按配方将琼脂加入质量是其 15 倍的水中，加热溶化，趁热用绒布过滤，将琼脂溶液倒入浓缩过的冬瓜肉泥中，继续加热浓缩，不断搅拌，直至可溶性固形物浓度达 68% 左右为止。

（5）装瓶　将柠檬酸加入少量水制成溶液，加入浓缩后的冬瓜肉泥中，搅拌均匀，加热至沸，趁热装入经清洗消毒的果酱瓶中。装瓶时酱体温度不得低于 85℃，装量要足，每次成品要及时装完，不可拖延太长时间。

（6）密封、杀菌　装好瓶后，迅速加盖拧紧，达到密封要求，并在沸水中杀菌 10～15min。如果瓶温太低，应分段提高瓶温，然后再放入沸水中。

（7）冷却　杀菌完毕在 80℃→60℃→40℃ 热水中分段冷却，不可将煮沸过的瓶子直接放入冷水中，以免爆裂。

（8）检验　制好的罐头放入（25±2）℃ 的保温室中保温 5～7d，进行检验，剔除不合格品，合格品包装入库即为成品。

冬瓜酱酱体晶莹透明，呈胶黏状，能徐徐流动，为淡绿色。

四、玫瑰花酱

1. 原料配方

干制玫瑰花 10g、鲜柠檬汁 40g、白砂糖 70g、羧甲基纤维素钠 0.5g、琼脂 1g、饮用水 600g。

2. 工艺流程

干制玫瑰花→加水复原→添加柠檬汁→打浆→调配→熬制→装罐→密封→杀菌→冷却→成品

3. 操作要点

（1）原料选择　选择花粒饱满、颜色鲜艳、香气浓郁的花朵，将外层花瓣小心地一片片剥离，除去内层呈深褐色的花瓣、花萼以及花蕊，用水清洗干净后备用。

（2）加水复原　取干净的玫瑰花瓣，按照料液比为 1∶5 的比例加入水，在 50℃下加热复原 30min。冷却后，按比例加入新鲜柠檬汁，混匀，调节 pH 为 5.0 左右。

（3）打浆　用料理机将调配好的玫瑰花瓣打浆，然后用胶体磨将已经打浆的原料进一步处理，保证粉碎的玫瑰花浆均匀细腻。

（4）调配、熬制、装罐、密封　在 60℃下将羧甲基纤维素钠和琼脂浸泡软化，搅拌均匀至糊状，然后和玫瑰花浆混匀，小火熬制，并不断搅拌，期间分多次加入白砂糖溶液，待熬至固形物含量达到 40% 时即可装罐密封。

（5）杀菌　装罐密封后放入灭菌锅内在 100℃ 温度下，加热 5min，取出后冷却至室温即为成品。

产品酱体呈紫红色；具有玫瑰花应有的芳香风味，黏稠度适中，光滑；甜酸适口，细腻爽滑，无异味。

五、鲜核桃酱

1. 原料配方

鲜核桃 100kg、单甘酯 1.2kg、蔗糖酯 0.8kg、白砂糖适量。

2. 工艺流程

青皮鲜核桃→去皮→脱壳→脱膜→清洗→护色→粗磨→配料→精磨→灌装→排气→封罐→杀菌→冷却→成品

3. 操作要点

（1）原料选择　选用九成熟至全熟的青皮核桃为原料，剔除霉烂、腐烂果。

（2）去皮、脱壳　用核桃专用脱皮机和脱壳机脱除鲜核桃的果皮和壳。

（3）脱膜　脱壳后的核桃仁要进行脱膜处理，具体脱膜条件为：氢氧化钠（质量分数）为1.0%，浸泡温度为95℃，浸泡时间为10min。

（4）清洗、护色、粗磨　用清水冲洗干净核桃仁上的碱液，然后用95℃以上的热水浸泡20min，达到灭酶和护色的效果。沥干水分后，按料水比为8∶2的比例粗磨，水为净化热水，粗磨后的核桃仁颗粒直径达0.2mm以下，形成初步的酱体。

（5）配料　将适量的白砂糖以及乳化剂、增稠剂等配料加入粗磨后的酱体。

（6）精磨　将配好料的核桃酱通过胶体磨精磨，使酱、水、添加剂分散均匀。

（7）灌装、排气　装罐后，用水浴加热进行排气。排气时，使酱体中心温度达到90℃以上。

（8）杀菌　封罐后进行水浴杀菌，杀菌温度为95℃、时间30min。

成品呈乳黄色，具有特有的鲜核桃清甜味，入口细腻爽滑，无异味；黏稠度适中，光滑、不粘壁、不分层、无沉淀。

六、陈皮酱

1. 原料配方

陈皮100kg、白糖100kg、海藻酸钠400g、柠檬酸500g，山梨酸钾50g。

2. 工艺流程

原料处理→打浆→加热煮制→调料→灌瓶→杀菌→冷却→成品

3. 操作要点

（1）原料处理　干陈皮有苦味，必须以大量清水浸泡变软至口尝不含苦味为止，如果是用鲜果皮，由于富含芳香油，需加长煮制时间，使其油辣味大部分挥发。

（2）打浆　把脱苦后的果皮在打浆机中打浆，如果原料含水较少，可加入原料重10%的清水进行打浆，打成浆状，但不要过于细腻，果浆与果泥有所区别。

（3）加热煮制　原料中含有大量水分，必须蒸发部分水分，可通过加热浓缩或真空浓缩进行浓缩处理。

（4）调料　将白糖直接加入浆中共煮，接着加入食用海藻酸钠（方法是：称取定量海藻酸钠加入5倍水浸泡，并在50～60℃下加温成为均匀胶体，再加入浆中与白糖共煮），稍后再加入柠檬酸，搅拌均匀，继续加热。要求固形物浓缩到45%～48%时停止加热，并可同时加入山梨酸钾作为防腐剂。这样的投料顺序是为了减少果酱色泽加深。

（5）灌瓶　包装方式采用200g四旋盖耐高温玻璃瓶，玻璃瓶先经洗涤消毒，酱体固形物符合标准后趁热灌瓶，灌瓶后加盖拧紧。

（6）杀菌、冷却　用100℃沸水煮10min，然后逐级冷却至40℃即为成品。

成品呈浅褐色，半透明，甜酸可口，具柑橘芳香，食用与其他果酱相同，适于作为面包、馒头食用时的夹心料。

七、胡萝卜柚皮低糖复合果酱

1. 原料配方

胡萝卜与柚皮的复合比例为1：1，白砂糖为10％、柠檬酸0.25％，卡拉胶0.5％，山梨酸钾0.05％。

2. 工艺流程

$$胡萝卜→清洗→去皮→软化→打浆$$
$$↓$$

柚子→清洗→去果肉、切丝→软化→盐浸、漂洗→打浆→混合→调配浓缩→装罐→杀菌→冷却→成品

3. 操作要点

（1）原料的预处理　将胡萝卜清洗干净，去皮后切成小块。将柚皮清洗干净后用不锈钢小刀切成细条，在10％的盐水中腌制3～6h，然后用流动水冲洗0.5h，以去除苦味。

（2）软化　将胡萝卜块放入不锈钢锅中，加入胡萝卜块总质量30％的纯净水，煮沸15～20min进行软化。将柚皮丝放入另一不锈钢锅中，加入柚皮总质量20％的纯净水，煮沸10～15min进行软化。软化过程要求升温要快，将果肉煮透，以便于打浆和防止变色。

（3）调配浓缩　将胡萝卜浆与柚皮浆按配方的比例混合调配，然后倒入不锈钢锅中水浴熬制。先旺火煮沸10min，后改用文火加热，然后将10％的白砂糖分3次加入，出锅前按配方比例加入柠檬酸、增稠剂、防腐剂。整个过程中要不断搅拌，以防结晶及锅底部分焦化。

（4）装罐　将玻璃瓶及瓶盖用清水彻底清洗干净后，用温度95～100℃的水蒸气消毒5～10min，沥干水分。果酱出锅后，迅速装罐（顶隙2～3mm），然后迅速拧紧瓶盖。每锅果酱分装完毕时间不能超过30min，酱体温度保持在80℃以上。

（5）杀菌、冷却　装瓶后放入灭菌锅中85℃水溶杀菌15min，灭菌结束后分段冷却至室温。

成品酱体呈橙黄色且有光泽；酸甜适口，具有果酱应有的良好风味，有柚皮和胡萝卜的混合清香，无焦味和其他异味；酱体均匀，呈凝胶状，不流散，不流汁。

八、麻味沙拉酱

1. 原料配方

鸡蛋黄 65g、调和油 1090g、柠檬汁 60g、食盐 25g、白砂糖 20g、花椒油 140g。

2. 工艺流程

全部粉状原料、调和油、花椒油、柠檬汁

鸡蛋→清洗消毒→去壳→取出蛋黄→混合调制→加油乳化→均质→灌装→封盖→贴标→成品

3. 操作要点

（1）原料选择　选用新鲜的鸡蛋，应符合国家标准《食品安全国家标准蛋与蛋制品》（GB 2749—2015）的要求；调和油最好选择无色无味的色拉油，应符合国家标准《食品安全国家标准植物油》（GB 2716—2018）的要求；选择优质白糖，质量应符合相应的标准《食品安全国家标准白砂糖》（GB/T 317—2018）和有关规定，打成细粉末备用，研磨粉越细与蛋黄结合产生的乳化效果越好；柠檬汁采用新鲜柠檬压榨取汁。

（2）鸡蛋去壳　鲜鸡蛋先用清水洗净，再用 3% 的双氧水消毒 5min，然后用净水冲洗干净，捞出控干，打蛋去壳。蛋黄、蛋清分离，只取蛋黄。注意蛋清要分离干净，避免影响乳化效果。

（3）混合调制　按照配方将全部原料分别称量后，除油、柠檬汁外，全部倒入搅拌机中，开启搅拌使其充分混合，保持中速搅拌，搅打至黏稠的浆糊状。

（4）加油乳化　边搅拌边徐徐加入色拉油、花椒油，加油速度宜慢不宜快，当油加至 2/3 时，将柠檬汁慢慢加入，再将剩余油加入，直至搅打至膏状，色泽光亮，呈细腻均匀、半固体状态即可。

（5）均质　为了得到组织细腻的酱膏，避免分层，应用胶体磨进行均质，将油粒分散成更为细小的稳定乳化状态，使表面更加光滑、柔软。胶体磨转速控制在 3600r/min 左右。

（6）灌装、封盖　按不同规格进行灌装，灌装允许 3～5g 的正偏差不能有负偏差。灌装的容器有玻璃瓶、塑料瓶或铝箔塑料袋，灌装后进行封口，即为成品。注意装瓶时尽量避免污染瓶口、瓶身。工作人员每 30min 对手部消毒一次。

(7) 检查、装箱入库　将已封口的产品侧放 24h 以上，再将产品瓶口朝上静置存放 12h 以上。产品经检验合格即可装箱入库。

成品酱体呈微黄色，稠酱状；整体风味协调；酸甜适口、麻味明显；组织细腻，稠度适中，形态稳定，无明显析油、分层现象。

第五章　复合调味料生产技术

第一节　复合调味料的基本概念及分类

一、基本概念

　　复合调味料因味道鲜美，集合了多种调味料的优势，是除了传统的酱油、食醋、味精等大众产品外使用最多的调味品类。复合调味料是指在科学的调味理论指导下，将各种基础调味品根据传统或固定配方，按照一定比例，经一定工艺手段，进行加工、复合调配出具多种味感的调味品，从而满足不同调味需要。简而言之，复合调味料就是用两种或两种以上的调味品配制，经特殊加工而制成的调味料。其原料主要有咸味料（食盐等）、鲜味料（味精、呈味核苷酸二钠、酵母提取物、水解植物蛋白液等）、辛辣性香辛料（胡椒、辣椒、蒜粉、洋葱粉等）、芳香性香辛料（丁香、肉桂、肉蔻、茴香等）、香精料（牛肉精、鸡肉精、番茄香精、葱油精等）、着色料（焦糖色素、辣椒红、酱油粉等）、油脂（动物油、植物油、调料油等）、鲜物料（牛肉、鸡肉、葱、姜、蒜等）、脱水物料（牛肉丁、虾肉、鸡肉丁、葱、胡萝卜、青豆、白菜、香菇等）、其他填充料（糊精、苏打等）。

　　我国已有久远历史的花色辣酱、五香粉、复合卤汁调料、太仓糟油、蚝油等，甚至在家烹调时调制的佐料汁和饭店师傅们调制的高档次调味汁等都属于复合调味料。现代复合调味料是采用多种调味品，具备特殊调味作用，工业化大批量生产的，产品规格化和标准化的，有一定的保质期，在市场内销售的商品化包装调味品。随着我国现代化进程和生活水平的提高，我国消费者对调味料的要求也越来越高，复合调味料具有方便快捷、便于贮藏携带、安全卫生、营养且风味多样等特点，符合现代食品的发展趋势，逐渐成为我国调味品发展的主流。

复合调味料是一类针对性很强的专用型调味料，广泛用于中、西餐烹饪中，从其在调制菜方面的应用看，比只用单一调味品更具优势，且无论是味型、颜色、香味均胜一筹。如沙茶酱是沙茶焖鸭块、沙茶牛肉等菜品的主要调味品，番茄汁是制作茄汁牛肉所不可缺少的调味品等。菜肴中的复合味型，主要是根据菜式的不同，将多种调味品按一定比例进行调配而成的。在调配过程中，调味品的数量是否准确，投料比例是否适当，添加顺序是否正确，均会影响调配后的口味。鱼香肉丝、麻婆豆腐、烤牛肉、红烧猪肉等不同菜肴的风味特点，都可以通过加入专用的复合调味料表现出来。食品工业生产出的复合调味料，则是按照工艺流程，严格定量和加工而成的，其色、香、味等理化指标均是一定的。

二、分类

复合调味料的分类有多种方法。按用途不同可分为佐餐型、烹饪型及强化风味型复合调味料；按所用原料不同可分为肉类、禽蛋类、水产类、果蔬类、粮油类、香辛料类及其他复合调味料；按风味可分为中国传统风味、方便食品用风味、日式风味、西式风味、东南亚风味、伊斯兰风味及世界各国特色风味复合调味料；按口味分为麻辣型、鲜味型和杂合型复合调味料（杂合型复合调味料是根据消费者的不同口味和原料配比生产出的调味品，其特点是综合了各地消费者的口味，根据原料的特性和营养成分生产出的一种调味品）；按体态可分为：固态（包括粉末状、颗粒状、块状）、半固态（包括膏状、酱状）、液态复合调味料（液状、油状），粉末状包括干燥粉末和抽出浓缩物粉末，颗粒状包括定形颗粒和不定形颗粒，油状复合调味料包括油和脂。

在最新版国家标准《调味品分类》（GB/T 20903—2007）中以体态将其分为四类，即固态、液态、酱状和火锅调味料。

（一）固态复合调味料

以两种或两种以上的调味品为主要原料，添加或不添加辅料，加工而成的呈固态复合调味料。根据加工产品的形态又可分为粉状、颗粒状和块状。

1. 粉状复合调味料

粉状调味料在食品中的用途很多，如速食方便面中的调料、膨化食品用的调味粉、速食汤料及各种粉状料等。粉状调味料加工分为粗粉碎加工型、提取辛香成分吸附型、提取辛香成分喷雾干燥型。粗粉碎加工型是我国最古老的加工方法，是将香辛料精选、干燥后，进行粉碎，过筛即可。另外，可在根据各香辛料呈味特点及主要有效成分的基础上，对香辛料采取溶剂萃取、水溶性抽提、热油抽提等各种提取方式，在抽出有效成分后进行分离，选择包埋剂将香辛料精油及有效成分进行包埋，然后喷雾干燥。或采用吸附剂与香辛料精油混合，然后采用其他方法干燥。

粉状复合调味料可采用粉末的简单混合，也可在提取后熬制混合，经浓缩后喷雾干燥。其产品呈现出醇厚复杂的口感，可有效调整和改善食品的品质和风味。采用简单混合方法加工的粉状调味料不易混匀，在加工时要严格按混合原则加工。

2. 颗粒状复合调味料

经将各种原料粉碎、混合制粒、干燥、筛分可制成颗粒状复合调味料。颗粒状复合调味料包括定形颗粒和不定形颗粒。粉状复合调味料均可通过制粒成为颗粒状，如颗粒状鸡精。

3. 块状复合调味料

块状复合调味料，又称为汤块。块状调味料在欧洲、中东、非洲、南美洲等地区的消费较多。按口味不同可分为鸡味/鸡精味、牛肉味、鱼味、虾味、洋葱味、番茄味、胡椒味、咖喱味等。

4. 常见固态复合调味料

（1）鸡精调味料　以味精、食盐、鸡肉或鸡骨的粉末或其浓缩抽提物、呈味核苷酸二钠及其他辅料为原料，添加或不添加香辛料和（或）食用香料等增香剂，经混合、干燥加工而成的具有鸡鲜味和香味的复合调味料。其标准参见SB/T 10371—2003。鸡精产品更注重鲜味，所以味精含量较高。

（2）鸡粉调味料　以食盐、味精、鸡肉或鸡骨的粉末或其浓缩抽提物、呈味核苷酸二钠及其他辅料为原料，添加或不添加香辛料和（或）食用香料等增香剂，经加工而成的具有鸡的浓郁香味和鲜美滋味的复合调味料。其标准参见SB/T 10415—2007。鸡粉中味精含量很低，而天然鸡肉成分含量较高。

（3）牛肉粉调味料　以牛肉的粉末或其浓缩抽提物、味精、食盐及其他辅料为原料，添加或不添加香辛料和（或）食用香料等增香剂，经加工而成的具有牛肉鲜味和香味的复合调味料。

（4）排骨粉调味料　以猪排骨或猪肉的浓缩抽提物、味精、食盐和面粉为主要原料，添加香辛料、呈味核苷酸二钠等其他辅料，经混合干燥加工而成的具有排骨鲜味和香味的复合调味料。

（5）海鲜粉调味料　以海产鱼、虾、贝类的粉末或其浓缩抽提物、味精、食盐及其他辅料为原料，添加或不添加香辛料和（或）食用香料的增香剂，经加工而成的具有海鲜香味和鲜美滋味的复合调味料。

（6）其他固态复合调味料　如各种畜禽粉调味料、风味汤料、香辛料粉等。

（二）半固态复合调味料

以两种或两种以上的调味品为主要原料，添加或不添加辅料，经加工而成的呈半固态的复合调味料。根据所加增稠剂量不同，黏稠度不同，又可分为酱状和膏状。

酱状调味料包括各种复合调味酱，如风味酱、蛋黄酱、沙拉酱、芥末酱、虾酱；膏状调味料如各种肉香调味膏、麻辣香膏等。半固态调味料还包括火锅调料（底料和蘸料）。

常见的半固态复合调味料介绍如下。

1. 复合调味酱

以两种或两种以上的调味品为主要原料，添加或不添加其他辅料，经加工而成的呈酱状的复合调味料。

（1）风味酱　以肉类、鱼类、贝类、果蔬、植物油、香辛调味料、食品添加剂和其他辅料配合制成的具有某种风味的调味酱。

（2）沙拉酱　西式调味品，以植物油、酸性配料（食醋、酸味剂）等为主料，辅以变性淀粉、甜味剂、食盐、香料、乳化剂、增稠剂等配料，经混合搅拌、乳化均质制成的酸味半固体乳化调味酱。

（3）蛋黄酱　西式调味品，以植物油、酸性配料（食醋、酸味剂）、蛋黄为主料，辅以变性淀粉、甜味剂、食盐、香料、乳化剂、增稠剂等配料，经混合搅拌、乳化均质制成的酸味半固体乳化调味酱。

（4）其他复合调味酱　除风味酱、沙拉酱、蛋黄酱等以外的其他复合调味酱。

2. 火锅调味料

食用火锅时专用的复合调味料，包括火锅底料及火锅蘸料。

（1）火锅底料　以动植物油脂、辣椒、蔗糖、食盐、味精、香辛料、豆瓣酱等为主要原料，按一定配方和工艺加工制成的，用于调制火锅汤的调味料。

（2）火锅蘸料　以芝麻酱、腐乳、韭菜花、辣椒、食盐、味精和其他调味品混合配制加工制成，用于食用火锅时蘸食的调味料。

（三）液态复合调味料

以两种或两种以上的调味品为主要原料，添加或不添加其他辅料，经加工而成的呈液态的复合调味料。

1. 汁状复合调味料

汁状复合调味料是指以磨碎的鸡肉、鸡骨、鲍鱼、蚝或其浓缩抽提物以及其他辅料等为原料，添加或不添加香辛料和（或）食用香料等增香剂，经加工而成的具有浓郁鲜味和香味的汁状复合调味料。

汁状复合调味料包括鸡汁调味料、牛肉汁、鲍鱼汁、海鲜制品复合汁、卤肉汁、烧烤汁、香辛料调味汁、各种混合汤汁及糟卤等液态复合调味料。

2. 油状复合调味料

油状复合调味料（油、脂）包括蚝油、花椒油、芥末油、辣椒油、各种复合香辛料调味油（热油浸提法）、复合油树脂调味料及各种风味复合调味油，如香辣调味油、肉香味调味油、川味调味油等。

3. 常见的液态复合调味料

（1）鸡汁调味料　以磨碎的鸡肉、鸡骨或其浓缩抽提物以及其他辅料等为原料，添加或不添加香辛料和（或）食用香料等增香剂，经加工而成的具有鸡浓郁鲜味和香味的汁状复合调味料。

（2）糟卤　以稻米为原料制成黄酒糟，添加适量香料进行陈酿，制成香糟，然后萃取糟汁，添加黄酒、食盐等，经配制后过滤而成的汁液。

（3）其他液态复合调味料　除鸡汁调味料、糟卤等以外的其他液态复合调味料。如烧烤汁，以食盐、糖、味精、焦糖色和其他调味料为主要原料，辅以各种配料和食品添加剂制成的用于烧烤肉类、鱼类时腌制和烧烤后涂抹、蘸食所用的复合调味料。

第二节　固态复合调味料生产技术

一、粉状复合调味料的生产

粉状调味料在食品中的应用非常广泛，如分别用在速食方便面中的调味料、膨化食品中的调味粉、各种粉状香辛料和速食汤料等。粉状香辛调味料加工方法有以下三种：粗粉碎加工型、提取辛香成分吸附型、提取辛香成分喷雾干燥型，而粗粉碎加工是我国最古老的加工方法，即将香辛料精选→干燥→粉碎→过筛。这种加工方法辛香成分损失少、加工成本较低，但粉末细度不够，且加工时一些成分易氧化，产品易受微生物污染，尤其对那些加工后直接食用的粉末调味料，需采取一定手段杀菌如辐照等。另外，可根据各香辛料呈味特点和主要有效成分，对香辛料进行水溶性抽提、溶剂萃取、热油抽提等方式提取，然后分离有效成分，将香辛精油及有效成分用合适包埋剂进行包埋，最后喷雾干燥，或采用吸附剂和香辛精油混合，用其他方法进行干燥，所得产品呈现出的口感醇厚复杂，可有效改善和调整食品的品质与风味，且产品与简单混合的产品相比，卫生、安全。

由于采用简单混合方法加工粉状调味料不易混匀，所以在加工时要严格按混合原则进行。即混合的均匀度与各物质的相对密度、比例、粉碎度、颗粒大小和形状以及混合时间等因素有关。

配方中各原料，如果比例是等量的或相差不多的，则容易混匀；若比例相差较大时，则应采用"等量稀释法"进行逐步混合。具体方法：首先加入色深的、质量重的、量少的物质；其次加入等量的、量大的原料混合，再次逐渐加入等量的、量大的共同混合，直到加完混匀为止；最后过筛，检验达到均匀为止。

一般混合时间越长，越易达到均匀。在实际生产中，多采用搅拌混合兼过筛混合的一体设备。而所需的混合时间应取决于混合原料量的多少及使用机械设备的性能。

（一）粉状复合香辛调味料常规生产工艺流程

1. 粉状复合调味料生产工艺流程

主料：盐、精料、味精等

↓

原辅料预处理→精料混合→大料混合→振动筛→粉状复合调味料→检验包装

2. 工艺流程简介

（1）原料选择的原则　粉状复合调味料的种类很多，加工时所使用的原料种类涉及的面也较为广泛，有一定规模的调味品生产企业日常管理和使用的原料有很多种。每生产一种复合调味料，平均要使用十几种原料，所以要有足够的原料供加工选择。

设计一种复合调味料，如何选择和使用原料是首先要解决的问题。调味品技术人员在选择原料时，要考虑该原料与所设计的产品是否对路和成本问题，尽量使用低价原料，寻找能够代替高价原料的替代原料，如此就需要对每种原料的风味、特性、价格、生产厂家等有一个全面的了解。

设计一种理想的复合调味料，选择适当的原料，应考虑以下因素。

① 风味特点。要确定所制备复合调味料的风味特点，必须明确该调味品用于什么样的食品和使用方法。

② 掌握各种原料的特性。制备粉状复合调味料的原料可大致分为以下几类：粉状酱油、酱粉类；白糖、甜味剂类；鲜味剂类；食盐；牛、猪、鸡的提取汁类和酶解液类等的粉末料和颗粒料；鲣鱼粉、虾粉等风味剂；淀粉类增稠剂；抗氧化剂类等。在选择原料时，应尽量避免原料的重复使用。比如，糖类中白糖的口感最好，但用量大成本就高，可以用高甜度的甜味剂代替一部分白糖使用。鲜味剂中除了味精、核酸系调味品外，还有许多复合型鲜味剂，其中不仅含谷氨酸钠，而且含核酸物质，有的还含有机酸类。使用这类调味品，要根据呈味的强度要求合理添加。鸡肉、畜肉提取汁（膏）种类相当多，不仅味道、含盐量各不相同，而且用到产品中之后，产品的清亮浑浊程度也有差别。

若要生产清澈度高的产品，就不应使用浊度大的原料。再者选用淀粉类增稠剂时应注意，淀粉有生淀粉和化工淀粉（磷酸交联淀粉）之分，生淀粉黏度大、价格低，能适应一般需要，但化工淀粉在耐酸和稳定性方面优于生淀粉，应根据需要选择。

③ 成本因素。设计复合调味料时要考虑每种原料的单价，尽量选用低价原料。

（2）原辅料选用和预处理　采购和验收原辅料要按照生产配方要求、企业标准和国家标准进行，这是生产合格产品的一个关键工序。预处理过程是指对某些原辅料进行清洗→干燥→粉碎→过筛，为粉状复合调味料的生产提供合乎要求的原料；预处理过程也包括对一些新鲜物料进行清洗→打浆→酶解提取→过滤→浓缩处理，制备出一些天然提取物供加入粉状混合料中；还包括将一些液体香精料用 β-环状糊精和麦芽糊精固化为稳定的粉状香精料等。

（3）精料混合　通常先将一些精料或小料，如香辛料粉、肉类提取物、水解蛋白粉、鲜味增强剂、酵母抽提物、粉末香精、抗结剂及部分填充料先在小型搅拌器中混合均匀（混合时间一般为 15～30min），这样可提高粉状复合调味料的混合均匀度，缩短与主料的混合时间，提高设备利用率，有效降低电耗。

（4）大料混合　对于不使用液体原料（或用量低于 1%）的情况，可以采用大料混合。将主料（干燥粉状盐、味精、白砂糖、呈味核苷酸二钠等）混合3～5min，边搅拌边加入熔化好的油脂，再与混合好的精料、干燥剂（抗结剂）混合 15～20min，生产粉状复合调味料，过振动筛后即可得到成品。

（5）检验　需对生产出每批产品的外观、风味、水分等一些必检常规指标进行检验。

（6）包装　按照产品的包装规格要求进行分装，通常有各种规格的瓶装、罐装和复合袋装等形式。不论采用何种包装材料都必须保证具有良好的防潮、隔氧、阻光性能，且无毒、无污染。包装检验后，在外包装袋上打上生产日期和批次，装箱入库。

粉状复合调味料使用方便，便于携带、保存，但风味保存性较差。由于添加的油脂少，风味调配上有不可克服的缺陷，但因成本较低，生产工艺、设备简单，所以产品仍有不可替代性。

（二）粉状复合香辛调味料的生产方法

（1）原料选择　选用干燥、固有香气良好而无霉变的原料。香辛料常因产地不同而致香气成分及其含量产生差异，作为工业生产用料，供货产地力求稳定。

（2）原料处理　香辛料在采集、干燥、贮运等过程中难免有尘土、草屑等杂质混入。有时还会有掺假情况，为确保用料的纯正，投料前需经识别除伪、去杂和筛选。筛选后若还达不到要求，再用水清洗，但洗后应低温干燥后再使用。

（3）原料配比　香辛料种类繁多，配制复合调味料，就像中草药处方，应根据需要进行组合配伍。配料主要以使被调味食品适度增香、助味为依据，并在一定程度上能遮蔽被调味食品自身的异味。

下列香辛料能对数种异味（腥、膻、臭）起到遮蔽作用：花椒、芫荽、月桂叶、肉桂、多香果、小豆蔻、洋苏叶、肉豆蔻、丁香，可供配料参考。在原料短缺时，部分香辛料在主要成分上若相类似，可试行互相代用，例如小茴香与八角茴香、豆蔻与肉桂、丁香与多香果等。

（4）粉碎　将已配伍好的香辛料先粗磨，再细磨，细度为20～40目。医药机械厂生产的钢齿式磨粉机具有耗能低、粉碎较为均匀、粉尘少、体积小等优点，较适于使用。

（5）包装　已粉碎的香辛料搅拌均匀后即可包装。可用聚乙烯复合塑料作为包装材料，每小袋装5g，每10小袋套一外袋，外袋上标明包装法则所规定的项目。

复合香辛料能产生多重风味，因品种繁多、香型完全，并具有较强的保健功能，是一种很有开发前景的制品。我国规定，混合香辛调味料中食用淀粉≤10％，食盐≤5％，各种香辛料总和≥85％；作为调味粉，其中不得添加食用色素，并要求口味新鲜，具有特征性的调味作用。国际标准化组织（ISO）还规定，其含水量≤10％，粗纤维<15％，乙醚萃取不挥发性残渣<7.5％，精油≥0.4％，酸性溶解灰渣≤1％。

（三）粉状香辛料的生产实例

我国常用粉状香辛料制造工艺流程为：原料→分选→干燥→粉碎→筛分→香辛料粉末。

日本常见粉状香辛料生产工艺流程为：原料→选择→粉碎→杀菌→冷却（分离）→调和→充填→包装→成品。

1. 辣椒粉的加工

（1）辣椒粉的加工　辣椒粉的加工工艺简单，一般采摘立秋之后的红辣椒，采摘后放在自然条件下干燥，干燥后的含水量应≤6％，去蒂，然后用粉碎机粉碎，粉碎机筛网可设为40目或60目，将干红辣椒皮粗碎，可以增强制品的色彩；将种子粉碎，可增强制品的辛辣味和芳香；将粉碎后的辣椒粉密封包装即为成品。成品应避免吸湿。产品为大红色，粉末均匀。

若想降低辣椒粉的辣味，可加入山椒与陈皮同时磨碎使用，其他原料也可直接使用。此制品的辛辣味多为中等辛辣程度，辣椒粉的配合比例为50％～60％。

（2）杀菌辣椒粉的加工　辣椒粉的各加工环节一般污染较严重，有的辣椒

粉菌落总数达 $2×10^4$ 个/g。对辣椒粉的直接干烤，方法虽简单，但灭菌率不是很高，试验结果显示，菌落总数仍为 24743 个/g，故宜用湿灭菌法。湿灭菌法的优点在于辣椒粉的含水量增加使菌体蛋白质的含水量增加，易为热力所凝固，而加速细菌的死亡。蛋白质含水量为 6% 时，凝固温度为 145℃；含水量为 25% 时只需 74～80℃ 蛋白质即可凝固。

结果表明，辣椒粉（菌落总数 238339 个/g）经 100～110℃ 加热 2.5h 灭菌，干热灭菌率为 89.3%；辣椒粉中加入 30% 的水，经 100～110℃ 加热 2.5h 灭菌，灭菌率为 95.8%；辣椒粉中加入 30% 的水，经微波（100g、500W、20min）灭菌，灭菌率为 99.9%。在辣椒粉制成成品前，根据生产条件，应采取适当的方法灭菌来降低成品中细菌含量，以延长辣椒粉的保存时间。

据报道，用辐照法也可对干辣椒粉进行杀菌。辣椒粉一般可作为各种调味料的原料。

2. 胡椒粉的加工

胡椒有黑胡椒与白胡椒之分。黑胡椒又名黑川，白胡椒又名白川。通常制作胡椒粉，以干胡椒为原料，直接用万能粉碎机粉碎（也可研磨成粉末），可得到能通过 60 目或 80 目筛（通过更换筛网实现）的胡椒粉，粉碎应在干燥的环境中进行，以防产品吸湿。粉碎后的胡椒粉放置冷却 1～3h，经人工或机械包装即为成品。

胡椒粉在烹调饮食中，取其辛辣味来调味，有健胃、增加食欲作用。可用在面点、各色汤和某些炒菜中，并能解鱼、肉、鳖、蕈等食物毒，是家庭烹调常用调料。

白胡椒粉的原料为优质白胡椒，可加入各种汤（如胡辣汤）、馄饨、饺子馅、面条及肉制品中。常用作配制粉状复合调味料的原料。

3. 粉状复合香辛料的加工

（1）选用香辛料的要点

① 以芳香为主时，选用大茴香、肉桂、小茴香、芫荽、小豆蔻、丁香、多香果、莳萝、肉豆蔻、芹菜、紫苏叶、罗勒、芥子等香辛料为佳。

② 当要增进食欲时，选用辣味香辛料如姜、辣椒、胡椒、芥子、辣根、花椒等为主。

③ 要矫味、脱臭时，必须选用大蒜、月桂、葱类、紫苏叶、玫瑰、甘牛至、麝香草等香辛料。

④ 需要给食物着色时，选用姜黄、红辣椒、藏红花等香辛料。

⑤ 功能相同的香辛料，可相互替代使用，但主香成分具有显著特殊性的一些香辛料，如肉桂、小豆蔻、紫苏叶、芥子、芹菜、麝香草等，就不能用其他品种调换。

（2）使用香辛料的注意事项　人们根据实践经验得知，使用香辛料最重要的作用是对肉制品等增香、除臭、调味，归纳了香辛料的几个使用原则。

① 香辛料在香气、口味上各有突出，使用时应注意比例。

② 葱类、大蒜、姜、胡椒等有消除肉类特殊腥臭味，增加肉香风味的作用。大蒜和葱类并用，效果最好，且以葱味略盖过蒜味为佳。

③ 肉豆蔻、小豆蔻、多香果等使用范围很广，但用量过大会有涩味和苦味产生。月桂叶、肉桂等也可产生苦味。

④ 月桂叶、紫苏叶、丁香、芥子、麝香草、莳萝等适量使用，可提高制品整体风味效果，而用量过大会有药味。

⑤ 多种香辛料混合使用时，特别是混合香辛料产品，要进行熟化工艺，以使各种风味融合、协调。

⑥ 香辛料混合使用也会产生协同、消杀作用。实践证明两种以上混合使用时，效果更好，但紫苏叶一般表现为消杀作用，与其他香辛料混用时要谨慎。

⑦ 香辛料的杀菌问题很重要，现已有经辐照杀菌的粉末香辛料产品销售，也可煮沸杀菌。对于共同使用的一些可酶解的食品成分或调味料，要高温灭酶。

（3）复合香辛料的配制　香辛料单一使用，香气和口味较为单调、生硬、不协调，因此多数情况下，多种香辛料共同使用效果较为理想。人们研发了专用的复合香辛调味料（复合香辛），即将数种乃至数十种香辛料按一定比例混合，利用其特殊的混合香气。代表品种有中式五香粉、西餐用的咖喱粉、墨西哥的辣椒末和日式七味辣椒等。

咖喱粉是印度的传统调味料，已有2500多年的历史，是以姜黄、白胡椒、小茴香、八角、花椒、芫荽（香菜）子、桂皮、姜片、辣根、芹菜子等20多种香辛料混合研磨成粉状、各种风味统一、味香辣、色鲜黄的西式混合香料。主要用此调味料制备咖喱牛肉干、咖喱肉片、咖喱鸡等肉制品。

咖喱粉中能混合15～40种香辛料粉末，咖喱粉的混合比例不固定，人们对其配方研究、调查归纳的结果发现：咖喱粉的配料中香味为主的占40%；辣味为主的占20%；色调为主的占30%；另有10%的变化，由厂家自选，以便突出各自的特色。实际上，不断变换混合比例，可制出独具风格的各种咖喱粉。

以赋香为主的香辛料中常用茴香、八角、肉桂、芫荽、肉豆蔻、小豆蔻、藏茴香、胡卢巴、丁香、香旱芹、莳萝等，一定要同时使用4种以上，且达到26%以上。陈皮用量不宜超过18%。胡卢巴在各香辛料中起着和味、协调作用，尤其在强辣或中辣型高级咖喱粉中，它使多种香辛料的风味相互融合、协调。

以提供辣味为主的香辛料如生姜、辣椒、胡椒、芥末等，要同时使用两种，且达到26%以上。

姜黄是咖喱粉的特征色素，用量控制在30％以下。

实际上，咖喱粉产品趋于多样化，风味也发生了很大变化。但加入50％的芫荽、20％的胡椒和30％的姜黄制成的咖喱粉更接近原型，它已不是一般咖喱风味菜肴中使用的产品。现在的咖喱粉分为辣、中辣、微辣几个种类，按高、中、低列为几个级别。高级的香味复杂、风味别致，低级的味辣、单纯。微辣低级咖喱的香辛料构成简单，人为地强化某种香辛料的味道，用它做成的咖喱风味菜肴，风味极大众化。

咖喱粉末加工设备、配方及工艺如下。

① 主要设备。烘干设备、万能粉碎机、搅拌混合设备、万能磨碎机、包装机。

② 配方。咖喱粉的8种配方见表5-1。

表 5-1　咖喱粉的配方　　　　　　　　　　单位：％

原料名	配方1	配方2	配方3	配方4	配方5	配方6	配方7	配方8
芫荽	24	22	26	27	37	32	36	36
小豆蔻	12	12	12	5	5	—	—	—
孜然	10	10	10	8	8	10	10	10
胡卢巴	10	4	10	4	4	10	10	10
辣椒	1	6	6	4	4	2	5	2
茴香	2	2	2	2	2	4		
姜	—	7	7	4	4	—	5	2
丁香	4	2	2	2	2			
多香果				4	4		4	4
胡椒（白）	5	5	—	4	—	10		5
胡椒（黑）			5		4		5	
桂皮				4	4			
芥子（黄）							5	3
肉豆蔻干皮				2	2			
姜黄	32	30	20	30	20	32	20	28

注：配方1为印度型；配方2为印度型，辛辣（明色）；配方3为印度型，辛辣（晴色）；配方4为高级、辛辣适中（明色）；配方5为高级，辛辣适中（晴色）；配方6为中级，辛辣（晴色）；配方7为中级，适中（明色）；配方8为低级，适中（明色）。

③ 生产工艺流程。

各种原料→干燥→粉碎→配合→搅拌→焙干→熟化贮藏→筛分→包装→产品

④ 操作要点。烘干时咖喱粉的水分含量在5％～6％，配方中的每种原料

151

都应烘干，便于粉碎。将所用原料分别干燥，然后用粉碎机粉碎成粉末，对油性较大的原料可进行磨碎，有些原料通过炒制可增加香味，粉碎后可炒一下，然后过 60 目或 80 目筛。筛分后，于搅拌混合机中混合粉料。由于各种原料的密度和使用量不同，不易混合均匀，应采用等量稀释法进行逐步混合。然后放入密闭式锅中，在 100℃ 以下的温度焙干以防贮藏过程中变质，焙干后冷却，放入熟化罐中，熟化大约 6 个月，使之产生浓郁的芳香。熟化后进行筛分、包装，即得成品。应使用防潮、防氧化密闭金属罐或玻璃瓶进行包装。为了尽量避免氧化，也可进行充氮包装。

⑤ 质量标准。黄褐色粉末，无结块现象，辛辣柔和带甜，水分<6%。

⑥ 注意事项。应注意以下两点：各种原料要分清，严格按配方进行称取，每种原料粉碎后都要清扫粉碎设备。咖喱粉的质量与参配原料质量有关，而粉碎、焙炒、熟化等工艺过程对产品也有很大影响，上述工艺应严格按要求实施。生产辛辣味的原料是辣椒、胡椒、生姜、芥末，呈色原料为姜黄、陈皮、藏红花等，而小茴香、芫荽、小豆蔻、肉豆蔻、多香果、丁香、孜然等均为香气原料。根据这些特点，可自行调整配方。

五香粉是由多种香辛料配制而成，常用于中国菜肴的烹制，在世界上广为流传。常用茴香、花椒、肉桂、丁香、陈皮 5 种原料配制而成，香味突出、丰满、和谐。地区不同配方也有所差异（表 5-2）。

表 5-2　五香粉的配方　　　　　　　　　　　　　　　单位：%

香辛料	配方1	配方2	配方3	配方4	香辛料	配方1	配方2	配方3	配方4
花椒	18	25	12	—	阳春砂仁	—	—	22	—
桂皮	43	25	12	11	白豆蔻	—	—	12	—
八角	20	25	12	52	草果	—	—	18	10
茴香	8	25	—	—	山奈	—	—	—	7
陈皮	6	—	12	—	甘草	—	—	—	3
干姜	5	—	—	17	白胡椒				

在五香粉的基础上，研制出了麻辣粉、香辣粉和鲜辣粉等产品（表 5-3），带有麻辣、甜等多味，有的还带鲜味。这些都具有芳香、丰满的中国调料特征，在菜肴的烹调中被广泛使用。

表 5-3　香、麻、鲜混合香辛料的配方　　　　　　　　　单位：%

香辛料	辣椒	花椒	茴香	姜	肉桂	葱	蒜	干虾
香辣粉	89	0.5	2	4	0.5	4	—	—
麻辣粉	60	20	5	5	5	5	—	—
鲜辣粉	78	0.5	0.3	5	0.2	2	4	10

加工时是将所配各种香辛料粉碎、混合均匀而成，也有的是先混合再粉碎，粉碎后过60～80目筛，包装即制成五香粉产品。

五香粉主要用于食品烹调和加工，可适用于蒸鸡、鸭、鱼肉，制作香肠、灌肠、腊肠、火腿、调制馅类和腌制各种五香酱菜及各种风味食品。

① 主要生产设备。粉碎机、筛网、粉料包装机。

② 工艺流程。

香辛料→粉碎→过筛→混合→计量包装→成品

③ 操作要点。将各种香辛料分别用粉碎机粉碎，过60～80目筛网。按配方准确称量投料，混合拌匀。50g为一袋，采用塑料袋包装。用封口机封口，谨防吸湿。

④ 质量标准。均匀一致的棕色粉末，香味纯正，无杂质，无结块现象。细菌总数≤$5×10^4$cfu/g；大肠菌群≤40MPN/100g；致病菌不得检出。

⑤ 注意事项。应注意以下几点。

各种原料必须事先检验，无霉变，符合该原料的卫生指标。

产品的水分含量要控制在5％以下。如发现产品水分超过标准，必须干燥后再分袋；若原料本身含水量超标，也可先将原料烘干后再粉碎。

生产时也可将原料先按配方称量后混合，再进行粉碎、过筛、分装，但不论是按哪一种工艺生产，都必须准确称量、复核使产品风味一致。

如产品卫生指标不合格，应采用微波杀菌干燥后再包装。

二、颗粒状复合调味料的生产

颗粒状复合调味料在食品中的应用非常广泛，如分别用在速食方便面中的调味料和速食汤料等。颗粒状香辛调味料加工方法通常为粗粉碎加工型等。具体加工方法参照粉状复合香辛调味料一般加工程序。

（一）颗粒状复合调味料生产工艺流程

1. 生产工艺流程

主料：盐、精料、味精等　浓缩酱状料或水

原辅料预处理→精料混合→大料混合→造粒→沸腾干燥床→颗粒状复合调味料→检验包装

2. 工艺流程简介

类同粉状复合调味料的工艺流程。

（1）原辅料选用和预处理　参照粉状复合调味料的原辅料选用和预处理。

生产颗粒状复合调味料时，精料、大料混合结束后，边搅拌边加入浓缩处理好的酱状抽提物或少量水（物料含水量应为13％左右），混合（5～10min）

均匀后，经造粒机造粒，干燥工艺（如沸腾干燥床中）连续干燥，当水分低于6%～8%时，用振动筛过筛，冷却，包装。

（2）检验　需对生产出的每批产品外观、风味、水分等一些必检常规指标进行检验。

（3）包装　按照产品的包装规格要求进行分装，通常有各种规格的瓶装、罐装和复合袋装等形式。不论采用何种包装材料都必须保证良好的防潮、隔氧、阻光性能。包装检验后，在外包装打上生产日期和批次，装箱入库。

（二）颗粒状复合调味料的生产方法

颗粒状复合调味料的生产工艺路线与粉末状的不同之处是在原辅料经过初步混合后，要加入一定量的水或浓缩处理好的酱状抽提物调配成乳状液，通过二次干燥成形。

乳状液杀菌采用瞬时灭菌，即在15s内加热乳液到148℃，然后立即冷却，装入消毒过的贮罐内，可采用三效真空浓缩装置浓缩消毒后的乳状液，再用喷雾干燥法使产品水分含量降至6%。采用此方法生产的颗粒调味料速溶性好，但设备成本较高。

颗粒状复合调味料也可采用较为简易的方法生产。将混合后的原辅料加水调成乳液，杀菌后加入淀粉或大豆蛋白质等作为填充物，调节至合适的含水量，经造粒机造粒，于真空干燥箱中脱水至6%～7%。此方法设备投资少、运行费用低，但产品的速溶性不是很理想。

另外，还有一种颗粒调味料，是指各种脱水菜、肉的混合料包。

（三）颗粒状复合调味料的生产实例

近年来，鸡精在调味品市场发展速度很快，作为新一代增鲜调味品以其诱人的香气和独特的风味迅速占领了调味品市场，受到广大消费者的喜爱。鸡精从外观上可分为粉末鸡精和颗粒鸡精。粉末鸡精前面的内容已经述及，下面着重介绍一下颗粒鸡精的生产。

1. 主要设备

粉碎机、混合机、烘干灭菌设备一套、造粒机一台。

2. 颗粒鸡精配方

碘盐粉剂30kg，白胡椒粉0.2kg，白砂糖粉10kg，春发鸡肉精油（8523）0.5kg，味精粉20kg，呈味核苷酸二钠1kg，8413型春发鸡肉膏状香精2kg，淀粉5kg，麦芽糊精9.3kg，天然鸡肉粉12kg，蛋黄粉10kg。

3. 工艺流程

部分原料→粉碎→过筛
原料处理→称量→混合→造粒→烘干→包装→颗粒

4. 操作要点

① 先将配方中的白胡椒、碘盐、砂糖、味精用粉碎机分别粉碎为 60 目的粉末，备用。

② 将味精粉、呈味核苷酸二钠、白胡椒粉、淀粉、麦芽糊精、蛋黄粉、鸡肉粉、碘盐粉，砂糖粉投入混合机，拌和 15min，至物料混合均匀即可；再投入鸡肉精油拌和 30min，立即投入造粒机，选用 15 目的造粒筛网造粒；造好的颗粒马上投入烘房烘干，烘房温度控制在 70℃，烘干 4h。烘干时采用地面送风设备，使烘房内的水蒸气迅速排出、湿度降低，烘干后推出烘房，立刻密封包装，以免吸潮。

③ 颗粒鸡精的包装以用内衬铝箔的塑料袋或密闭条件良好的镀锌桶包装较好，这两种包装能有效阻隔环境中的水分和空气透入，有效保证成品在保质期内的质量。

5. 质量标准

水分≤6％，盐含量<35％。

6. 注意事项

鸡精的鲜味饱满、浓厚且持久，具有炖煮鸡的风味，这些特点迎合了我国大众的饮食口味。为了使鸡精产品具有良好的风味，可加入春发鸡肉精油（8523）提供炖煮鸡的特征香气；加入膏状香精来弥补和强化鸡精的口味。春发鸡肉精油（8523）是以天然鸡脂肪为原料，加入氨基酸和还原糖进行美拉德反应而制备的具有浓郁鸡肉特征香气的香精产品；春发鸡肉膏状香精 8413 是以鸡肉为原料，采用酶解技术和美拉德反应制备的具有鸡肉特征口味的香精。它们在鸡精中用量虽少，但却对鸡精的整体风味起着关键的作用，既可补充鸡精中原有风味的不足，又能稳定和辅助鸡精中固有的风味。

三、块状复合调味料的生产

块状复合调味料通常选用新鲜鸡、牛肉、海鲜经高温高压提取、浓缩、生物酶解、美拉德反应等现代食品加工技术精制而成。由于消费习惯的不同，块状调味料是国外风味型复合汤料中的一种产品形式，重点消费地区为欧洲、中东、非洲，而在我国尚处于起步阶段，预期将会有较广阔的市场前景。块状复合调味料相对粉状复合调味料来说，具有携带和使用更为方便、真实感更强等优点。

块状复合调味料风味的好坏，很大程度上取决于所选用的原辅料品质及其用量，选择适合不同风味的原材料和确定最佳用量基本包括三个方面的工作，即原辅料选择，调味原理的灵活运用和掌握，以及不同风格风味的确定、试制、调制和生产。

（一）块状复合调味料的生产工艺流程

1. 生产工艺流程

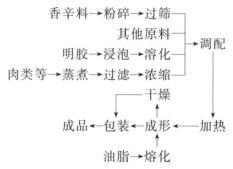

2. 工艺流程简介

（1）基本原料 块状调味料常用的基本原料有香辛料、各种肉类、水产品、蔬菜、甜味剂、咸味剂和鲜味剂等，这里主要介绍肉类。

（2）原料处理 制作不同品种的调味料，在使用香辛料时也有所不同，如鸡肉类应采用有脱臭效果和可增进食欲的香辛料；牛肉、猪肉适合使用各种脱臭、芳香、有增进食欲效果的香辛料。各种肉类、水产品和蔬菜等，具有丰富的天然味道，协同香辛料产生诱人的主体香味，能增强调味料风味的真实性和营养性。

① 香辛料的处理。粉碎香辛粉加工简单，对设备要求不高。目前国内使用香辛料的主流仍是以传统的粉末状为主，将其直接用于制作复合调味料。

② 肉类的处理。肉类属于动物性原料，在进入成品配制车间前须先进行预处理，主要处理内容为精选、破碎、提取、精制和浓缩。

a. 前处理。原料肉拣选后加入 3 倍的清水，浸泡 3h，使血水溶出。然后，清洗干净，沥去表面水分，切成小块备用。原料骨要先清洗，再破碎。接着热烫 1 次，即 100℃水中加热 2min，立即捞出。经过热烫，可以除去肉类腥味和一部分浮沫。

b. 热水浸提分离。采用蒸汽夹层锅，将原料与水按质量比 1∶（2～3）的比例混合，煮数小时。在煮制时，应先将肉汤煮沸，然后使之处于微沸的状态，蒸汽压力保持在 0.1～0.2MPa。有些肉类的腥气比较重，可加入鼠尾草、生姜等香辛料，以抑制腥臭味。浸提一般在常压下进行，也可在加压条件下进行。加压浸提，可减缓浸出液中脂肪的氧化酸败速度。原料的提取率与浸提的压力没有明显的关系，而与加热的时间成正比。加热时间越长，提取率越高。若想达到理想的提取率，可在煮制 1～2h 后进行一次粗过滤，在滤出的固形物中加入清水，调整固液比例，进行二次加热浸提，时间为 1h 左右。浸提完毕后，合并两次提出的肉汤，再进行过滤。

　　c. 过滤。经过热水浸提 1h 后，原料肉减重 40％左右。溶出的肉汤中含有水溶性浸出物、蛋白质和部分脂肪。由于肉汤中过多的脂肪会导致产品在贮运过程中发生氧化变质。所以，在加热浸提后，一般采取分离的方法除去。水溶性浸出物是肉汤呈味的主要成分，蛋白质部分分解得到的肽类能增加其呈味的醇厚感。

　　热水提取工序结束后，先趁热用较粗的滤网，将肉汤中残余的肉、骨滤出，这一步工序称为粗滤。粗滤后的滤液一般使用卧式离心机，分离出脂肪和残渣。由于动物脂肪的熔点较高，温度下降会引起黏度增大，增加过滤和分离的困难，所以分离过程要保持 0℃以上的温度。有些产品对于提取物的澄清度要求比较高，在分离后又增加了精细过滤工序。精细过滤可以采用硅藻土过滤，也可考虑使用压滤机过滤。

　　d. 不溶性物质加酶分解。粗滤后剩余的肉、骨和离心机分离出的固体残渣，一般要占原料质量的 30％以上。若将这些不溶性物质直接弃去，会降低原料的利用率。这些残渣中含有丰富的蛋白质，可采用加酶分解的方法，水解产生可溶性物质，这种方法又称为二次浸出法。

　　动物蛋白质具有紧密的立体结构，不利于酶的水解。然而，经热水浸提后，剩余原料的蛋白质构象发生了变化。蛋白质变性，使得维系原构象的弱键断裂，原先分子内部的非极性基团暴露到分子表面，使水解部位增加，因此有利于酶解。为提高酶解效率，先将剩余的不溶性骨、肉残渣进行磨浆，加水调整底物浓度在 10％左右。酶解时，采用木瓜蛋白酶、中性蛋白酶和碱性蛋白酶等内切酶水解 3h，再用含有内切酶和端粒酶的复合酶水解，总的水解时间为 10～13h。水解完成后，钝化酶，分离出残渣，得到二次浸出液。二次浸出液中含有大量小分子肽和氨基酸，对肉汤可起到增鲜的作用。

　　e. 真空浓缩。将热水浸出的汤汁与二次浸出液混合后，浸出物的浓度一般在 5％左右。要制成浓度为 40％左右的液体产品，必须经过浓缩。肉类提取物产品富含挥发性香味成分，如果采用常压加热浓缩，这些香味成分会随水蒸气逸出，造成损失。所以，肉类浸出物的浓缩常采用常温或低温浓缩法。真空浓缩是目前较为普遍使用的手段。

　　采用单效薄膜或双效薄膜浓缩设备将精制液浓缩至固形物含量 50％～80％，得酱状物。浓缩物中含有大量的可溶性蛋白质、寡肽类、游离氨基酸、核苷酸和由核酸分解出的碱性物质。在特定条件下，通过使有损于精制液风味的呈味物质（主要指碱性氨基酸、碱基和苦味肽）与呈味核酸结合成一种氯化氨基酸，可使所有的苦味、涩味和不愉快的臭味得到消除或缓解，或使之变成良好的香味和呈味成分，通过这样处理可生产出非常浓厚味美的抽提物。

　　③ 蔬菜的处理。原料蔬菜要先清洗干净，热水漂烫使酶失活并保持其原有色泽在加工中不发生变化。将原料切片后，真空冷冻干燥。在冷冻过程中，

蔬菜要在 $-40 \sim -30℃$ 的温度下，迅速通过其最大冰晶区域，在 $6 \sim 25min$ 以内使平均温度达到 $-18℃$。这样可以避免在细胞之间生成大的冰晶体，减少在干燥过程中对细胞组织的破坏。将已冻结的蔬菜放入干燥室，使蔬菜内的冰晶，从固态升华为水蒸气并完全逸出。真空冷冻干燥最大限度地保存了蔬菜的色泽和营养成分。干燥后的蔬菜，形成多孔的组织结构，能够达到快速复水的目的。

（3）块状复合调味料的生成

① 液体原料的热混。肉汁等液体原料放入锅中，然后加入蛋白质水解物、酵母浸膏和其他液体或酱状料，加热熔化混合。

② 明胶水溶液的制备。将明胶用适量温水浸泡一段时间，使其吸水润涨，再用间接热源加热搅拌溶化，制成明胶水溶液。

③ 混料。在保温的条件下，将明胶水溶液加入肉汁等液体原料中搅拌均匀，再加入白糖、粉末蔬菜等原料，混合均匀后停止加热。

④ 调味。将香辛料、食盐、味精、呈味核苷酸二钠、香精等加入混合均匀。

⑤ 成形、干燥、包装。原料全部混合均匀后即可送入标准成形模具内压制成形，为立方形或锭状，通常一块质量为 4g，可冲制 180mL 汤。根据产品原料和质量特点选择适当的干燥工艺，将其干燥至水分含量为 45% 左右。每块或每锭为小包装，用保湿材料作包装物，然后再用盒或袋进行大包装。

（二）块状复合调味料的生产方法

1. 原辅料工艺的确定

由于所用原料类型多、种类多，要针对不同的原料采用不同的预处理工艺，标准是保证产品的质量。特别是蔬菜和香辛料，要认真挑选，择优选用，香辛料要严格控制水分和杂质含量。根据工艺要求进行必要的粉碎，也可选用粉碎原料。

2. 产品均匀度的控制

由于块状复合调味料使用液体原料、粉状原料、块状原料等，而且有些粉状原料、块状原料可能不能完全溶解，这样对其均匀度的要求就比较重要，否则产品质量差距太大。解决此问题的关键是调整液体原料至合适的黏稠度、控制粉状原料的颗粒度、确定和控制生产过程（特别是成形过程）中的搅拌工艺。

3. 产品卫生指标的控制

尽管采用了热处理工艺，可以在一定程度上控制生产过程中微生物的生长、繁殖，但热处理的强度受所用原料被微生物污染程度和风味受热影响的制约。因此，首先要保证原料的微生物指标合格；其次，要严格生产过程的卫生管理，尽可能采用极限工艺条件，减少和抑制微生物的污染和繁殖。必要时可对最终产品进行辐照杀菌。

（三）块状复合调味料的生产实例

1. 牛肉、鸡肉汤块的生产

（1）配方（表5-4、表5-5）

表5-4　牛肉汤块配方

原辅料名	配比/%	原辅料名	配比/%	原辅料名	配比/%
食盐	49.9	牛油	5	胡萝卜粉	0.8
味精	8	氢化植物油	4	大蒜粉	0.54
砂糖粉	10	明胶粉	1	胡椒粉	0.08
水解植物蛋白液粉	10	呈味核苷酸二钠	0.5	洋苏叶粉	0.04
浓缩牛肉汁	10	粉末牛肉香精	0.1	百里香粉	0.04

表5-5　鸡肉汤块配方

原辅料名	配比/%	原辅料名	配比/%	原辅料名	配比/%
食盐	35	鸡油	3	胡萝卜粉	0.5
味精	15	氢化植物油	6	大蒜粉	0.2
砂糖粉	14	明胶粉	1	胡椒粉	0.7
酵母抽提物	6	呈味核苷酸二钠	0.1	五香粉	0.1
浓缩鸡肉汁	10	粉末鸡肉香精	0.1	咖喱粉	0.1
水解植物蛋白液粉	5.2	乳糖粉	1	洋葱粉	2

（2）操作要点

① 液体原料的加热。将混合牛肉汁或鸡肉汁等放入锅内，然后加入蛋白质水解物、酵母与（或）氨基酸，加热混合。

② 明胶等的混合。将明胶用适量水浸泡一段时间，加热溶化后，边搅拌边加入牛肉汁或鸡肉汁锅内，再加入白糖、粉末蔬菜，混合均匀后停止加热。

③ 香辛料的混合。香辛料、食盐、粉末香精等混合均匀。

④ 成形、包装。混合均匀后即可进行成形，为立方形或锭状，经低温干燥，即可包装。一块重4g，可冲制180mL汤。

2. 官庄香辣块的生产

官庄香辣块是由辣椒、白芝麻、黄豆等原料加工而成的中档调味料。其大体配方如下：辣椒50%～60%、黄豆15%、芝麻15%、优质酱油5%～10%、食盐5%～10%。

（1）原辅料挑选及预处理

① 选择优质辣椒。根据含水量不超过 16％、杂质不超过 1％、不成熟椒不超过 1％、黄白椒不超过 3％、破损椒不超过 7％的要求，精心挑选，去除杂质和不合乎标准的劣椒。

② 加工辣椒粉。首先将符合标准的辣椒送入粉碎机，进行粗加工，粉碎机的筛孔大小为 6～8mm，然后送入小钢磨进行磨粉，磨出的辣椒要求色泽正常，粗细均匀（50～60 目），不带杂质，含水量不超过 14％。

③ 选择优质白芝麻和黄豆。除去混在白芝麻和黄豆中的沙粒和小石子等杂质，拣出霉烂和虫蛀的芝麻及黄豆，取出夹带在原料中的黑豆和黑芝麻，以保证色泽纯正。

（2）操作要点

① 熟制。炒熟黄豆注意掌握火候，保证黄豆的颜色为黄棕色，不变黑，炒出香味，可磨成 50～60 目的黄豆粉。炒白芝麻时，将白芝麻炒至浅黄色有香味时为止，切忌炒过火变黑，然后碾成碎末。

② 调制。将配比好的三种主要原料送至搅拌机，混合均匀，然后加入精制食盐、胡椒等调料，并用优质酱油调制成香辣椒湿料。

③ 成形。将调制好的香辣椒湿料称好质量，送入标准成形模具内，然后用压力机压制成 45mm×20mm 的香辣块。

④ 烘烤。将压制成形的香辣块送入隧道式远红外烘烤炉烘烤，注意调节烤炉炉温和香辣块在烤炉中的运行速度，确保香辣块的色泽鲜艳，烘烤后的香辣块每块重约 25g。

⑤ 包装。经过烘烤的香辣块先用透明玻璃纸封装，然后按 250g 和 500g 两种规格分别装入特制的包装盒，入库保存。官庄香辣块不仅保留了代县辣椒的特色，而且具有色泽鲜艳、香味扑鼻、辣味浓厚等特色，是宾馆、饭店和家庭烹调菜肴的优质调味料。

第三节　半固态复合调味料的生产

半固态复合调味料是以两种或两种以上的调味品为主要原料，添加或不添加辅料加工而成的，呈半固态的复合调味料。根据所加增稠剂量及黏稠度的不同，又可分为酱状复合调味料和膏状复合调味料。

一、酱状复合调味料的生产

（一）酱状复合调味料简介

酱状复合调味料是以花生酱、豆酱和甜面酱等为基础原料，辅以各种香辛料及瓜果、蔬菜、海鲜、肉类、食用菌等辅料，经提取、过滤处理，或通过磨浆、榨汁处理，然后进行加热调配、过胶体磨等均质处理，灌装、封口等工序精制加工而成。

酱状复合调味料具有风味独特、花色品种多、携带使用方便、营养成分丰富等特点，越来越受到广大消费者的喜好，已成为餐馆、家庭和旅游的佐餐佳品。根据加工工艺不同可分为发酵型复合调味料和调制型复合调味料。此外还有蛋黄酱、色拉酱和沙司类等，每一种都有许多产品上市。

已经开发的发酵型复合调味料包括蘑菇面酱、西瓜豆瓣酱、豆瓣辣酱、西瓜辣豆酱、海带豆瓣辣酱、蒲公英蚕豆辣酱、果味辣椒酱、纯天然辣味复合酱、草菇姜味辣酱、黑麦仁香菇营养酱、保健复合型橘皮酱、扇贝酱、平菇风味芝麻酱、风味金针菇酱和绿豆酱等。

调制型复合调味料主要种类有辣酱、海鲜风味酱、肉酱、花生酱、芝麻酱、瓜果蔬菜酱及其他调制酱类。辣酱类产品有辣椒酱、新型辣椒酱、浓缩辣椒酱、辣油椒酱罐头、贵州辣椒酱、海鲜辣椒酱、蘑菇麻辣酱、香菇蒜蓉酱、麻油蒜酱、榨菜香辣酱、辣根调味酱等。海鲜风味酱类产品有海鲜辣椒酱、调味虾头酱、海带花生营养调味酱、海带蒜蓉酱、海带蒜蓉营养酱等。肉酱类产品有泡椒牛肉酱、复合型麻辣牛肉酱、辣椒牛肉酱、软包装香辣牛肉酱等。

沙司类调味料有番茄沙司、辣椒沙司、果蓉沙司、芥末沙司等。

（二）发酵型复合调味料

发酵型复合调味料的生产工艺：辅料预处理→调配→发酵、成熟→灭菌处理→成品。但由于不同产品所用原料不同，其生产工艺也稍有差别。下面对一些常见产品的生产工艺进行简单介绍。

1. 蘑菇面酱

（1）原料配方　蘑菇下脚料（次菇、碎菇、菇脚、菇屑等）30kg、面粉100kg、食盐3.5kg、五香粉0.2kg、柠檬酸0.3kg、苯甲酸钠0.3kg、水30kg、甜味剂少许。

（2）工艺流程

和面→制曲→制蘑菇液→制酱醅→制面酱→成品

（3）操作要点

① 和面。用面粉100kg，加水30kg，拌和均匀，使其呈细长条形或蚕豆大的颗粒，然后放入煎锅内进行蒸煮。其标准是面糕呈玉色、不粘牙、有甜味，冷却至25℃时接种。

② 制曲。将面糕接种后，及时放入曲池或曲盘中进行培养，培养温度为38～42℃，成熟后即为面糕曲。

③ 制蘑菇液。将蘑菇下脚料去除杂质、泥沙，加入一定量的食盐，煮沸

30min 后冷却，再过滤备用。

④ 制酱醅。把面糕曲送入发酵缸内，用经过消毒的棒耙平，自然升温，并从面层缓慢注入 14°Bé 的菇汁及温水，用量为面糕的 100%，同时将面层压实，加入酱胶，缸口盖严保温发酵。发酵时温度维持在 53～55℃，2d 后搅拌 1 次，以后每天搅拌 1 次，4～5d 后糖化，8～10d 即为成熟的酱醅。

⑤ 制面酱。将成熟的酱醅磨细过筛，同时通入蒸汽，升温到 60～70℃，再加入 300mL 溶解的五香粉、甜味剂、柠檬酸，最后加入苯甲酸钠，搅拌均匀即成蘑菇面酱。

2. 草菇姜味辣酱

（1）原料配方　基本配料：草菇 10kg、辣椒 50kg、生姜 25kg、大蒜 5kg，下列辅料分别占上述基本配料的质量分数为白糖 1.2%、氯化钙 0.05%、精盐 13%、白酒 1%、豆豉 3%、亚硫酸钠 0.1%、苯甲酸钠 0.05%。

（2）工艺流程
各种原辅料处理→拌匀→装瓶（坛）→密封发酵→包装→成品

（3）操作要点

① 草菇的处理。若用鲜草菇，除杂后用 5% 的沸腾盐水煮 8min 左右，捞出冷却，把草菇切成黄豆粒般大小的菇丁备用；若用干品则需浸泡 1～2h，用 5% 沸腾盐水煮至熟透，捞出冷却，切成黄豆粒般大小的菇丁备用。

② 辣椒的处理。选用晴天采收的无病、无霉烂、不变质、自然成熟、色泽红艳的牛角椒，洗净晾干表面水分，然后剪去辣椒柄，剁成大米粒般大小备用。如果清洗前将辣椒柄剪去，清水会进入辣椒内部，使制成的产品香气减弱，而且味淡。

③ 生姜的处理。选取新鲜、肥壮的黄心嫩姜，剔去碎、坏姜，洗净并晾干表面水分，剁成豆豉般大小备用。

④ 大蒜的处理。把大蒜头分瓣，剥去外衣，洗干净后晾干表面水分，制成泥状备用。

⑤ 混合。将各种主料、辅料、添加剂按原料配方比例充分混合均匀。

⑥ 装坛。将上述混合好的各种原料置于坛中，压实、密封。

⑦ 发酵。将坛置于通风干燥阴凉处，让酱醅在坛中自然发酵，每天要检查坛子的密封情况，一般自然发酵 8～12d 酱醅即成熟，可打开检查成品质量，经过检验合格即可进行包装作为成品出售。

原料装坛时一定要压紧、压实、压平，目的是驱除坛内的空气，营造厌氧发酵条件。发酵过程不可随意打开坛口，以免氧气进入，若酱长时间暴露在空气中，会发生或促进氧化变色，使酱变黑。同时在有氧气存在的条件下，会出现有害微生物如丁酸菌、有害酵母菌、腐败细菌的活动，这些有害微生物不但消耗制品中的营养成分，还会生成吲哚，产生臭气，使产品发黏、变软，从而降低酱的品质，乃至失去食用价值。

（三）调制型复合调味料

1. 调制型复合调味料生产工艺

调制型复合调味料的通用生产工艺流程为：

辅料预处理→加热调配→调入香料→均质处理→检验→灌装→封口→灭菌→冷却→成品

不同风味的调制酱在生产工艺上有所不同，特别是在辅料预处理工序和灭菌工序。盐含量较高的调制酱，采用灌装前加热调配、趁热灌装封口的杀菌方式；而盐含量较低且营养丰富的调制酱，则一定要在灌装封口后再杀菌。

（1）常用辅料及其处理方法

① 芝麻。除去杂质后，放入清水中清洗后捞入筐内控去浮水，用微火进行炒焙，要求香气充足、无焦苦味。

② 花生仁。除去杂质后，用微火进行炒焙然后去掉红衣，要求香气充足、无焦苦味。

③ 花椒。选用川花椒，用微火炒焙到熟，要求无焦煳味，然后用小钢磨碎成粉即可。

④ 肉类及其制品。肉类及其制品包括猪肉、牛肉、鸡肉、兔肉、香肠及火腿等。应选择新鲜且质量优良的肉制品。新鲜肉应洗净，若用干肉，则浸水发胀后洗净，然后蒸熟，再切成大小约 $1cm^3$ 的肉丁，最后加工成五香肉类。若用香肠，应将香肠洗净蒸熟，再切成薄片。若用火腿，应将火腿洗净，先切成大块蒸熟，然后去皮去骨，最后切成大小约 1cm 的肉丁。

⑤ 虾米。将小虾用水淘洗，去掉皮骨及碎屑，再洒入少量水，让它吸水后变软备用。如果用大虾，则先切成小段，然后再渐渐洒水使组织变软备用。

（2）配料 豆瓣酱磨碎后（有些产品直接用豆瓣酱）加入面酱、芝麻、花生、肉类、水产品、花椒粉、辣椒糊等及其他调味料，可以配制出各种不同的品种。可根据各地消费者的习惯及喜好来决定配制酱的风味特色。比如喜欢甜的可以多加些甜面酱及白糖；喜欢鲜味的可以多加些鲜味剂或味精；喜欢辣味浓的多加辣椒糊；要麻辣的可多加些花椒粉及辣椒糊等。但必须注意的是当一个品种的配方确定以后，应严格掌握用料，而不可任意改变。否则不能保证产品质量稳定和一致。

（3）成品加工 各种花色酱在配制过程中，都是从加热开始的，首先将油、佐料及不同辅料分层次加入夹层锅内进行煸炒，这样可以通过加热使原辅料中所存在的微生物和酶停止作用，以防止产品再发酵或发霉变质。煸炒灭菌，温度为 85℃以上，维持 10～20min，同时添加防腐剂苯甲酸钠 0.1% 或山梨酸钾 0.01%。

花色酱中有肉类和水产品，不易分装均匀，因此装瓶时应先将肉类和水产品定量分装于瓶内，再将煸炒好的酱入瓶拌匀。

（4）包装　成品酱一般采用玻璃瓶包装，玻璃瓶容积一般为250～350g。目前也有很多生产厂家采用塑料盒包装，以便于流水线生产。

玻璃瓶在清水中洗净，达到内外清洁透明的程度，倒置于箩筐中沥干，在蒸汽灭菌箱内以直接蒸汽灭菌后，才可把经过热灭菌的酱品降温后装入瓶中。装瓶时酱品温度不得低于70℃，装瓶至瓶颈部，每瓶面层加入香油6.5g，然后加盖旋紧。盖内垫一层蜡纸板或盖内注塑，以免香油渗出。最后粘贴商标，经装箱或扎包后即可出厂。

瓶装辣酱面层封口用的香油应加入0.1％的苯甲酸钠作为防腐剂。苯甲酸钠能溶于香油中，但要加热至80～85℃，以达到防止发霉及变质的目的。

2. 辣酱生产实例

（1）贵州辣椒酱　本品是以新鲜、色泽鲜红、无虫害、无霉烂、肉质厚实，加工后所得产品皮肉不分离的红辣椒为原料，经科学加工而成。

① 原料配方。鲜辣椒100kg、白酒5kg、食盐12kg、保鲜剂50kg、白糖8kg、姜和蒜各2.5kg、味精0.75kg。

② 工艺流程。

红辣椒→挑选→清洗→风干→粉碎→加调料→搅拌→密封→包装→成品

③ 操作要点。

原料挑选及清洗：该产品是用生料进行微生物发酵的产品，所用原料要求新鲜。对选择好的原料用清水进行清洗，同时设备也要清洗干净。

风干、粉碎：将清洗后的原料风干，然后利用粉碎机进行粉碎。将大蒜、生姜清洗后，风干、绞碎备用。

加调料、搅拌：将粉碎好的辣椒、蒜泥、姜蓉倒入搅拌锅中，加入其他辅料搅拌均匀。

（2）四川麻婆豆腐调味酱

① 原料配方。

郫县豆瓣：辣椒粉：花椒粉：豆豉：姜：酱油：味精：胡椒粉=15：7：3：14：3：10：3：0.75。

② 工艺流程。

郫县豆瓣→打浆→热油搅拌→配料→均质→装瓶→杀菌→冷却→成品

③ 操作要点。

原料处理：对于采用的各种辅料要进行适当的处理。辣椒、花椒、胡椒要分别进行干燥和粉碎。姜要先用清水洗净，然后再捣成泥状。

打浆：将郫县豆瓣打成泥状。将一定量150℃的热油缓慢地倒入豆瓣中，不断搅拌以使其充分混合均匀。

配料：按照配方要求的比例，将打浆后的豆瓣和经过处理的各种辅料充分混合均匀。

均质：将充分混合均匀的酱料送入胶体磨中进行均质处理。

装瓶、杀菌：将经过均质的酱料装入事先经过杀菌处理的玻璃瓶中，上盖 5mm 厚的芝麻油作封面油，然后进行杀菌处理，温度为 121℃、时间 5～10min。杀菌结束后经过冷却即为成品。

二、膏状复合调味料的生产

最常见的膏状复合调味料有膏状肉味香精、方便面调味酱包及火锅底料。膏状肉味香精风味类型包括鸡肉味、牛肉味、猪肉味、羊肉味和海鲜味等，方便面调味酱包风味有牛肉味、羊肉味、大米风味等，火锅底料有红汤火锅、白汤火锅、三鲜火锅等。另外还研制成功了馅用膏状复合调味料和膏状腐乳等。

（一）膏状肉味香精

目前市场上的肉味香精主要有鸡肉味、猪肉味、牛肉味、鱼肉味、虾肉味等。肉味香精在加工食品方面可用于方便面、调味汁（酱）、肉制品等；在餐饮业中可用于制作高档面汤、馄饨汤、火锅底汤、炒菜高汤、馅料等。

目前通过热反应技术和调香技术相结合生产肉味香精仍然是肉味香精生产技术的主流。

鸡肉、猪肉、牛肉、鱼肉、虾肉等动物蛋白质在蛋白酶的作用下分解成肽、氨基酸等香味前体物质（水解动物蛋白物 HAP），与水解植物蛋白质 HVP、酵母精、各种单体氨基酸、还原糖和香辛料等经过美拉德反应，生成香味浓郁、逼真的肉味香精，再用香料调和，其香味强度大大提高。

膏状肉味香精的传统生产工艺如下：

```
                                            氨基酸、还原糖、
                                                 HVP 等
                          蛋白酶                    ↓
肉类蛋白质→切粒→高压蒸煮→打浆→胶体研磨→酶解→酶解物→热反应┐
           膏状肉味香精←浓缩←调香←加入香料←┘
```

由于肉味的特征香味来自其脂肪成分，因此在新的肉味香精生产工艺中加入了肉类脂肪氧化物。新的工艺流程如下：

```
                                  蛋白酶
                                    ↓
肉类蛋白质→切粒→高压蒸煮→打浆→胶体研磨→酶解┐
           氨基酸、还原糖、HVP 等              │
膏状肉味香精←浓缩←加入香料调香←热反应←酶解物┘
                    ↑         ↑
              脂肪→氧化→脂肪氧化物
```

美拉德反应的条件是影响肉味香精风味的主要因素。影响美拉德反应的因素主要有温度、时间、水分活度、水分含量、pH 值和反应物组成等。

1. 温度

温度升高有助于反应进行，产生更多的香味物质，不同温度下还可产生不同的香气。

2. 水分活度

美拉德反应的最佳水分活度为 0.65～0.75，水分活度小于 0.30 或大于 0.75 时美拉德反应很缓慢。

3. pH 值

美拉德反应形成颜色的 pH 值大于 7.0，吡嗪形成的 pH 值大于 5.0，加热产生肉香味的 pH 值在 5.0～5.5。

4. 反应物组成

氨基酸和还原糖的种类不同，香气成分也不同。

（二）方便面调味酱包

目前方便面已成为人们日常生活中普遍食用的方便食品之一。汤料是方便面的重要组成部分。方便面的风味很大程度上是由汤料配制调出的，方便面的名称也大多以汤料的风味命名，如牛肉面、鸡肉面突出的是牛肉风味、鸡肉风味。

方便面复合调味料分为四种：粉包、油包（液体）、酱包（膏状）、软罐头。粉包的生产可参见本章第二节。这里主要介绍酱包的生产。

1. 原辅料

调味酱包所选用的酿造酱，一般为甜面酱或豆瓣酱，要求色泽正常，黏稠适度，无杂质、无异味，水分含量小于 16%。酿造酱的加入，能够赋予酱包汤料红褐色泽、酱香风味和一定的黏稠度。

动物性原料是高档酱包的主要风味来源。常用的原料为猪、鸡、牛、羊的肌肉组织、骨骼和脂肪。最好选择新鲜的原料，大批量生产也可采用经检疫的冷冻包装肉品。肉类原料的使用，使调味酱包具备了该原料特有的肉香味道，增加了煮泡面汤口感的丰富性和浓厚性。在酱包的生产中，畜禽类原料采用浓缩汤汁、肉粒、肉馅、固体或液体油脂等多种方式加入。无论采用何种方式，其物料颗粒的大小都要求能够满足自动酱体包装机正常生产的需要。

香辛料的选用，依照肉类原料的特性而定。牛肉酱包主要使用桂皮、胡椒、多香果、丁香等；猪肉和鸡肉酱包主要使用月桂、肉蔻、洋葱、山奈等；羊肉酱包多使用八角、洋苏叶、胡椒等；海鲜酱包则使用香菜、胡椒、豆蔻等。葱、姜、蒜、辣椒在酱包生产中是使用率较高的香辛料，多以生鲜的原料形式加入。香辛料的质量要求是无霉变、颗粒饱满、香味纯正。

　　生产酱包用到的煎炸油为熔点较高的植物油，花生油、氢化油、棕榈油是最常用的油。通常采用将几种油配制成熔点适宜的调和油使用。采用熔点较高的油，能防止在炒酱过程中酱体黏附于锅底造成焦煳，影响酱体质量。使用油脂的目的是因为其具有溶解多种风味物质的功能，可保持汤料的风味，并使口感滑润。

　　其他生产原辅料的种类和质量要求与固体汤料基本相同。

2. 生产工艺

　　(1) 工艺流程　方便面调味酱包的生产一般是先在煮酱锅内将煎炸用油进行预热，脱去腥味，再加入经过预处理的各种原辅料，进行炒酱。炒酱工作完成后，迅速冷却、调香，再经计量、包装等工序后成为调味酱包。

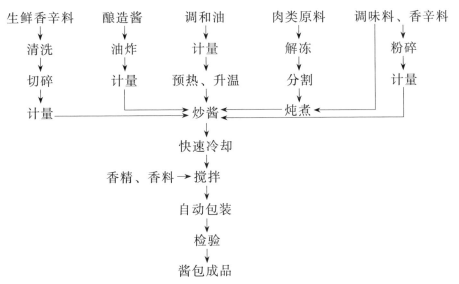

　　(2) 操作要点

　　① 原料预处理。动物的肉、骨、脂肪经微波解冻后，先分选清洗干净。肉、脂肪最好用切角机或刀切成直径约 0.4cm 的颗粒状。也可以先将肉切成条状，放入绞肉机中绞成馅。这样易使肉类汁液榨出，且颗粒形状不规则，不利于采用自动包装机包装。原料骨头斩成小块或小于 5cm 的小段。

　　将生鲜香辛料剥皮、清洗。将葱切成 8~10cm 的葱段，姜、蒜要用斩拌机斩成直径为 0.15cm 以下的碎末。其他香辛料分成两部分，一部分用来煮炖原料，按配方配好，用纱布包住；另一部分在炒酱时加入，需经粉碎机粉碎成能够通过 60 目筛的粉末，备用。

　　② 炖煮肉类原料。将肉、骨原料放入不锈钢夹层锅中添加洁净的冷水，开启搅拌装置，使原料在水中均匀分散，然后通入蒸汽加热。沸腾后撇去表面

的浮沫，加入葱段、姜片和煮炖用的香辛料包。投料完毕后，改用微沸状态炖煮 2.5~3h，至风味物质基本溶出。采用过滤装置，将肉粒、骨块滤出。余下的肉汤经过浓缩后，得到浓缩肉汤，在炒酱时加入。

将动物脂肪放入加有少量清水的锅中，大火加热至沸，改用文火，不断翻炒，至水分耗干。进一步炼制，直至油渣为浅黄色出锅，用 40 目筛过滤，得精炼动物油。

③ 炒酱。将煎炸油加入煮酱锅内，开蒸汽，以 0.3~0.5MPa 的压力，将油预热升温至 130~150℃。先倒入葱、姜、蒜、辣椒，榨干水分后，加入甜面酱、豆瓣酱进行油炸。油与酱的体积比要大于 1:1，防止酱体粘锅底。油炸时要不停地加以搅拌，直至产生特有的酱香风味。炸好的酱体色泽由红褐色变成棕褐色，由半流体变成膏状。停止加热，除去表面多余的煎炸油，依次加入浓缩肉、骨汤、肉末、酱油、砂糖、食盐以及其他香辛料。先加 0.5MPa 蒸汽压力煮沸 10min，再改用 0.25MPa 蒸汽压力保持微沸状态 1~1.5h。至酱体浓缩至相当黏稠，停止加热，继续搅拌，加入味精、I+G 等鲜味剂。待鲜味剂充分溶解后，在夹层内泵入冷水将酱体迅速冷却至 40℃。加入肉类香精进行调香，当物料冷却到 20~30℃ 时出料。

④ 包装。将冷却好的酱体输送至自动酱体包装机料斗内，自动酱体包装机将酱体分装成每袋重 10~15g，包装材料一般用透明的尼龙/氯化聚乙烯（CPE）复合膜。包装后要经耐压试验，检查封口是否良好，然后装箱入库。

（三）火锅调料

火锅调料是指与火锅涮食方式配套的专用复合调味料，一般作为蘸酱对涮熟的食品着味。我国地域宽广，各地的饮食习惯也不相同。反映在火锅调料上，表现为配料和风味各具特色。如四川火锅调料以辛辣味为主，口感浓厚丰满；北方火锅调料辣中带甜，兼有鲜香；南方火锅调料麻辣甜鲜，香气浓郁，柔滑细腻。

传统的火锅调料多是凭经验人工调配，具有很大的局限性，影响了产品配方和风味的统一，并且费时费力。现代快节奏、高效率的生活方式，对于标准配方和生产工艺生产出的方便卫生火锅调料，有着十分迫切的需要。火锅调料生产的工业化，将是未来发展的主要方向。

1. 原辅料

火锅调料的基础原料是各种酿造和调制酱类，主要有辣椒酱、花生酱、芝麻酱、豆瓣酱、甜面酱、肉酱等。新鲜辣椒加盐腌制成熟，磨成酱状即为辣椒酱。花生酱、芝麻酱则需先将原料焙炒出香气，再研磨成酱状。发酵酱类选择的原则是符合质量要求，风味稳定。肉酱的加工方法是将原料清洗、切分、去骨沥干，按比例加水，经由胶体磨磨成酱。

香辛料是生产火锅调料的重要原料，常用的品种有辣椒、花椒、茴香、八角、大蒜、丁香、芫荽、胡椒、生姜、山柰等，干香辛料经过洗涤烘干以后，磨成粉末状备用；生鲜的香辛料如姜、蒜等可取其汁液或提取物，在加工过程中加入。

酱油、醋、黄酒、腐乳汁、鱼露等液体调味品，在火锅调料中，能起到调色、调味、增香的作用。增稠剂能够赋予火锅调料适宜的黏稠度，使火锅调料保持均匀稳定的状态。味精、I+G、琥珀酸钠是生产火锅调料常用的增鲜剂。其他常用的辅料有砂糖、防腐剂、天然调味品等。

2. 生产工艺

（1）工艺流程　火锅调料的生产工艺，是按照一定顺序加入各种原辅料，加热熬制一段时间，使各种调味品的风味充分协调，并达到理想的酱体状态，经过冷却、杀菌即得成品。生产工艺流程如下。

```
香辛料 → 粉碎 → 过筛    甜味剂等调料
                    ↓        ↓
基础原料 → 胶体磨细化 → 混合 → 煮沸 → 停止加热 → 出锅 → 冷却 ┐
                    ↑        ↓       ↓                      │
增稠剂 → 加水溶解    防腐剂   鲜味剂、酸味剂                  │
                                                           │
              灌装 ← 杀菌 ← 火锅调料 ←────────────────────────┘
```

（2）操作要点

① 原料预处理。各种酱要经过胶体磨磨细后备用。香辛料一般先粉碎，再过 60～80 目筛。动植物性原料在加工成酱状后，也要通过胶体磨，进一步细化。这样做的目的是使火锅调料的酱体均匀一致，口感细腻。

② 酱体熬制。在带有搅拌装置的夹层锅内加入配料数量 1.2 倍左右的水，加热至沸。开动搅拌器，加入经过磨细的发酵酱类和预先溶化好的增稠剂，继续搅拌，依次均匀加入香辛料粉末、甜味剂、动植物提取物、酱油等液体调味品、防腐剂。待各种原料不断翻动煮沸至沸腾均匀，香气宜人时，保持稳定沸腾 0.5h。此时，应注意防止锅内结焦和物料溅出锅外。

当酱体达到满意的黏稠度后，停止加热。继续搅拌，加入增鲜剂和对高温较敏感的其他辅料。搅拌至完全溶化或混合均匀时，即可停止搅拌，出锅。每锅操作时间为 1.5h 左右。

③ 出锅冷却。加工成熟的火锅调料趁热出锅，盛于消过毒的不锈钢容器中，及时安全运送至室内空气洁净的包装贮藏室内，容器口覆盖纱盖，防止灰尘进入。待酱体冷却至 56～60℃，即可包装。

④ 包装、杀菌。火锅调料可用酱体灌装机定量灌入塑料杯或玻璃瓶中，及时封盖。包装好的产品在 100℃沸水中杀菌 20～30min，即为成品。

液态复合调味料是以两种或两种以上的调味品为主要原料，添加或不添加其他辅料，经加工而成的液态复合调味料。液态复合调味料可分为水溶性、油溶性等，主要有鸡汁调味料、糟卤、烧烤汁、复合调味油以及其他液态复合调味料。

液态复合调味料口感醇厚，味美天然，而且调味功能和品种多样化，使用方便，可大大简化调味饭菜的手续，节约时间，使家务劳动社会化，因而受到广大消费者的欢迎。这类新型调味品在我国经过近十多年的发展，品种、数量和市场占有率均得到了迅速的发展，产品档次、内在质量得到了显著提高，预期今后在我国调味品市场具有广阔的发展前景。

一、汁状复合调味料的生产

汁状复合调味料的原料因产品用途不同具有很大区别，凉拌类汁状复合调味料常用的原料有香辛料、醋、番茄酱、砂糖、香菇、蒜等；烹炒类汁状复合调味料常用的原料有葱、香辛料、酱油等。其中，香辛料中常用的有姜、花椒、八角、桂皮、豆蔻、山奈、小茴香、丁香、莳萝籽、草果等。

动植物原料的提取液是一大类汁状复合调味料的基础原料，汁状复合调味料的主要呈味特色，往往由动植物提取液的风味来决定，其他调味料的加入起辅助调香和调味的作用。此外，油脂、甜味剂、鲜味剂、稳定剂、增稠剂、色素等也是较为常用的原料。

（一）复合调味汁生产基本流程

动植物提取液或酿造法制造的酱油、醋辅以香辛料和其他调味料经过加工调配、萃取、抽提、浸出、增稠及加热灭菌等工序制成。基本工艺流程如下。

1. 香辛料的预处理

（1）原料选择 原料由于产地不同，产品的香气成分含量有差异。因此，要保持进货产地稳定，要选择新鲜、干燥、无霉变、有良好固有香气的原料。

每批原料进来后，要先经过品尝和化验，确保原料质量稳定。

汁状复合调味料中常用的香辛料有以下几种。

① 姜。姜是中国最常用的香辛料之一，又称生姜、白姜。可分为姜、黄姜和红爪姜三种。姜外皮色白而光滑，肉黄色，辣味强，有香味，水分少，耐贮藏。黄姜皮色淡黄，肉质致密且呈鲜黄色，芽不带红，辣味强。红爪姜皮为淡黄色，芽为淡红色，肉呈蜡黄色，纤维少，辣味强，品质佳。

姜含有精油、辣味化合物、脂肪油、树脂、淀粉、戊聚糖、蛋白质、纤维素、蜡、有色物质和微量矿物质等。姜能融合其他香辛料的香味，给出其他香辛料所不能的新鲜感，在加热过程中显出独特的辛辣味，新鲜或干姜粉几乎可给所有肉类调味，是必不可少的辅料，可用于制作各种调味料，如咖喱粉、辣椒粉、酱、酱油等。

② 葱。葱是百合科多年生草本植物，不但是可口的蔬菜和香辛调味料，而且有很好的保健作用，其全身（叶、茎、花、实、根及葱汁等）都可入药。大葱作为一种常见的香辛料，生食时具有独特的辣味和刺激性，但辣味较平和、不强烈。把大葱在烹调油中炸制，能散发出特殊的葱香风味物质，其主要成分是二正丙基二硫化物和甲基正丙基二硫化物，它们能刺激胃液的分泌，增进食欲。葱可增强复合调味汁整体的风味和香气，还具有遮蔽鱼、肉腥味的作用。

③ 大蒜。大蒜又名胡蒜，为百合科植物大蒜的鳞茎，多年生草本植物。目前大蒜大体上分为紫皮蒜和白皮蒜两大类。大蒜富含维生素、氨基酸、蛋白质、大蒜素和碳水化合物，具有较高的药用价值和营养价值。

大蒜用于调料，可调制多种复合味，去邪味，并能矫正滋味增加香气，与其他香辛料混合有增香效果。大蒜用于牛、羊肉和水产品烹制中，具有突出的去腥解腻功能；大蒜制成蒜泥，在制作汤类、佐料汁、特色菜肴和沙司中亦是不可少的调料。将大蒜分别与葱、姜、酒、酱油、食盐、味精和香油等调料混合烹制，能形成多种类型的复合美味，如香辣味、鱼香味、蒜香味、鲜美味等，可极大地开拓及丰富烹饪味型。

④ 花椒。花椒的主要辣味成分是花椒素，也是酰胺类化合物，还伴有少量的异硫氰酸烯丙酯。花椒果、枝、叶、杆均有香味，果皮味香辣，除直接用作调味品外，还可制成咖喱粉、五香粉。花椒营养成分很丰富，每 100g 可食部分中含蛋白质 25.7g、脂肪 7.1g、糖类 35.1g、粗纤维 8g、钙 536mg、磷 292mg、铁 4.2mg，还含有芳香油，含量可达 4%～9%。

花椒是调制其他复合调味料的常用原料，具有防止油脂酸败氧化、增添醇香、去腥增鲜作用。用花椒榨油，出油率达 25%以上，具有浓厚的香味，是极好的食疗用油。

花椒吸湿性强，应存放在干燥、通风的地方，不可受潮。花椒受潮后会产生白膜和变味，这种花椒是不能使用的。花椒是以麻辣为特征的，在粉碎时花椒会迅速分解而损失其麻辣味，所以花椒要以整粒贮存，用时即时粉碎。

⑤ 八角。八角属木兰科，又名大料、唛角、大茴香、八角茴香。其干燥成熟果实含有芳香油约 $5\%\sim8\%$、脂肪油约 22% 以及蛋白质、树脂等，为我国的特产香辛料和中药。

八角由种子和籽荚组成，种子的风味和香气的丰满程度要比籽荚差，与茴香相比，除了香气较粗糙，缺少些非常细腻的酒样香气外，八角的香气与茴香类似，为强烈的甜辛香，味道也与茴香相似，为口感愉悦甜的茴香芳香味。

八角主要用于调配作料，如它是中国有名五香粉的主要成分。

⑥ 桂皮。桂皮是一类热带常绿植物已剥离的树皮（即桂树的树皮干燥物），有时也称肉桂、川桂、玉桂等。四种树能提供桂皮的原料，它们均属樟科植物，分别是兹兰尼樟、肉桂、洛伦索樟和缅甸樟，主要产于斯里兰卡、马达加斯加、印度、中国和印度尼西亚。

桂皮归于甜口调味类，有强烈的肉桂醛香气和微甜辛辣味，略苦。桂皮对原料中的不良气味有一定的脱臭、抑臭作用。桂皮是肉类烹调中不可缺少的调料，炖肉、烧鱼放点桂皮其味芳香、味美适口，是肉料主要成分之一。

⑦ 豆蔻。豆蔻又名圆豆蔻。豆蔻的香气特异、芬芳，有甜的辛辣气，有些许樟脑样清凉气息。豆蔻的主要成分为 a-龙脑、a-樟脑及挥发油等。具有理气宽中、开胃消食、化湿止呕和解酒毒的功能。豆蔻可用于的食品有肉制品、肉制品调味料、奶制品、蔬菜类调味品、饮料调味品、腌制品调味料、咖喱粉、面食品风味料和汤料等。

可用于汁状复合调味料生产的香辛料还有山奈、小茴香、丁香、莳萝籽、草果等，具体可参照有关介绍香辛料的书籍，这里不一一赘述。

（2）原料去杂、洗涤和干燥　由于香辛料在加工和贮藏运输过程中，会沾染许多杂质，如灰尘、土块、草屑等，所以先要进行识别和筛选，除去较大的杂质。对于灰尘和细菌等不易除去的杂质，则通过对筛选后的原料进行洗涤来除去，洗涤后除去多余的水，将原料均匀铺于烘盘内，放入烘箱，在 60℃ 温度下烘干。

（3）配料　根据产品的用途和调配的原则，设计产品配方。按照配方称取不同原料，进行混合。

葱、姜、蒜等生鲜香辛料的汁液，采用切碎、搅打后，直接压榨取汁的方法得到。八角、桂皮、肉蔻、丁香的处理方法依据产品的状态而定。如果是较为黏稠的汁液，香辛料经过粉碎后，在煮制过程中直接加入。如果成品为黏度小、流动性好的液体，如凉拌调味醋、调味香汁等，香辛料不用粉碎，而是按配方称重配好后，包成香料包，在煮制时加入，煮制完毕再捞出。

2. 动植物提取液的制备

动植物提取液主要有动物的肉汁、骨浆，水产品浸出液（浆），蔬菜和水果的榨汁（浆），同时也包括葱、姜、蒜等香辛料的榨汁。动物提取液原料来源于各种畜肉，包括牛肉、猪肉、鸡肉及其骨架类；水产品原料包括新鲜的鱼类、贝类、虾、蟹类等；植物原料来源于蔬菜和水果，包括菇类、海藻类、苹果、柠檬等。

（1）动植物提取液调味品主要特点

① 强化和改善味道。化学调味品所提供的只限于谷氨酸钠及核酸所表达的特定鲜味，也就是说其提供的鲜味宽度窄且单纯。而动植物提取液提供的不仅有谷氨酸、核酸类的肌苷酸、鸟苷酸的鲜味，还包括多种氨基酸、有机酸、未完全分解的肽链以及糖类物质的复杂味感。通过使用不同种类的提取物，可以向食物提供多种动植物来源的特定成分所表达的味道，强化味道的表现力，满足各类消费者对味道的不同要求。其次，动植物提取液能使较单纯的味道变得复杂化，不仅能拓宽味道，还能使刺激性强的味变得较为缓和，这是味精等化学调味品很难做到的。有上述功能的动植物提取液包括猪、牛、鸡的肉汁、骨浆、鱼汁、葱头汁或蒜汁等。

② 产生后味和厚味。味精等化学鲜味剂的长处是鲜味来得快，加进去之后立刻就能感觉到。但化学鲜味剂一般不大可以产生后味和厚味。所谓后味是指当食物已经离开舌和口腔之后仍保留在嘴里（舌头上）的味；厚味是指来自于动植物脂肪、氨基羧基反应生成的某些成分以及肽链等对人的一种味觉效应，它能使人得到味觉上的满足感。在这些方面，动植物提取液的呈味效果显然优于味精等化学鲜味剂，而且动植物提取液所表达的味道比味精等更自然，更容易被消费者接受。有这类效果的主要是肉汁。

③ 赋香效果。能够提供某些较强的有诱发食欲作用的香气，或者以某种香气掩盖某些不愉快气味的也属此类。这类调味品多以香气见长，如葱汁、蒜汁、柠檬汁等。

（2）动物提取液的种类

① 畜肉提取液。动物提取液成分中主要为氨基酸类。牛肉、猪肉、羊肉的生肉中所含氨基酸类型非常相似，一般含有牛磺酸、鹅肌肽、肌肽和丙氨酸较多，含缬氨酸、酪氨酸、苏氨酸和苯丙氨酸较少。加热浸提处理过程使氨基酸和肽发生分解，导致加热前后氨基酸组成发生变化。生肉中含量较多的牛磺酸、鹅肌肽、肌肽及丙氨酸等在加热分解中其分解率分别为：牛肉69%、猪肉72%、羊肉45%，其他重要成分如谷氨酸、甘氨酸、赖氨酸、色氨酸、半胱氨酸、甲硫氨酸、异亮氨酸等的分解更为明显。在牛肉中氨基酸的分解量最多。氨基酸加热的分解产物是香气成分，影响浸出物的香气。随着提取液调制方法的不同，氨基酸类型大有差异，风味也将发生改变。

畜肉提取液中的有机碱有肌酸、肌酸酐、次黄嘌呤。在畜肉生肉中肌酸含量分别为：猪肉 0.37%、羊肉 0.36%、鸡肉仅 0.4%~0.5%。肌酸在猪肉的外里脊肉较多，在后腿和前腿次之，而在鸡胸脯的白肉中最多。肌酸含量降低，可能是肌酸、肌酸酐的分解造成的。在牛肉浸出物中的次黄嘌呤有游离型和结合型两种，可能大部分含有肌苷酸。

在动物提取液中最强的助鲜成分之一是肌苷酸，它由宰后僵直筋肉中的 ATP 生成，因肉的鲜度、屠宰条件、贮藏方法和肉部位的不同而有所不同。猪肉在心肌中含量最多，鸡肉在胸脯肉中最多。

畜肉中碳水化合物主要以肝糖的形式存在，牛肉中为 35.3mg/100g，猪肉中为 27.8mg/100g，肝糖有 70% 为结合型，30% 为游离型。畜肉成熟时肝糖分解生成乳酸的，随时间的推移而增加。宰后的牛肉乳酸含量由 0.04%~0.07% 增至 0.3%~0.4%，还有醋酸、丙酸、琥珀酸、柠檬酸、丁酸和葡萄糖酸等。

畜肉提取液香气成分中还有因受美拉德反应而产生的挥发性物质，在呈香方面有重要作用，特别是含硫化合物，是形成肉香味的成分。牛肉提取液的特征香气成分是呋喃酮，其前体是核糖-5-磷酸和吡咯烷酮羧酸或牛磺酸。牛脂加热生成 C2~C5 的饱和醛类、丁烯醛、丙酮、丁酮、乙二醛、丙炔醛等，还有 C10、C12、C18 的 β-内酯及 C10 和 C12 的 γ-内酯等。瘦猪肉和牛肉的香气成分相似，但二者脂肪的香气却不同，加热后生成的羰基化合物也不同，说明牛肉、猪肉各有特征性香气成分。由脂肉部分产生的大量低沸点化合物，有醇类 8 种，丁醛等羰基化合物 10 种，丙硫醇等含硫化合物 2 种，酯类 3 种，还有戊酸等酸类 6 种。羊肉提取液与牛肉、猪肉具有相同的香气，但脂肪加热后有羊肉的香气。因加热而生成的物质以羰基化合物为主体，羰基化合物包括 C2~C10 饱和醛类以及 2-链烷酮和 2-甲基环戊酮等。

② 禽肉提取液。在禽类中一般只用鸡制作提取液，鸡肉游离氨基酸成分中含有鹅肌肽甚多，而含牛磺酸较少，此外，含有谷氨酸、谷氨酰胺和谷胱甘肽也比较多。与畜肉相比鸡肉含有较多的肌酸，达到 0.4%~0.5%，特别是在鸡脯上的白肉中最多。在鸡骨的热水提取液中含黄嘌呤最多，以下顺次为次黄嘌呤、胞嘧啶、鸟嘌呤、腺嘧啶。

鸡汤特征由挥发性的香味成分决定。挥发性成分包括含氮化合物、含硫化合物、羰基化合物，其中羰基化合物是构成鸡香味的特征性成分。如羰基化合物中的 2,4-癸二烯醛来源于亚油酸，其他低级羰基化合物可能是由氨基酸的斯托雷卡分解或糖的美拉德反应生成的。脂质的作用主要是溶解和保留香味成分。

使用鸡浸出物是与其他材料搭配，使饭菜整体的香味呈现柔和协调的风味。因使用肉、骨髓、皮、脂肪等不同的部位，鸡提取液的香味有很大区别。

由于加热处理的方法和做浓味汤时添加香辛料、蔬菜等的不同，也会影响鸡鲜汤的香味。一般使用老鸡的肉和鸡骨作为浓味汤的原料。骨与肉共用是好方法，浸出物的风味最好。中国菜谱中制鸡骨浓味汤的方法是直接水煮，并添加葱和生姜等。欧洲方法多半是先将鸡骨在高温炉中焙烧产生焦香味道，然后煮出生鲜感较差的汤，而在汤中添加葱、胡萝卜、芹菜等。

③水产类提取液。水产类提取液的含氮量是判定风味强弱的指标。鱼类同脊椎动物所含氨基酸类型大不相同。鱼类中除白色鱼肉部分外，一般含组氨酸较多。牛磺酸虽是一般动物肉中含有的氨基酸，但在水产动物中的分布也很广，肌肽、鹅肌肽、癸二烯等有咪唑基的肽等其他含氮成分在水产动物中也都含有。海产动物含有三甲胺、草氨酸较多，但河鱼中几乎没有。鱼类含有谷氨酸 $10\sim50mg/100g$，而贝类、乌贼、章鱼等软体动物谷氨酸含量达 $100\sim300mg/100g$。鱼类中含 $5'$-肌苷酸 $0.1\%\sim0.3\%$，而无脊椎动物几乎不含 $5'$-肌苷酸，却含有 $5'$-鸟苷酸甚多，这可能是由于二者所含酶系不同的缘故。有机酸是海产品的特征成分，乳酸是鱼类肉中主要的有机酸，且不同的部位含量相差较大。应特别注意的是贝类中以含有琥珀酸为主要标志。鱼类中检出葡萄糖等碳水化合物，贝类中含肝糖较多。

（3）动物类提取液的制备方法　根据原料的种类和成分，以及提取液的用途等，可分别采取物理提取法、化学提取法、酶法提取法这三种提取法。其中，最常见的就是物理提取法，也就是热水提取法。

以肉和骨为原料进行提取，操作要点为：

①原料预处理。将所选用的原料清洗干净后，根据不同原料特征，选用不同的机械破碎或绞碎，磨浆或打浆，将原料预处理成膏状或泥状。

②调配升温。在带夹套的调配缸内加入 $0.8\sim1.2$ 倍预处理原料质量的水，同时加入少量食用级有机酸调 pH 值至 $4.0\sim5.0$，以防止微生物的污染。然后边搅拌边加热至 $40\sim55℃$，利用新鲜肉质内的消化酶系作用，促进原料蛋白质的初步分解，同时也可以根据具体情况加入适量的复合蛋白酶共同作用，作用时间可控制在 $1\sim5h$。一般是温度（压力）越高，从原料中提取得到的固形物越多，然而对肉来说却未必如此。加热时间同固形物的提取率是呈正比的，随着加热时间的延长，固形物的提取量提高。但是要看原料的状况并要考虑提取效率，并不是只要加热时间长就好。当必须用较长时间加热的时候，可以考虑将 1 次加热变为 2 次，也就是说当第 1 次加热进行到一定程度之后，将原料过滤一下，再进行第 2 次加热，这样做可以提高提取效率。至于提取时的加水量，主要是考虑以后的浓缩工序，一般情况下加水量为原料质量的 $1\sim2$ 倍为宜。加水量多并不意味着可以提高提取率，因为固形物总量没有变。

③抽提。将液温迅速升至 $100℃$ 左右，视原料不同，也可进行高温压力抽提，一般抽提时间可控制在 $20\sim60min$。

④ 分离。加热提取固形物基本结束后，用过滤装置将剩下的骨肉残渣同提取液分开。在使用过滤装置之前，可以先用孔径为 50 目左右的筛选装置筛一下再过滤；有的则是在煮汤的釜里直接放入箩筐式煮汤筐，把肉或骨头放在金属筐里面煮，煮完之后把筐子提上来就可以实现骨肉残渣同液体的第一次分离。

通过采用离心过滤分离，除去不溶性残渣，残渣可进一步酶解或酸解生产水解蛋白，如果残渣蛋白质含量低、灰分含量高，可经干燥后作为饲料添加剂，滤液经碟式离心分离机除去油脂后，得到精制抽出液。

以骨头为原料，最常见的是鸡骨汤或猪骨汤，以及将鸡、猪骨混在一起制得的混合型骨汤。同与肉质为原料的浆或膏状物相比，骨汤中的氨基酸成分少，大分子成分较多，鲜味较弱，但仍具有特定的风味，能提高食物呈味的厚度。

熬骨汤采用常压或加压方法进行。常压加热一般需要 $2\sim6h$，以 49.1kPa 左右的低压加热时，30min 左右即可结束。加压达 68.7kPa 以上，煮汤的时间超过 1h 的出品率较高，但风味和呈味力不仅不会提高反而有所下降。这种加热条件适合于工业化大生产成本较低的一般产品，因而售价也较低。若配合使用鱼或其他水产品及蔬菜汁、酵母精、鲜味剂等，可以制成味道浓厚的骨汤。

(4) 植物类提取液的制备　蔬菜提取液的原料多选择有特殊风味的蔬菜，如有丙烯基化合物特殊臭味的洋葱、大蒜为代表的葱蒜类，以及特殊香气很强的芹菜和莴苣，还有胡萝卜、白菜、萝卜、菠菜等蔬菜类，马铃薯更多是用于调整食品的质构。

蔬菜提取液的香味是浸出操作的目标之一。蔬菜浸出物中的氨基酸像动物浸出一样对风味有影响，但由于含量较低，对整体风味的影响不像动物浸出物那样重要。蔬菜中一般含谷氨酸、天冬氨酸、缬氨酸、丙氨酸和脯氨酸较多，而瓜类和葱类中丝氨酸、脯氨酸、丙氨酸较多。人们使用蔬菜浸出物的目的也不是要求赋予蔬菜味，更多的是利用蔬菜的特征性香气，烘托食品的主香，突出风味，协调和丰富口感。

葱加热后产生甜味，是因为所含二硫化物加热生成有甜味的正丙基硫醇，其甜味约为砂糖的 50 倍。一些蔬菜含有机酸和单宁，会给蔬菜提取液带来涩感。有时，这些特殊的风味是调味需要的，有时又是绝对不能出现的。根据不同的需要，生产不同的产品，选择不同的原料。

因蔬菜种类不同，蔬菜类提取汁生产方法也会有所差别。提取方式有热水煮沸提取法、溶剂提取法、水蒸气提取法和压榨提取法，一般采用热水煮沸的提取方式。从总体上看，这种方式也较为普遍，生产成本较低。溶剂提取的方式适合制取油树脂。先将原料粉碎，然后用酒精萃取油树脂，再蒸馏去溶剂，得到萃取物。水蒸气提取的目的主要是制取香味油脂。对原料施加高压、高温水蒸气，油脂进入冷凝水中，再经分离得到。压榨提取法也属于常用方法，特别是在制取菜汁时使用，以机械强制榨汁，然后经浓缩（加热、反渗透膜或冷冻）除去水分得到浓缩物。

① 根茎类蔬菜的提取方法。根茎类蔬菜的预处理过程一般可分为清洗、去皮、热烫、打浆几个工序。一般采用3%左右的复合磷酸盐在80～90℃处理3～5min的方法可以很好地达到去皮目的，这种方法处理根茎类蔬菜不但可以达到高效去皮的目的，而且不会导致蔬菜组织结构的破坏，对蔬菜无腐蚀作用，也不会影响外部形状和颜色，可以减少蔬菜在去皮过程中营养成分的损失，而碱法去皮一般不适合于蔬菜的加工。热烫软化的目的一方面是为钝化多酚氧化酶、过氧化物酶等有害酶系，防止变色和使胡萝卜素、维生素C等营养成分的破坏；另一方面是软化蔬菜组织，有利于打浆和有效成分的溶出与抽提。

② 绿色叶菜类蔬菜的提取方法。这类蔬菜的预处理过程一般包括挑选、清洗、护色、榨汁和脱气等过程。护色一般采用在碱性水溶液（如0.5%左右 Na_2CO_3）浸泡20～30min，然后再在pH值9～10的溶液中加热至95～100℃热烫2～3min的方法，可以达到护色保绿和钝化酶的目的。榨汁一般采用螺杆榨汁机榨汁，最后离心去渣可以得到绿色的提取汁。

水果类一般直接榨取汁液。

3. 调配

按照配方将原料汁液和各种辅料搅拌混匀。在混合过程中，为使盐、糖等调味料迅速充分溶解，可辅以适当的加热。黏稠调味汁的生产，往往需要在调配后，加热煮沸，边煮边搅拌，使各种味道充分熟成。

在凉拌类调味汁的制造过程中，一般先将香辛料用纱布包好，在水中煮沸10min，灭菌后捞出。将香料包浸泡于酱油或醋中7～10d，使香辛料风味充分溶出，又避免了加热对风味的破坏。灭菌则采用瞬时灭菌的方法。

4. 均质

煮汁过程完成后，在汤汁中加入预先用温水充分胀润的增稠剂，搅拌均匀。搅匀后的料液，经过带有回流管的胶体磨，边磨边回流，使料液各组分充分磨细、均质。采用均质工艺保证了复合调味汁在保质期内均一稳定，减轻了油水和固液分离现象的发生。

5. 灌装、灭菌

经均质处理的调味液，灌入玻璃瓶或耐高温软包装袋中，在沸水中进行灭菌。灭菌条件根据产品的质量而定，150g包装调味汁的灭菌条件为100℃、加热10～15min。灭菌后的产品经过保温，检验合格后，即可作为成品入库。

（二）鸡汁调味料的生产

鸡汁调味料是以磨碎的鸡肉、鸡骨或其浓缩抽提物以及其他辅料等为原料，添加或不添加香辛料和/或食用香料等增香剂，经加工而成的，具有鸡的浓郁鲜味和香味的汁状复合调味料。

鸡汁调味料的主要原辅料包括鸡肉、食盐和食品添加剂。目前市场上鸡汁调味料的种类很多，其配方也略有差别。

1. 配方

配方一：食盐 15kg，99％味精粉 10～12kg，肉香粉 2kg，白砂糖 5kg，柠檬酸 0.4kg，淀粉 2kg，I＋G 0.5kg，特效增香配料 0.6～0.8kg，麦芽糊精 5kg，鸡肉香粉 10kg，水 49kg，黄原胶 0.3kg，β-胡萝卜素少许。

配方二：食盐 14kg，99％味精粉 12kg，肉香粉 1kg，白砂糖 5kg，柠檬酸 0.4kg，淀粉 2kg，I＋G 0.6kg，特效增香配料 0.6kg，鸡肉香粉 8kg，黄原胶 0.2kg，水 56.2kg，β-胡萝卜素少许。

2. 工艺流程

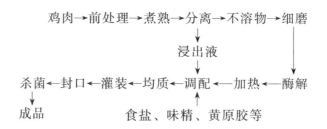

3. 操作要点

（1）前处理　鸡肉需用 65～75℃温水冲洗，去除油污、杂质，然后切成薄片。

（2）煮熟　原料与水以 1：1 配比，加入各种香辛料，将所用香辛料用纱布包好放于原料和水的混合物中煮熟，并保持沸腾 1h。

（3）分离　把锅倾斜，使物料通过 120 目的振动筛，浸出料液用贮料缸接收，筛网上的不溶部分接收于另一贮料桶。

（4）细磨　不溶部分人工放到磨浆机处边加水边磨，控制固形物含量为15％，接着用胶体磨细磨。

（5）酶解　调节 pH 值至 6.8～7.5，保温 35～37℃，加入 0.5％的中性蛋白酶与 0.5％的膜蛋白酶，在不断搅拌的过程中酶解 4～6h，然后加热到 65～70℃钝化酶。

（6）调配　加入食盐、味精、黄原胶等进行充分调配。

（7）杀菌　121℃保温杀菌 10min。

二、复合调味油的生产

复合调味油的生产加工方法，一般说来有两种，一种是直接生产法，将调味原料与食用植物油一起熬制，用植物油将其调味原料的营养成分和香味浸渍出来，直接制成某种风味调味油。另一种方法是勾兑法，将选定的调味料采用水蒸气蒸馏法、溶剂萃取法、CO_2超临界萃取法，将含有的精油萃取出来，然后按一定的比例与食用植物油勾兑制成某种风味调味油。这两种方法都有各自的优缺点。前者工艺简单、操作方便、投资少、见效快，缺点是资源浪费较大、产品质量不易控制；后者能较为完全地将调味品中的有效成分提取干净，精油提取率高，产品质量好，缺点是投资较大，操作难度大。因此在生产调味油的过程中可根据实际情况选择一种适宜的方法。

复合调味油生产工艺流程如下。

```
        ┌ 原料
植物油或色拉油 ┘ →混合→加温→浸渍→冷却
                                    ↓
        成品←调色←过滤
```

（一）香辛料调味油的生产工艺

（1）原料选择　香辛料调味油所用原料主要为香辛料与食用植物油。香辛料的选择如前所述。食用植物油应选用精炼色拉油，按原料不同有大豆色拉油、菜籽色拉油等，均可使用。

（2）原料预处理　已经干燥的香辛料可直接进行浸提，对于新鲜的原料要经过一定前处理。鲜葱（蒜）加2%的食盐水溶液，绞磨后静置4～8h。老姜加3%的食盐水溶液，绞磨后备用。植物油要经过250℃处理5s脱臭后，作为浸提用油。

（3）浸提　浸提方法采用逆向复式浸提，即原料的流向与溶剂油的流向相反。对于辣椒、花椒等，通过一定温度作用下产生香味的香辛料，宜采用高温浸提，浸提油温100～120℃，原料与油的质量比为2∶1，1h浸提1次，重复2～3次。对于含有烯、醛类芳香物质，高温易破坏其香味的香辛料，宜采用室温浸提，原料与油的质量比为1∶1，12h浸提1次，重复5～6次。

（4）冷却过滤　将溶有香辛精油的油溶液，冷却至40～50℃。滤去油溶液中不溶性杂质，进一步冷却至室温。对于室温浸提的香辛料油，直接过滤即可。

（5）调配　用Forder比色法测出浸提油的生味成分含量，再用浸提油兑成基础调味油，将不同原料浸提出的基础调味油，用不同配比配成各种复合调味油。

（二）以菌类植物为原料的调味油生产工艺

菌菇类含有相当数量核苷酸类的 5′-腺苷酸、5′-鸟苷酸和 5′-尿苷酸，主要鲜味成分还有谷氨酸。由于谷氨酸和 5′-鸟苷酸、5′-腺苷酸之间显著的鲜味相乘效果，使菌菇类具有强烈的增鲜作用，而成为传统烹调的"鲜味剂"。

1. 菌类调味油生产基本流程

（1）原料处理　当确定制作某种风味的食用菌调味油后可选取它的整株，也可以用它在制作其他食品后的下脚料，比如碎料、菌柄及其他剩余原料。进行认真清理和淘洗，彻底清除杂质、泥沙及腐烂变质的部分。因食用菌大多含有很大的水分，因此必须进行干燥处理，干燥时可选用箱式静态干燥机进行干燥，干燥温度不宜太高。干燥后水分含量在 40% 以下即可，切忌干燥过度。

（2）浸渍　浸渍的目的是将菌中的营养成分和风味物质提取出来，当然也可采用诸如溶剂萃取方法来提取出菌中的风味物质。但相比较植物油浸渍的方法更简单一些，营养成分和风味物质损失也更少一些。因此，大多数生产厂家都采用植物油浸渍的方法来生产食用菌风味调味油，并取得了满意的效果。

用植物油浸渍宜选用大豆色拉油作为浸渍油。将色拉油在锅中加热到 120℃ 左右，放入经干燥和稍微破碎的固形物，继续加热 10min，在此期间应不断地搅拌并尽可能在减压条件下进行。

（3）冷却过滤　浸渍完毕后将固形物捞起冷却至室温后，用板框式过滤机过滤，将所有固形物全部去除即得到食用菌调味油。

2. 蘑菇油

（1）配方　鲜蘑菇 1kg，色拉油 1kg，精盐 0.01kg，花椒 20 颗，味精 0.01kg，桂皮少许。

（2）工艺流程

```
                    花椒、桂皮、味精等
            切块             ↓
蘑菇→清洗→    ┐→煮沸→冷却→灭菌→灌瓶→成品
            色拉油┘
```

（3）操作要点

① 清洗切块。把蘑菇脚跟老皮削掉洗净，滤干水分，切成小块用少许精盐码一会儿。

② 煮沸。色拉油倒入锅内，用旺火把油烧至九成热时把蘑菇块放入，然后马上改为小火慢慢炸制。直至蘑菇变色卷边时起锅，趁热放入花椒、桂皮、味精等调料搅拌，然后捞出蘑菇、花椒、桂皮。

第六章　西式调味品生产技术

第一节　西式调味品的基本概念及特点

一、基本概念

调味品的分类是很复杂的，可以按各种标准进行分类。西式调味品是按饮食文化和习惯进行分类的一种概念，属于调味品类别中的一个分支。

西式调味品从概念上来讲，应该是相对于中式调味品而言的，就像西餐是相对于中餐而言的一样。西餐和西式调味品是一个大的概念，并非仅指某一个国家的产品。因此，要理解西式调味品这个概念，应该从其狭义及广义的两个方面进行分析。

一般来讲，狭义的西式调味品主要指欧美、大洋洲等国家或地区的产品，广义上的西式调味品包括的是中华饮食文化圈以外世界各国的调味产品。

提起西式调味品，人们很容易想到欧美风格的产品，如沙司类、乌斯塔沙司、番茄酱、蛋黄酱、沙拉酱、果酱、芥末酱等，但欧美风格的调味品有许多与亚洲的调味品有着某种联系，比如最早的乌斯塔沙司和咖喱粉的配方都来自印度；番茄沙司是受中国鱼露和各种腌制品的启发被开发出来的等。与此同时，欧美风格的调味品也影响着亚洲各国的饮食，日餐经过多年的演变已相当欧化了，日本国内的乌斯塔沙司和各种沙司的产销量大幅度增长；美式快餐店在亚洲各国快速扩展，这加速了欧美调味品在亚洲的普及。如此看来，各国饮食文化的形成并非完全孤立的，而是相互渗透和相互影响的。

二、西式调味品的制作方式

西式调味品中发酵产品很少，多利用天然动植物原料，以提取方式获得原汁，并以此为基本原料（基础汤等），据此再添加或变换其他原料及手法，通过煎烹和熬煮等加热方式生产出各种调味品。

西式调味品的制作非常注重对天然原材料的提取，而且提取的手法多样、操作细致。

如今的西式沙司在制作中更加注重保持材料本身的原味，一是沙司本身经过提取得到的原汁味，二是食材的原味。沙司应该起提升食物原材料美味，抑制不良气味的作用，而不是改变食材固有的风味。现代沙司的制作风格逐渐趋向清淡和淡雅。一款好的沙司所用原料往往并不是很杂，有的沙司包括盐和胡椒粉在内也只有 4～5 种，但它所需要的原汁味都已凝聚在某个事先调制好的基础汤或主要原料之中了。当然，并非所有的沙司都需要用基础汤，有些是以蛋黄酱、奶制品、醋或黄油等为主要原料调制而成的。

三、沙司调味方式的本质

沙司是西式调味品的重要组成部分，它不仅是产品，而且是西餐调味方式中最重要的代表物，了解了沙司就能了解西式调味方式的本质。所谓调味方式指的是在特定的饮食文化背景下产生的调味手法及其操作。不同的饮食文化能产生截然不同的调味手法，典型的中式调味方式可以用渗透和浑然一体来形容，就是说中国烹饪主要是让调味料在加热过程中与食材接触，渗透进食材内部，最后与食品融为一体来实现调味的目的。而沙司所代表的西式调味方式则不同，多数情况下沙司都不参与食材被加热的过程，它被单独调制。待食材加热完毕后，将调制好的沙司浇在食物表面，或点缀在食物旁边。与中式烹饪相比，西式烹饪中的沙司是能看得见的东西，它只是附着在食物表面，并未渗透进食物的内部，也就是说沙司的味道与食物没有融为一体。

上述的描述尽管不是绝对的，但基本如此。沙司不仅是西式烹调文化的代表，还深刻反映了西方人的思维方式。西方人认为烹调与制作产品是一样的，必须分别制作零部件，然后进行组装。根据这种思维，沙司就是西餐中的重要零部件，是实现调味的工具，而西餐就是组装之后的产品。

四、沙司文化与工业化生产

既然沙司是西餐中的零部件，是独立存在的，就便于以工厂化生产方式来实现。因此，欧美日很早就开始了工业化生产沙司的过程。与沙司相比，虽然典型中式餐饮的调味方式能令味道充分渗透进食物内部，食物美味可口的程度更高，但要实现中餐调味品的工业化生产却并非易事，这是由于中式烹调是在加热过程中将各种调味品逐一添加进去的，有时还需要分不同时间段添加调料，这就更增加了生产的难度。

第二节　主要原料

欧美各国主要是以沙司为主进行食物的调味。用于制作沙司的原料有多种，主要有以下一些品种。

一、基本原料

1. 盐

盐是人们日常生活中不可缺少的，是几乎所有国家生产调味料的基本原料。每人每天需要 6～10g 盐才能维持人体心脏的正常活动，维持正常的渗透压及体内酸碱度的平衡，同时盐是咸味的主要载体，又是其他各种调味料得以呈味的最基本平台。

食盐按加工方法和加工精度的不同分为原盐（粗盐）、洗涤盐、再制盐（精盐）。原盐是由海水、盐井水直接得到的食盐晶体，除氯化钠外，还含有氯化钾、氯化镁、硫酸钙、硫酸钠等杂质和一定量的水分，所以有苦味。洗涤盐是以原盐（主要是海盐）用饱和盐水洗涤的产品。把原盐溶解，制成饱和溶液，经除杂质处理后再蒸发，这样得到的食盐即为再制盐。再制盐杂质少，质量较高，结晶成粉状，色泽洁白，多作为饮食用。由于欧美调味品中没有类似酱油的发酵调味品，所以食盐是西餐主要的咸味调味料，特别是制作基础汤常使用盐。

2. 甜味剂

甜味剂主要有砂糖、饴糖等。砂糖是西式调味品中的常用甜味调料。饴糖又称麦芽糖，有软、硬两种，主要用于制作糕点。

（1）蔗糖　蔗糖是自然界分布最广的非还原性二糖，存在于许多植物中，以甘蔗和甜菜中的含量最高，因此得名。蔗糖是无色晶体易溶于水，比葡萄糖、麦芽糖等甜度高。

（2）蜂蜜　蜂蜜又称糖蜜、白蜜、石饴、白沙蜜。根据其季节不同有冬蜜、夏蜜和春蜜之分，以冬蜜最好。根据采花不同，又可分为枣花蜜、荆条花蜜、槐花蜜、梨花蜜、葵花蜜、荞麦花蜜、紫云英花蜜、荔枝花蜜等，其中以枣花蜜、紫云英花蜜、荔枝花蜜质量较好，为上等蜜。蜂蜜较多用于沙司制作，具有不同于砂糖的独特甜味。

（3）枫浆糖　加拿大的枫浆糖取自枫树皮，甜味中有香气，口味浓郁，甜度非常高，适用于各种西式糕点和酱状调味料。

3. 酸味调料

酸味调料主要指食醋，有葡萄醋、苹果醋、高酸度白醋等。另外，柠檬汁取自被榨了汁的柠檬，酸味极强，具有果实香气，富含维生素等。番茄酱也是酸味物质之一，色泽红亮、细腻，广泛用于西餐沙司、汤汁以及菜肴的制作。最后是酸豆，又名水瓜柳等，味道酸而涩，常用于沙司、沙拉以及新鲜菜肴的制作中。

4. 鲜味调料

西餐的鲜味剂主要是用畜肉、海鲜及蔬菜等提取的原汤。原汤也称为基础汤或鲜汤。根据制作原料的不同，西餐的原汤有白色鸡原汤、白色牛原汤、白色鱼原汤以及褐色鸡原汤、褐色牛原汤等多种。另外，欧美各国基本上不使用味精等鲜味剂，工业化生产的调味料有时会使用酵母膏（粉）作为增味、增厚的原料。

5. 乌斯塔沙司

乌斯塔沙司（worcestershire sauce）发源于英国，是以海带、胡萝卜、洋葱、番茄、蒜、姜、辣椒等蔬菜，苹果、菠萝等水果煮汁，再加胡椒、陈皮、肉桂、豆蔻、丁香、花椒、茴香、百里香等香辛料煮沸，然后添加食盐、砂糖、冰醋酸、白醋、焦糖色配制而成，体态如酱油，但是非发酵产品，是一种具有咸酸甜鲜等复杂风味的调味品。

6. 番茄酱和番茄沙司

番茄酱是单纯用鲜番茄制成的番茄酱状浓缩产品，呈鲜红色，具有番茄特有的风味，是西餐调味品的重要组成部分，一般不直接入口。番茄酱用成熟的红番茄制成，我国有大量生产。干物质含量一般为 22%～24% 和 28%～30% 两种。

番茄酱常作为西餐中鱼和禽畜肉菜的调料，是增色、添酸、助鲜、提香的调味佳品。番茄酱罐头打开后要及时用完，否则容易变质。

番茄沙司是将红番茄或红色小番茄榨汁粉碎后，调入白糖、精盐、胡椒粉、丁香粉、姜粉等，经煮制浓缩而成的调味品。用途与番茄酱类似。

7. 蛋黄酱

蛋黄酱是西式调味品的重要产品之一，早已被世界各国广泛生产和消费。主原料为植物油脂、蛋黄（全蛋）、食醋。辅原料通常有食盐、香辛料及调味料等。外观为淡黄色或浅白黄色的细腻膏体，口味呈酸、咸、鲜等味。以蛋黄酱为基础原料可制作多种沙拉酱和沙司产品，同时又可作为家用调味品直接消费。

二、酒类

法餐和意餐等常使用酒类早已为人们所熟知。酒是发酵产品，不仅含有乙醇，还含有各种高级醇、糖分、酯类和有机酸等。

法餐中广泛使用葡萄酒。葡萄酒是利用果实酿制的酒类，与粮食酒有很大的不同，主要表现在酒的味道和香气不同于用谷物生产的酒类。葡萄酒具有本身特有的香气，不同于我国的勾兑白酒，也不同于黄酒，更不同于日本的清酒。

法餐中使用葡萄酒是为了消除肉类的腥味，与红葡萄酒相比，优质的白葡萄酒效果更佳。法国有一种专门用于烹调的雪利酒，叫"烹调雪利"。

葡萄酒的调味效果主要表现在消除腥味，同时使菜肴的风味升华，并使味道极富敏感性，还有是使食物的整体风味协调等。在很多食物中配伍葡萄酒后，其风味的深度增大，这主要是得力于葡萄酒中有机酸的作用，再有就是单宁的作用，苦味物质能使食物的味感变得厚重持久。当咸味较重时，添加少量酸味可以使味道圆滑，比如在盐烤鱼上加些白葡萄酒是非常匹配的。

葡萄酒中的糖不仅能让食物产生甜味，还能使菜肴增加亮度。法餐烹调一般离不开葡萄酒，其中一个重要原因就是葡萄酒能增加亮度。特别是沙司，葡萄酒增亮的效果十分明显。

在除腥方面，无论多么腥的肉类，使用了葡萄酒之后都具有非常明显的除腥效果，特别是对牛羊肉、兔肉、鱼肉、乳制品等效果最佳。葡萄酒具有软化肉质的作用，这种作用主要来自酒精和糖分，能使硬度大的肉质变软。单宁具有收敛蛋白质的作用，使肉质的咀嚼性增强。西餐烹调用酒除了去腥味和赋予菜肴敏感的口味以外，还具有以下烹调效果。

（1）溶解去渣　在煎或炒肉和蔬菜时，锅底部会留下一些食物残渣，这些残渣往往是食物中的精华部分。要把这些食物残渣留下来，需要添加适量的烹调用酒（如葡萄酒等），经再加热溶解将其制成菜肴的调味汁。因为加热时间短，不会影响葡萄酒的风味。

（2）燃焰效果　在烹调过程中，为了使菜肴表面焦化和散发出独特的香气，常使用蒸馏酒来烹调，使其产生火焰和香气，增加就餐气氛，产生较好的视觉效果。

（3）腌渍　在西餐烹调中，原料往往被加工成大块或厚片等，因此菜肴内部不容易入味。在烹制之前，用烹调酒对原料进行腌渍，可以改善菜肴的口味。

（4）提高档次　在烹调中使用酒类，可以赋予菜肴独特的香气和特有的风味。使用的酒档次越高、越名贵，菜肴的档次也就随之提高。

西餐中常使用的酒类有白兰地、威士忌、金酒、朗姆酒、伏特加、特基拉酒、葡萄酒、香槟酒、雪利酒、茴香酒、钵酒等。

1. 白兰地

凡是由葡萄经过蒸馏和陈酿工艺制成的蒸馏酒或由葡萄皮、渣经过发酵和蒸馏工艺制成的酒，都统称为白兰地（Brandy）。酒制成后呈无色液体，放入用橡木制成的大酒桶内陈酿。储藏时间越长，酒味越醇。因酒与橡木接触而呈金黄色。法国科涅克生产的白兰地是世界上最好的品种。白兰地常用星数多少和英文字母来表示酒的年限。

白兰地在西餐中使用非常广泛，如腌制肉类、增加肉的香气、调制味液等，将白兰地倒入锅内，令其沸腾会散发出很浓的香气。

2. 威士忌

威士忌（Whisky）是用大麦或玉米等粮食酿制而成的酒，其酒度一般为$40\%\sim62.5\%$。威士忌通常需要在木桶里老化多年后才能装瓶上市，这种老化的过程能增添威士忌的芳香，使其味道更加温顺柔和，同时也使威士忌具有比较深的颜色。一般认为老化用的木桶本身和老化过程在很大程度上决定了威士忌的质量和味道。

苏格兰是威士忌的故乡，但目前在全世界各国都有生产，任何地方生产的都可以称为威士忌。苏格兰酿制的威士忌叫作苏格兰威士忌，其他有美国肯塔基波本威士忌、爱尔兰威士忌、加拿大威士忌等。西餐中，威士忌可以赋予菜肴独特的香气。

3. 金酒

金酒（Gin）或称为杜松子酒、琴酒、毡酒，是用粮食如大麦、玉米和黑麦等酿制后蒸馏出的高度酒。其中加有杜松子、当归、甘草、菖蒲根和橙子皮等多种草药成分，因此金酒有扑鼻的草药味，其酒精度一般为$35\%\sim50\%$。金酒是16世纪荷兰最早酿成的，最初作医药用，后来英国开始将其作为饮料。

有荷兰式金酒和英式金酒2种，荷兰式金酒是用大麦、黑麦等为原料，经过三次蒸馏再加入杜松子进行第四次蒸馏而制成。荷兰式金酒色泽透明清亮，清香气味突出，风味独特，口味微甜，酒度为52%左右。

英式金酒是用食用酒精和杜松子及其他香料共同蒸馏制成。英式金酒色泽透明，酒香和香料浓郁，口感醇美甘冽。

除荷兰式金酒和英式金酒以外，欧洲其他一些国家也产金酒，在西餐烹调中一些特色菜肴中可以用它进行调味。

4. 朗姆酒

朗姆酒（Rum）也称为兰姆酒，是甘蔗的榨汁糖浆酿制后蒸馏出的酒，其酒精度为$25\%\sim50\%$。大多数朗姆酒产于古巴、波多黎各和牙买加等国家。白朗姆酒色浅、味淡，老化时间不长。黑朗姆酒经过多年老化，味浓、颜色较深，高质量的朗姆酒基本上都是黑朗姆酒。金朗姆酒是介于上述两者之间的朗姆酒，这种朗姆酒目前受到越来越多的欢迎。加香朗姆酒，这是加有其他调味品的朗姆酒。朗姆酒主要用于西点的调味。

5. 伏特加

伏特加（Vodka）是从俄语中来的名称，是俄罗斯具有代表性的白酒，是用小麦、黑麦糖化、发酵和蒸馏制成酒精，再进一步加工而成。也有的是以土豆为原料酿制。伏特加制造的工艺为优质酒精加水稀释，制成酒精和水的混合物，经第一次过滤、活性炭处理、第二次过滤，最后调至规定的酒精浓度。一般不需要陈酿。

伏特加酒无色、无香味，具有中性的特点。在西餐中主要用于俄式菜肴的调味。

6. 特基拉酒

特基拉酒（Tequila）是墨西哥的特产，被称为墨西哥的灵魂。特基拉是墨西哥的一个小镇，因产此酒而出名。特基拉酒也称为"龙舌兰"烈酒，因该酒以龙舌兰为原料。龙舌兰是一种仙人掌科植物，通常要生长 12 年，成熟后割下送至酒厂，再被割成两半后泡 24h，然后榨出汁来，汁加糖送入发酵柜中发酵两天半，然后经两次蒸馏，酒精纯度达 52%～53%，此时的酒香气突出、口味凶烈，然后放入橡木桶陈酿。陈酿时间不同，酒味和颜色差别很大。白色未经陈酿，银白色陈酿期最多 3 年，金黄色酒储存最少 2～4 年，特级特基拉酒需要更长的储存期。特基拉酒香气很独特，在西餐中用于墨西哥菜肴的调味。

7. 葡萄酒

葡萄酒在西餐调味用酒中占有极其重要的地位。世界上很多国家都生产葡萄酒，葡萄酒一般分红葡萄酒和白葡萄酒。

（1）红葡萄酒　红葡萄酒简称红酒，是用颜色较深的红葡萄或紫葡萄酿造的。酿造时果汁果肉一起发酵，所以颜色深。分甜型和干型两种，烹调中多数使用干型酒。

（2）白葡萄酒　白葡萄酒是以青黄色葡萄为原料酿造的，因为在酿造过程中除去了果皮，所以颜色较浅。白葡萄酒干型较多，清冽爽口，适宜作为海鲜类菜肴的调味料使用。

8. 香槟酒

香槟酒（Champagne）是用葡萄酿造的汽酒，非常名贵，有"酒皇"之称。原产于法国北部的香槟地区。该酒讲究用不同品种的葡萄为原料，经发酵、勾兑、陈酿转瓶、换塞填充等工序制成，一般需要 3 年的时间才能饮用。

香槟酒多用于鱼虾等海鲜类原料的烹制，用香槟酒调味烹制的海鲜类菜肴更加可口美味，如扒大虾香槟汁、香槟焗火腿等。

9. 雪利酒

雪利酒（Sherry）又译为谢里酒，主要产于西班牙的加的斯。

雪利酒可分为两大类，即菲奴（fino）和奥罗索（oloroso）。前者色泽淡黄明亮，是雪利酒中最淡的，香味优雅清新，口味甘洌、清淡、爽快，酒精度为15.5％～17％。后者是强香型酒品，色泽金黄，透明度好，香气浓郁，有核桃仁似的香气，口味浓烈、绵柔，酒体丰富圆润，酒精度为18％～20％，少数为25％。

雪利酒常用来佐餐甜食，或用于清汤类的调味，特别是牛肉清汤，加入后清香无比，更能显露出牛肉的香味。

10. 茴香酒

茴香酒主要产于欧洲一些国家，以法国产的最有名。茴香酒是用茴香油与食用酒精或蒸馏酒配制而成的。茴香油一般从八角或青茴香中提取，有一定的刺激性。酒精度含量一般在25％左右。茴香酒常用于海鲜菜肴的调味汁，并可作餐前的开胃酒。

11. 钵酒

钵酒（Port wine）原名为波尔图酒，产于葡萄牙的杜罗河一带。钵酒是葡萄原汁酒与葡萄蒸馏酒勾兑而成的，在生产工艺上吸取了配制酒的酿造经验。钵酒可分为黑红、深红、宝石红、茶红四种类型。钵酒可作为甜食酒饮用，烹调中常用于野味菜肴及汤类。腌制肝类菜时更是不可缺少的，它能去除肝的腥异味，增加肝的独特香气。

三、油脂

西餐烹调十分讲究油脂的使用，不仅是油脂，还有奶制品都可作为调味料使用。蛋黄酱是西餐中将油脂与其他原料混合乳化后变成调味品的典型代表，就是说油脂对风味具有重要的影响。

1. 黄油

黄油，食品加工中有时也称"奶油"，我国北方称为"黄油"，上海等南方地区称"白脱"，香港称其为"牛油"等，是由鲜奶经再次杀菌、成熟、压炼而成的高乳脂产品。常温下呈浅乳黄色固体，乳脂含量不低于80％，水分含量不高于16％。黄油是从奶油中进一步分离出来的脂肪，分为鲜黄油和清黄油。鲜黄油的含脂率在85％左右，口味香醇，可直接食用。清黄油的含脂率在97％左右，比较耐高温，可用于烹调热菜。还可根据在提炼过程中是否加调味品，分为咸黄油、甜黄油、淡黄油、酸黄油等。

黄油含脂肪率高，比奶油容易保存。如长期储存应放在－10℃的冰箱中，短期存放可放在 5℃左右的冷藏柜中保存。因黄油易氧化，所以在存放时应注意避免光线直接照射，且应密封保存。

黄油是法餐中不可缺少的调味品。法国的黄油质量好、产量大，常与葡萄酒并用，能产生极其微妙的调味效果。

在使用前可先让黄油熔化，取熔化的黄油上清液使用。如果使用普通的黄油不仅容易增色，还容易让食材产生焦臭味。黄油的上清液耐高温不产生焦臭味，常用于调制油煎食物等。

法餐中多种鱼的烹制都使用普通的黄油。如先撒盐和胡椒让鱼肉入底味，稍许涂上面粉，然后在不粘锅里放植物油和黄油，用油把鱼煎成金黄色后放入盘子里，摆上柠檬片，挤上些柠檬汁，撒些剁碎的芹菜叶，再摆放一块用黄油煎得有些焦黄的精瘦肉。这类菜中的鱼和肉都是用黄油煎的，而且煎得有些焦感，再撒上柠檬汁和碎芹菜叶以后，味道绝佳。

此外，制作西餐汤或沙司还时常使用风味化黄油的小方块，如制成有龙虾、鳀鱼等风味的黄油块状物，即混配黄油。混配黄油具有增香、增厚和加强风味的作用。根据食材的性质，还可以将香辛料与黄油混配一起，将其用于沙司、浓汤、烤肉等食物中。另外，在黄油中添加剁碎的芹菜、盐、胡椒、柠檬汁等，摆放在烤鱼烤肉的旁边。还可以在黄油中添加蒜泥、芹菜碎、白葡萄酒、盐、胡椒、青葱碎、柠檬汁等，将此等混配黄油填满蜗牛壳，与蜗牛一起烧制，味道极好。蒜味黄油可用于烹制大虾，鳀鱼黄油可用于鱼和肉菜等。

2. 奶油

奶油是以杀菌的鲜奶为原料，经过加工分离出来脂肪与其他成分进行混合的产品，也称为稀奶油。奶油是制作黄油的中间产品，含脂率较低，分为以下几种。

（1）淡奶油　也称为单奶油，含乳脂量为 12%～30%，具有起稠增白的作用，可用于制作多种沙司和西餐汤。

（2）掼奶油　很容易搅拌打成泡沫状，含乳脂量为 30%～40%，可用于某些有装饰作用的沙司。

（3）厚奶油　也称为双奶油，含乳脂量为 48%～50%，这种奶油由于成本高，用得不是太多，通常为了增进风味的强度才使用。

3. 橄榄油

橄榄在地中海沿岸国家有几千年的历史，橄榄是木樨科常绿小乔木。按用途来分主要是油用和盐腌用两种。油用的橄榄其脂肪含量为 18%～25%。橄榄油是采自成熟的橄榄果，采后立即榨油和精制得到的。橄榄油是西餐制作中重要的原料，对于法国、意大利、西班牙等欧洲国家来说，橄榄油不仅是油脂原料，还是重要的调味品，橄榄油常参与许多种沙司的制作。

4. 色拉油

色拉油，俗称凉拌油，因特别适合西餐凉拌等菜肴而得名。色拉油呈淡黄色，澄清透明、无气味、口感好，用于烹调时不起泡沫，烟少，在0℃条件下冷藏5.5h仍能保持澄清。除作为烹炸、煎炸用之外，主要用于冷荤西餐的调拌，特别是沙拉酱汁、蛋黄酱类的制作绝对少不了各种植物油。还可以作为人造奶油、起酥油等各种调味油的原料。

色拉油一般是选用优质油料先加工成毛油，再经脱胶、脱酸、脱色、脱臭、脱蜡等工序成为成品。

四、奶制品

1. 牛奶

牛奶不仅营养价值很高，含有丰富的蛋白质、脂肪和多种维生素、矿物质等，还能入沙司成为调味原料。著名的贝沙梅尔沙司一般都少不了用牛奶，意大利面条的白色沙司也使用牛奶。牛奶保存时多采用冷藏法，如短期储存可放在−2～−1℃的冰柜中冷藏，长期保存需要放在−18～−10℃的冷库中。

2. 奶酪

奶酪，常被译成"起司""吉司""芝士"。奶酪是主要以牛奶（少数为羊奶）为原料，经发酵、压榨、熟成等工序制成的奶制品。

奶酪的种类很多，据报道世界上有上千种奶酪，其中法国的品种较多。此外，意大利、荷兰生产的奶酪也很有名。优质的奶酪切面均匀致密，呈白色或淡黄色，表皮均匀、细腻，无损伤，无裂缝和硬脆现象。切片整齐不碎，具有奶酪特有的醇香气味。

奶酪在西餐中的地位十分重要。除了可直接食用以外，还可作为调味原料使用，如将奶酪擦碎，将碎末撒在菜肴、意大利面、比萨饼等的表面，与牛肉番茄沙司、比萨沙司等一同起调味的作用。此外，奶酪还常用于制作西餐汤，许多西餐汤都有很浓的奶酪香味。

奶酪的分类方法很多，常用的方法是按产品的性质分，大致可分为以下4类。

（1）硬奶酪 大多为车轮形，有的有"眼"或许多孔，质地硬，味咸，香气浓郁。多擦成碎末用于焗菜等。如原装的埃曼塔尔大孔奶酪有清淡的果仁味，奶酪呈黄色。此外还有红波奶酪、黄波奶酪等。

（2）半硬奶酪 这类奶酪的特性与硬质奶酪相似，只是质地稍软一点。也可擦成碎末用于焗菜或汤菜中。

（3）软奶酪 这类奶酪一般体积比硬奶酪小，形状各异，有的品种还有大理石花纹，质地由半软到软膏状不等。香气较重，适宜直接食用，也可用于烹调、制作调味汁等。

（4）奶油奶酪 这类奶酪一般呈厚奶油状，味道各异，一般都作为拌制调味品用。

五、香辛料

1. 辣味调料

（1）墨西哥辣椒 被称为塔巴斯哥辣椒，也称天椒，原产于墨西哥。塔巴斯哥原为墨西哥东南沿海的州名。塔巴斯哥辣椒在日本叫作"鹰爪"椒，形似鹰爪，体形小而细长，辣味极强。肉质薄，易干燥，适用于调制各种辣味食品。这种辣椒在我国也有大量栽培。

（2）辣味沙司 也称美国辣椒汁，以辣椒、番茄以及其他原料制作的调味沙司，色泽鲜红，味道比较辣。

（3）辣椒粉 也称为灯笼椒粉，是用肥大的辣椒果实制作的香辛料，呈红色或黄色等，含丰富的维生素C、辣椒素等。辣味不强或基本上不辣，主要用于肉类菜肴的调味与染色（红、黄色），广泛用于匈牙利、西班牙以及墨西哥等菜肴中。

（4）芥末酱 具有穿鼻的辣味和较温和的香气，主要产地是加拿大、丹麦、荷兰等国。主要是用芥末粉、醋等调制而成的。常用的有法国第戎芥末酱等。

芥末在西餐中用途很广，主要有颗粒、粉末、糊状和调制芥末4种形态，有白色、黄色、棕色和黑色芥末。颗粒状芥末无辣味，碾成粉用（温）水调成糊状物则显示出辣味。黑芥末比白芥末的辣味强些，但白芥末的香气更好。芥末一般被冲装进形似牙膏桶的容器中保存，使用方便。

（5）胡椒 胡椒的种类很多，按照颜色的不同，有白胡椒、黑胡椒和绿胡椒等。白胡椒味道温和，黑胡椒辣味较强，绿胡椒多用于菜肴的装饰。

2. 香草调料

（1）香叶 又称月桂叶、桂叶、香桂叶、天竺桂。原产于地中海沿岸及南欧各国，叶长呈椭圆形，边缘波形，顶端尖锐。该叶有爽快的芳香和微苦味，叶干燥后可作香辛料使用。精油成分主要含桉树脑、芳樟醇、丁香酚、蒎烯等。

香叶主要用于西餐中的汤类、煮炖食品、蔬菜色拉、火腿及香肠、沙司和咖喱酱等中。其烹调效果主要是消除腥味和获得其独特的芳香味。

（2）番芫荽 也称为洋香菜、荷兰芹等，主要用于鱼、肉、汤、沙拉等菜肴的调香，是法式混合调味香料的主要成分，常将包括番芫荽在内的多种香辛料装入小布袋投入锅中煮菜，俗称"bouquet garni（法）"。此外，还可用于各种烹调，如沙司调制、黄油风味菜肴以及生菜色拉等。除了用于调味外，还可以用于菜肴的装饰。

（3）百里香　又称为麝香草，味道强烈，用途广泛。百里香有甜味略带苦感，有独特的麻舌口感，有较强的去腥膻、矫异味的作用。常用于鱼、畜肉、蛋类、香肠、色拉、蔬菜、奶酪以及填馅等的调香。西餐中百里香的用途较广泛，常被作为重要的香辛料装入布袋，投入煮炖食物中增香。因其香气极强，所以用量一般很少。烤鱼、烤肉也很适合使用百里香。

（4）牛至　又称为阿里根奴等，在地中海国家应用较广，为唇形科牛至属的多年生草本，为甜马郁兰的近亲。原产于地中海沿岸、北非及西亚，目前在英国、西班牙、摩洛哥、法国、意大利、希腊、土耳其、美国、阿尔巴尼亚及我国均有生产。牛至是西餐中重要的香辛料，常用于沙司的制作。

（5）番红花　又称为藏红花，花朵中的受精柱头被干燥后，色泽呈深橘红色，是西餐中昂贵的调味料。藏红花有较强的香气，既可赋香，又可用于着色，是意大利肉汁烩饭、西班牙海鲜饭、法式鱼羹中的必用原料，可将大米等染成红色。藏红花的色素是水溶性的，所以不能用于炒菜等油脂较多的菜品。

（6）罗勒　常用于鱼、肉、沙拉等菜肴的制作。罗勒常配合番茄使用，可用于汤类、煮炖类、意大利餐及意大利面条酱等，如将罗勒叶摆放在意面酱上。

（7）龙蒿　也称为他拉根香草等，常用于鸡、鱼、蔬菜等菜肴的调味，也可浸泡在醋中，制作龙蒿醋等。龙蒿在法餐中运用较多。

（8）莳萝　也称为土茴香等，常用于鱼、沙拉、沙司等的制作。在美式菜肴中，常与醋一同用于腌制酸黄瓜等泡菜。

（9）肉豆蔻　又名肉果、玉果，原产于印度尼西亚的马鲁古群岛，在热带地区栽培，属于肉豆蔻科。肉豆蔻气味芳香，略有苦味，主要用于肉制品（如腊肠、香肠等）的调味，也可用于糕点、西式沙司、蛋乳饮料以及咖喱粉等。肉豆蔻在西餐菜品中使用特别广泛，在香辛料中占有重要位置，其主要作用是去腥增香。

（10）咖喱　是指将多种香辛料调配而成的调料。印度是世界上公认的香辛料王国，出产了许多绝无仅有的名贵香辛料。以咖喱烹调各式菜肴是以印度为中心的东南亚热带、亚热带各国人民的饮食，现在已经不仅限于东南亚各国了，在欧、美、日各国的饮食中，咖喱已经彻底渗透到百姓的家庭中，成为一种极其普通的烹饪调料。

（11）肉桂　也叫桂皮，属于樟科樟属植物的树皮，常绿乔木，多在山林中野生，有中国肉桂、斯里兰卡肉桂、西贡肉桂和印度尼西亚肉桂。肉桂在西餐的甜点中运用广泛。

（12）薄荷　又名薄荷菜、南薄荷、猫儿薄荷、升阳菜，为唇形科植物薄荷的全草或叶，具有芳香和清凉感。新鲜的薄荷叶常用于菜肴的装饰。

（13）迷迭香　原产于地中海沿岸及欧洲南部，是欧美烹调中常用的香辛料，主要用于消除猪肉、羊肉、牛肉以及鱼类等的腥味，增加香气。由于迷迭香的香气很强，使用时只需用少量。还可以在蔬菜色拉、汤汁、果酱及小甜点心等中使用。有粉末和颗粒产品。

（14）马郁兰　又称为甘牛至，主要分布在法国、智利、南亚等地。草浅灰绿色，叶椭圆形，两面有白色柔毛。通常在花开时采集，将叶子干燥后作为香辛料使用。

马郁兰适用于肉类菜肴，可消除腥臭味。如对羊肉、动物肝脏及其肉馅进行预处理时使用，或在炖肉时加进干燥的马郁兰。此外，还可在香肠等肉食加工中使用。在蔬菜中也可以使用，特别适合用于以番茄、土豆、茄子、豆类等为主的菜品，是意大利餐中不可缺少的香辛料。还适合与牛奶、奶酪等进行搭配，也可用于蔬菜色拉。

（15）紫苏　紫苏是唇形科紫苏属的一种，原产于不丹、印度等地。一年生草本植物，茎被长柔毛，叶片宽呈卵形或圆形，先端短尖或突尖，边缘有粗锯齿，两面紫色或上面青色下面紫色，有毛。紫苏是西餐中常用的香草，叶供食用，和肉类一起煮可增加香气。特别是日餐，紫苏是生鱼片等菜肴的点缀，或可作为凉拌沙拉酱汁的香辛料使用。

（16）虾夷葱　又称细香葱，味道温和。叶与花都可以使用。一般用于制作沙拉酱、煮基础汤等。

（17）鼠尾草　也称洋苏叶，具有强烈的香气和令人愉快的清凉感，此外还略带苦味和涩味。常用于西餐中酿馅、香肠类、子牛汤、乌斯塔沙可的调制等。

（18）优茴香　又名甜茴香，是一年生草本植物，高约80cm，叶基部肥大，叶和种子都具有芳香的甘苦味。是西餐中十分普遍的香味调味料，可增添沙拉、鱼类海鲜菜、汤类等的诱人香气。

3. 果蔬类

（1）酸黄瓜　酸黄瓜是采用小的黄瓜纽或嫩黄瓜腌制而成，口味酸咸，生津开胃。主要用于色拉酱、沙司的制作或汉堡、热狗等快餐食品的搭配。

（2）柠檬　柠檬是一种多年生常绿小乔木，属芸香科柑橘属。一年四季开花结果，以春花果为多。春花果在9月中下旬成熟，呈纺锤形，橙黄色或青绿色。柠檬果实皮厚，且富含芳香油、维生素和果酸等。柠檬汁的酸度很大，不能直接入口，将柠檬切成片或榨成汁后常用于各种西餐烹调物和凉拌沙拉的调味。

（3）椰奶　椰奶为椰子中的乳状果汁。椰奶有甜味，口感清爽，适合作饮料，同时又是西餐及制作椰奶风味沙司的重要原料。

（4）刺山柑 刺山柑也称为水瓜纽。该植物是一种多年生的灌木，用于调味和食用的是其花蕾，市场上最常见的是醋腌的、盐腌的刺山柑。刺山柑原产于地中海沿岸，意大利南部的沿海地区也是刺山柑的产地之一。在制作调味汁或沙拉时，可以直接使用醋腌的刺山柑。使用盐腌的刺山柑时，必须先将其浸泡在水中，把咸味泡净后再用于制作菜肴。

（5）紫苏酱 紫苏酱是由松果、紫苏、大蒜、乳酪、橄榄油等调制而成，自古就在意大利流传，是非常有名的调味酱，适合搭配肉类、海鲜、开胃菜、各式意大利面的调味酱，也可用来调和酱料。

第三节　蛋黄酱

蛋黄酱是西式调味品的代表性产品之一，被世界各国广泛生产和消费。我国是在近 20 年才被一般人所认知，由日本丘比公司在我国的分公司生产并上市销售的。

蛋黄酱属于沙司一个大类产品。由于在生产和消费上具有某些特殊性，本书将其作为一节进行较详细的介绍，供读者参考。

一、原料及作用

蛋黄酱的原料有主和辅之分，主原料为植物油脂、蛋黄（全蛋）、食醋。辅原料通常有食盐、香辛料及调味料等。

1. 植物油

油脂对蛋黄酱的质量和风味影响很大，一般多使用经过充分精制的色拉油，但也会使用其他油脂。早期的蛋黄酱使用的是橄榄油，以后改用了棉籽油和玉米油，近年来多使用豆油和菜籽油。其他的如葵花籽油、花生油、米糠油、芝麻油等由于价格较高，或者在物理化学性质上的适应性不能完全满足产品的需要，所以很少使用。

食用油的制法一般采用压榨或萃取工艺，以真空蒸馏法除去溶剂得到粗油，再经脱胶、脱酸、脱色、脱臭进行精制。

生产蛋黄酱的油脂在质量上要满足以下几点：风味、耐寒性、储存性都要好。检测项目主要是酸价、碘价、过氧化物值、凝固点。

能够在蛋黄酱中起到防腐抗菌作用的除了食醋以外就是食盐，在酸度相同的蛋黄酱中，食盐添加量越多则抗菌性越强。

2. 糖类

蛋黄酱中的糖添加量一般很少，只作为底味，或者叫作"模糊味"的效果使用。使用糖类原料较多的是西式拌凉菜的调料，有很多是甜口的。糖类的抗菌作用只有在添加量很大的情况下才有可能发挥，在糖添加量很少的时候，不但不能起到抗菌的作用，反而可能起到助长微生物繁殖的作用。

3. 鲜味剂

蛋黄酱中使用各种提纯型鲜味物质，如味精、I+G、琥珀酸二钠等。由于蛋黄酱本身的蛋白质和氨基酸含量较高，所以一般不必添加很多的鲜味剂。但少量的鲜味剂能增强蛋黄酱的适口性和敏感性。

二、蛋黄酱的生产

（一）原料配合

蛋黄酱是以植物油、食醋和蛋黄为主要原料的水中油滴型（水包油型）乳浊物，其中含有添加的调味料和香辛料。该产品必须有适当的黏度及其稳定性，具有独特的风味，能够抑制微生物的繁殖，能够最大限度地实现各原料之间的平衡。

实际生产中蛋黄酱的配方非常多，这主要指各厂家独自开发的配方。基本蛋黄酱的原料配比如表 6-1 所示。工业生产中使用的高速搅拌装置与家庭手工的搅拌全然不同，这两者即使用完全相同的配方，制作出来的产品区别也很大，手工调制的蛋黄酱黏度不高，质地滑感差，而工业化生产的产品不仅黏度很高，而且质地柔滑。

一般的蛋黄酱原料配合需要注意的是，油的添加量较少时，蛋黄和食醋的量要多些，且蛋黄的用量应该比食醋多。当油的用量多的时候，蛋黄的用量可以少于食醋的量。表 6-1 所示为油的用量 65%（低用量）时，需要较多量的蛋黄，而油的用量为 78.8%（较高用量）时，蛋黄的用量不需很多。从原料成本来看，油少蛋黄多的产品较贵。

表 6-1　蛋黄酱的生产配方

项目	蛋黄型	全蛋型	
	A	B	C
色拉油/%	65	78.8	80
蛋黄/%	17	8.5	—
全蛋/%	—	—	13
食醋/%	13	9.5	5
调味香辛料/%	5	3.2	2
共计/%	100	100	100

如果使用全蛋液，就需要多用油，食醋尽可能使用少量的高酸度醋。举例

说就是植物油 80％、全蛋液 12.2％、蛋清 2.9％、食醋（12％醋酸）2.5％、食盐 1.2％、调味香辛料等 1.2％。由于全蛋约 1/3 是蛋黄，所以该配方中的蛋黄约 4％。但上述配方只能在工业生产中用高速搅拌机才能得到充分的黏度及其稳定性，用手工调制得不到应有的黏度。

要手工调制蛋黄酱需要提高蛋黄的比例，蛋黄 6％、食醋 2.8％、调味料和香辛料 2.5％、植物油 88.7％，也就是说，油多的时候醋的用量就不需要太多。

（二）蛋黄酱的包装

各国蛋黄酱商品包装的规格是不同的，日本的超市中家庭用商品一般以几百克到 1kg 的包装为主，包装袋以牙膏桶状的为多，材质为聚乙烯复合材料。在此之前，一般多采用玻璃瓶和金属盖，由于质量大、易碎和成本高，且蛋黄酱的黏度大，玻璃瓶不易倒出来，因此逐渐被淘汰。后来采用塑料袋包装，但袋子包装使用后的开口不易再密封，因而逐渐出现了现在的牙膏袋状产品。

欧美国家的家庭用蛋黄酱过去多采用铝袋和玻璃瓶包装，质量有 1/2 磅（约 227g）、1 磅（约 454g）和 2 磅等，现在普遍采用铝材质的牙膏袋式包装。加工用包装一般有马口铁桶（5～18kg）及大型不锈钢罐，用泵向工厂内输送。

（三）生产中的注意事项

1. 原料的温度

根据经验，生产时蛋黄和食醋的品温在 3～5℃，油的温度在 10℃左右的产品，其黏度好、状态稳定。如果上述原料的品温超过 25℃，其产品的黏度较低，状态不够理想。但品温也不可过低，甚至油变成了固体状，这种情况也同样得不到理想的黏度状态。此外，蛋黄配料量多的产品，因品温导致的差别并不那么明显。但当以全蛋为原料，且油的用量较大时，这种差别会明显地表现出来。

2. 油、蛋黄、食醋的比率对黏度的影响

有人做过以下实验，在食盐 2g、芥末粉 1g 不变的情况下，添加蛋黄 1 个（15g），食醋添加量为 3/4 勺、1.5 勺和 2 勺 3 种，分别向其中缓慢地添加油，同时测定油添加过程中黏度的变化情况。结果表明，食醋的添加量越少，油的添加量越少黏度越高。反之，食醋的添加量越多，油的添加量也必须跟着增加，否则黏度就上不去。无论哪种情况，油的添加量增多后，黏度一旦超过了某个限度，油就开始分离了。但油在分离之前，三者的黏度并没有大的区别。

实际上，蛋黄酱的黏度多少为合适，要根据市场需要来定，根据国家和地区人们的饮食习惯和调味对象来确定。也就是说，要生产黏度不同的蛋黄酱，还需要根据以上提示，调整 3 种原料及辅料之间的比例。

3. 蛋黄酱的油分离

在蛋黄酱生产过程中发生油分离主要有以下原因：①油的添加量过多；②搅拌力量不够或搅拌机的转速过低；③原料配比不适当。①和③有重叠的地方，就是油的添加量过多是造成油分离的重要原因。除此之外还有其他原料，如食醋、蛋黄的添加量与油的用量不匹配也可导致分离。此外，还要注意操作上的技巧，比如油一般应是缓慢地、少量地添加，边添加边充分搅拌，不可一次性快速添加。再有，如果一次性添加的油量较多，可以暂停油的添加，用搅拌机充分搅拌之后再开始添加，不断反复这种添加操作。

已经发生了油分离的蛋黄酱，要将其调整到正常的状态时，仅用搅拌机或乳化装置是不行的，这时无论怎样搅拌也无济于事。可将处于分离状态的蛋黄酱移入一只容器，然后在一个不锈钢盆中先加些蛋黄或正常的蛋黄酱，开启搅拌机进行搅拌，同时将分离的蛋黄酱一点点加进去充分搅拌，用这种方法可以将分离的蛋黄酱调整为正常产品。

4. 全蛋的使用

当使用全蛋生产蛋黄酱时，由于蛋黄与蛋白的天然比例约为1∶2，所以，若单纯将蛋黄的配比量置换成全蛋的量生产蛋黄酱肯定是有问题的，会导致产品的黏度显著下降。因此，在使用全蛋为原料时必须将配方进行修改，这时不仅要按比例将全蛋的量换算成蛋黄的量，还要注意排除蛋清的影响，因为蛋清会像水那样降低蛋黄酱的黏度，但比水和食醋要好些。这时可使用少量高酸度（如10%）的食醋代替酸度为5%的食醋，这样制得的蛋黄酱就不会受到蛋清的影响。

第四节　沙司

一、乌斯塔沙司

乌斯塔沙司是19世纪中叶在英国开发成功的一种餐桌沙司。其配方最早来源于印度，由英国化学家将其变成了商品。有液状和黏稠状2种，一般称为"乌斯塔沙司"的是呈液状的。黏度较大的产品，日本称其为"中浓"或"浓厚"型，我国业内人士常把乌斯塔沙司称为"辣酱油"。但乌斯塔沙司的味道并非体现在辣上，而是各种香辛料与食醋、果蔬汁及糖类等有机结合的一种滋味，并非酱油。乌斯塔沙司属于调配型的风味酱类调味品，到目前为止在我国市场上还不多见，更没有渗透到一般家庭进行消费，但今后该产品的走势值得注意。

（一）生产工艺

1. 基本配方

乌斯塔沙司的配方见表 6-2。

表 6-2　乌斯塔沙司的配方

A		B	
材料	用量/g	材料	用量/g
蔬菜等	55.5	番茄酱	10L
洋葱	33.5	砂糖	500～1200
胡萝卜		食盐	120～150
大蒜	11.1	醋酸(30%)	70～150
生姜	5.6	洋葱	200～310
陈皮	2.8	大蒜	0～5
番茄酱	30	多香果	0～5
调味原料		丁香	5～10
食盐	90	肉桂	4～5
砂糖	120	肉桂假种皮	0～5
70%山梨糖醇	20	红辣椒	1～3
饴糖	9	生姜	适量
糊精	5	胡椒	适量
焦糖	30	麝香草	适量
蛋白水解液	75mL	月桂叶	适量
复合鲜味剂	2.5	鼠尾草	适量
香辛料类			
丁香	0.8		
肉桂	1		
麝香草	0.5		
鼠尾草	0.5		
月桂叶	1.4		
红辣椒	0.9		
白胡椒	0.5		
大蒜粉	0.2		
洋葱粉	1.5		
酸味剂			
柠檬酸	5		
酒石酸	2.7		
苹果酸	1.8		
柠檬酸钠	1.5		
白醋(4.5%)	90mL		

2. 工艺流程

乌斯塔沙司的一般性工艺流程如下。

（1）清洗和破碎　乌斯塔沙司使用的生鲜原料如蔬菜、水果等在煮汁之前，需要进行清洗。将果蔬原料放入洗菜机或不锈钢槽中进行清洗，洗干净后可用切菜机将蔬菜果实切成不同形状的块。也可直接购入经过初加工的果蔬原料，这些原料一般已经过清洗和切块，可放入冷库中储存备用。

（2）煮汁过滤　工厂煮汁可用开放式的夹层锅和可加热冷却的冷热缸（罐），以及密闭式的高压锅等进行。每个工厂都有自己的加热方式，但一般采用的是100℃、10～15min，或者90～95℃、20～30min。高压蒸煮采用的是115～128℃（压力0.1～0.15MPa）、30～60min，有时还可以添加纤维素酶进行适当酶解，软化或消化植物纤维组织，以提高其鲜味感。

在煮汁的时候，可以添加辅料如香辛料类等一起煮，香辛料可以使用原形物，将香辛料的果实、枝叶、根块装入布袋中封好投入水中，也可以使用香辛料粉末。也有的工艺在煮汁阶段只添加红辣椒，其他香辛料在煮汁过滤后得到的母液中添加。

煮汁的浓度与加水量关系密切，煮汁后的固形物含量一般在5%（Brix）上下，不必刻意追求浓度很高的煮汁，只要在风味上能满足要求就可以了，一般以常压100℃煮10～15min、90～95℃煮约30min即可。为了增加菜果的香味有时也可以用淀粉酶对菜果类进行适度酶解然后再煮。

煮汁经过滤得到不含渣滓的母液，过滤网可使用80～100目的筛网进行过滤。接下来在母液中添加淀粉（液体产品不添加淀粉）、增稠多糖类（糊精）、食盐、糖类（砂糖、饴糖）、焦糖等或剩下的香辛料类，在加热灭菌之后，待温度降至60℃以下再添加食醋。

有实验表明，在制取香辛料的提取液时，水的温度并非越高越好，表6-3所示为部分香辛料提取的最佳时间和温度。除辣椒以外，许多香辛料的提取温度不能太高，温度太高有可能使精油出现变性现象，导致焦煳感、产生胶皮味、碱性味、苦味及涩味，失去其原有的芳香。也就是说，在考虑哪些香辛料参与菜果汁的制作时，应根据香辛料提取的最佳温度和时间进行复配。有的工厂在煮菜果汁时，只添加红辣椒就是考虑到辣椒是香辛料中耐热性最好的。将其他香辛料放在辅料（2）中添加，然后再经短时间的加热灭菌即可。

表 6-3　部分香辛料提取的最佳时间和温度

提取时间/min	提取温度/℃				
	40	45～50	50	60	100
30	小豆蔻 生姜 月桂叶				
45	肉桂 小茴香 黄蒿子	麝香草 肉豆蔻 三香子 芫荽 芥末 胡卢巴		胡椒	
60		洋葱	鼠尾草 芹菜（西芹）	大蒜	
120					红辣椒

此外，乌斯塔沙司所使用的天然调味料指的是动植物提取液、膏状物以及蛋白质水解液，提取物最好不使用粉末原料，因为使用粉末有可能在成品中看到细小颗粒的存在，对产品的外观产生不利影响。

（3）淀粉及其糊化　淀粉在糊化进程中与加热温度的关系极大。淀粉的种类很多，每种淀粉的糊化温度是有差别的。以玉米淀粉的糊化进程为例，当淀粉被加热到 60℃ 以上时才开始膨润，随着温度的升高，淀粉颗粒不断膨胀，在膨胀的同时黏度升高。从约 80℃ 开始糊化，升到 95℃ 时黏度达到峰值，这时绝大多数淀粉颗粒都已经达到最大的膨胀状态，部分淀粉颗粒开始破裂，实际上这时的黏度已超过峰值，已由黏度的上升阶段转入黏度的维持阶段。

黏度会随时间的延续有所降低，即从达到峰值到保温（92℃）20min 的这段时间，黏度表现为下降，再以后黏度则表现为基本稳定。淀粉糊化的实质，是淀粉粒受水膨润后，随着温度的上升而不断膨胀，最后发生变性的过程。淀粉糊化必须十分充分，必须让淀粉粒的膨润达到最高峰，再保温一段时间才能得到比较稳定的黏度。

当生产黏度较大的沙司时，玉米淀粉的添加量一般为 1%～3%。除了淀粉以外，有的还需要使用增稠多糖类原料。要得到黏度稳定的产品，加热罐的搅拌装置也十分重要，搅拌翼最好能将整个液体贴着加热罐的内壁进行翻动，而且搅拌翼的搅拌速度最好是可调的，否则很难达到稳定的黏度效果。

（4）调配　煮汁时若已将香辛料全部加入，过滤后可直接添加糖类、淀粉等辅料，然后加热到 95℃ 以上保温 20～30min。添加食醋时，品温最好降至 60℃ 以下。如果香辛料是后添加的，就有必要在加热之后进行过滤，特别是使用了粉状香辛料时更是如此。如果不介意产品中能看到有粉状香辛料的存在，就可以不进行过滤，直接灌装。

保持黏度是关系到产品质量和货架期的重要因素。在实际生产中能影响黏度形成及维持的主要因素是升温过程和搅拌条件。当温度达到预定数值之后应马上进行保温，保温时间和热灌装的时间应设定在合理的范围内，不可任意延长。

（5）杀菌冷却　液体的乌斯塔沙司为了保证有足够的保质期，在调配之后应用列管式或板式换热器进行杀菌，温度如设在 95～100℃ 可进行 5～10min 的灭菌处理；如采用超高温瞬时灭菌，可采用 135℃ 上下、10～20s 的灭菌方式。

要充分注意不使其二次污染，这需要注意以下事项：①清洗。管道、泵和罐内等须先用碱水再用开水充分冲洗干净，特别是管道内有接头的地方，要分解拆卸清洗。②中转储存罐。这里是半成品液体临时储存的地方，如需隔日灌装产品，当日打入经过加热灭菌的液体后，要待温度降至室温后才能盖盖子；或者先用酒精将盖子充分消毒之后方可盖盖。这是因为如果盖子没有经过消毒，从高温液体中蒸发出来的水蒸气会在未经消毒的盖子内侧结露，该露水再滴回到产品中可导致产品被杂菌污染。③容器。容器必须经过严格的消毒后方可使用。无论是塑料瓶或玻璃瓶，新容器看上去都是很干净的，但由于包装破损等原因，容器并非都很洁净，因此玻璃瓶最好都要经过 85℃ 以上的热水洗瓶。当用大塑料桶时，最好不用提手部位被做成中空形状的容器，因为这种形状的桶，其中空的提手部位很难洗干净。

（6）陈化　乌斯塔沙司一般需要进行陈化，这是因为产品中香辛料的味道较强，刚生产出的产品与陈化一段时间的产品在风味上是不一样的。香辛料的香气成分有挥发性和非挥发性之分，特别是挥发性成分需要一段稳定时间。醋酸因是挥发性的，在加热之后也需要稳定时间。非挥发性香气成分也需要与各种成分进行融合。可以说，在产品陈化以至于整个储存期，产品内部各种成分之间会有新的结合，并发生某些微妙的变化。

乌斯塔沙司以瓶装为多，作为终端产品进入超市出售。但该产品也可成为其他复合调味料的原料，特别是由于其个性化的香气和风味，可用于调制某些沙司或其他调味料。

（二）风味特性及使用方法

1. 风味特性

乌斯塔沙司是一种不同于其他液体调味料的产品，其风味特性与我国消费者熟悉和喜爱的味道有明显区别，是一种含有果蔬汁（浆）、食醋、糖类、鲜味剂和多种香辛料的，具有酸、甜、鲜、咸、果蔬香和复杂香辛料气味的结合体。多数中国人在首次接触它时一般都会感到某种不适应，但经过多次尝试后会逐渐感受到该产品在风味上的魅力。

2. 使用方法

乌斯塔沙司在西餐调味中具有非常重要的地位，被包装成各种质量规格和以各种形状的容器出现在超市、食品加工厂、餐桌及人们的行囊中，是一种消费范围十分广泛的调味产品。由于乌斯塔沙司分为黏度和口味不同的产品，因而可适应多种烹调物和进食方式的调味需要。

首先，乌斯塔沙司在西餐中的地位相当于我国的酱油，所不同的是西餐中的乌斯塔沙司不是被用来炒菜的，一般多被用于凉拌或者油炸食品等的调味。当放在餐桌上时，不管面对的是何种食品，只要进食者喜欢都可以使用。比较典型的一种用法是凉拌沙拉菜的调味。尽管西餐中存在着大量专用的沙拉酱汁，但乌斯塔沙司本身就是一种最大众化的冷荤菜调料，当进食者的旁边没有其他凉拌调料时，顺手拿起餐桌上的乌斯塔沙司往凉菜上一浇即食。该产品可直接用于油炸食物的调味，可在炸鸡腿、炸牛排、炸猪排、炸鱼排、炸虾等食物的表面放上有一定甜度的乌斯塔沙司。由于黏度较大能在食物表面长时间滞留，不会马上渗入食物的内部，这样会看上去很美观并诱人食欲。如果换了液体的乌斯塔沙司浇在油炸食物的表面，因沙司很快渗入食物内部，在金黄色油炸食物的表面会形成一片黑色区域，看上去很不美观，所以吃油炸食物一般用的是黏度较大的沙司。在西餐炒面中有一种是以乌斯塔沙司风味的调料烹炒的。这是一种专用的炒面沙司，是在铁板上炒面条，浇上这种沙司后快速翻炒，其香气味道都十分诱人，这也是西式快餐中的一种。

我国有很多消费者都喜欢麻辣食品，这是由于麻辣食物具有诱人的气味和热辣的进食感觉。而用乌斯塔风味的沙司炒出来的面条也具有类似的效果，就是由炒面的热气带出来乌斯塔型香辛料的特有香气，以及入口后感觉到香辛料的辣味、酸味、甜味、鲜味、咸味等，这些味道相互交织就形成了一种复杂味感，应该说这种复杂的味道如果搭配得合理适度确实能产生一种十分诱人的香味。

西方人一般不太适应我国消费者所喜爱的那种强烈热辣的感觉，乌斯塔沙司所表现的那种似辣不辣的感觉更适合欧美日等国的消费者。

二、咖喱沙司

咖喱沙司和咖喱食品在产品种类上也是多种多样的，如家用快餐型的咖喱沙司、加工用的咖喱卤片、纯咖喱卤、高压灭菌咖喱食品、罐装咖喱等。咖喱沙司指以咖喱粉或咖喱卤为主料，掺了肉或蔬菜等制作的可搭配其他食品一起进食的酱膏状产品，如快餐咖喱沙司、家用和加工用咖喱沙司等。咖喱食品指不需要进行搭配就可以食用的快餐食品，如快餐咖喱米饭、咖喱方便面、咖喱汤等。

从生产工艺上看，主要有冷冻咖喱、高压灭菌咖喱和微波炉咖喱。咖喱粉的制作基本上是一样的，主要采取制粉和混配等方式。由咖喱粉到咖喱沙司（酱状），再到咖喱食品（固形产品）是经过不同的工艺生产出来的。咖喱卤和咖喱沙司的一般性生产工艺如下。

香辛料→筛选→制粉→混配→焙炒(≤100℃)→储藏(6～12个月)→过筛→咖喱粉

小麦粉＋油脂→混合→焙炒→混合
辅料↓
产品（沙司原料）←充填包装←咖喱卤
辅料（肉、蔬菜、调味料等）↓
产品（咖喱沙司）←高压灭菌（或冷冻）←充填包装←焙炒←

工业化生产的咖喱卤除了咖喱粉和各种调味品以外，大多还需要小麦粉和油脂的参与。将小麦粉和油脂混合以后进行焙炒，炒出香气并使颜色变为浅褐色或浅黄色之后，将其用于咖喱卤的制作，这样生产出的产品不仅香气好，且有一定的黏稠度。表6-4所示是咖喱卤的配方。咖喱卤是制作咖喱沙司和咖喱食品的重要基础原料，用它生产咖喱米饭用的咖喱沙司，可直接浇在米饭上食用。

表6-4　咖喱卤的生产配方　　　　单位：g

A		B		C	
材料	用量	材料	用量	材料	用量
猪脂	100	牛脂	100	畜肉脂	8
牛脂	300	猪脂	100	卵磷脂	0.04
小麦粉	400	人造奶油	100	小麦粉	6.4
咖喱粉	9	小麦粉	400	蔗糖脂肪酸酯	0.06
食盐	40	砂糖	50	食盐	1.9
脱脂奶粉	20	食盐	35	砂糖	0.4
砂糖	50	味精	14	复合鲜味剂	0.8
味精	15	核酸调味料	—	脱脂奶粉	0.3
洋葱	20	脱脂奶粉	20	焦糖色素	0.1

续表

A		B		C	
材料	用量	材料	用量	材料	用量
大蒜	10	水解植物蛋白质	10	咖喱粉	1.2
干贝素	0.1	鸡膏	20	洋葱粉	0.3
水解植物蛋白质(HVP)	1	沙司粉	20		
		咖喱粉	1		
		油煎洋葱香精	15		
		油煎大蒜香精	5		

在咖喱卤的加工当中，前期对各种香辛料的混配是最关键的环节。据某西方咖喱制造厂家的说法，孜然、芫荽、肉桂、丁香、小茴香、莳萝、小豆蔻或其假种皮中的 4 种以上要占 26％以上，生姜、红辣椒或胡椒，这当中的至少 2 种要占 26％以上，陈皮类占 18％以下。这个说法仅可作为参考，并非高质量咖喱粉的最佳配方，因为各国消费者的口味及习惯不尽相同。

需要特别注意的是丁香、肉桂一类香气极强的香辛料，如果配比不当，丁香的香气压住了其他气味，会感觉到一股很强的药味，这会使整个烹调食物的味道毁于一旦。若肉桂的香气过强，会妨碍其他香辛料之间的相互融合，也会使整体的咖喱配方大失水准。因此，必须进行科学的配方。要实现它，靠的是技术人员高度的敏感性和长期的实践经验。

接下来，对各种香辛料的混拌均匀也是非常重要的。要选择适当的搅拌机，因为各种香辛料的颗粒和密度有所不同，流动性不同，所以最好选用锥形螺旋式搅拌等装置。如果再有其他辅料，如肉粉、肉膏或油脂香精类的物料，就更要注意选择合适的搅拌装置，不能让香辛料之间出现混拌不均的现象，这可是制作咖喱粉和咖喱食品最忌讳的。最好的配方，一旦混拌不均，使其中某种香辛料的气味在感觉上过强，就会丧失整个产品的质量。

此外，还必须摸索各种香辛料在混配时的最佳投料顺序，按照粉末或颗粒之间密度和流动性的强弱进行安排。一般来说，颗粒度相似的香辛料之间比较容易混合均匀，粉末或颗粒流动性的大小受粒子本身摩擦力强弱的制约。脂肪含量越高流动性越差，越容易吸湿的粉末流动性越差。可采取先将各颗粒度或流动性相似的粉末混拌均匀后，再将它们混为一体的方式进行。对于少量原料与大众原料进行的混拌，可采取逐级放大的混拌方法。

以后是采用充填包装、高压灭菌、冷冻等工艺，这些都属于食品工业的一般性生产程序。咖喱食品的充填包装如果在没有适用的机械装置时，不得已要靠手工进行，特别是在有肉类、蔬菜类等固形物存在的情况下更是如此。虽然早已经有了能够准确定量和包装各种形状和质量的固形物以及酱料的专用数字化自动包装机，但价格不菲。

三、番茄沙司

番茄原产于位于南美安第斯山脉的国家秘鲁，16 世纪初番茄被引入欧洲，17 世纪已作为食品原料使用。番茄酱是由美国人于 1870 年开发成功并将其变成了商品。番茄沙司是用番茄酱和各种调味原料配制而成的，是意大利面条的风味酱、美式烧烤酱、炒面酱等许多风味酱中不可缺少的，是重要的西餐风味酱品种。二者制作方法可见第四章第四节。

第五节 沙拉酱

凉拌沙拉酱汁是西式调味品中的重要组成部分。沙拉酱汁不仅可以调味，同时也起到美化和修饰的作用，特别是蛋黄酱等奶黄色的沙拉调料，可使生鲜蔬菜色彩鲜艳、诱人食欲。

一、分类及品种

（一）分类

凉拌沙司是西式沙司的一个大类，品种极多，是欧、美、日各国超市调味料商品柜中的亮点之一。对这类产品的基本分类主要是根据状态进行的，即有半固态型、油水分离型、乳化型三大类。

半固态型产品呈膏状，如蛋黄酱。这些产品的特点是流动性很小，能在蔬菜或食品的表面长时间滞留，且装饰性较强。特别是沙拉酱或蛋黄酱被大量用在蔬菜表面时，与蔬菜的红黄绿紫颜色形成完美的搭配，非常诱人食欲。

油水分离型指的是不添加（或只极少量添加）乳化剂或增稠剂，未经乳化处理，植物油与水相部分呈分离状态的产品。通常油水分离的两部分颜色是不同的，产品风味主要体现在水相部分当中。

乳化型是指添加了乳化剂或增稠剂，经乳化和均质处理后，植物油和水相部分均匀混在一起的乳浊产品。乳化型产品的优点是外观较好，使用时不用晃动，呈味均匀。

欧美各国主要是蛋黄酱、沙拉酱、酸甜酱、芥末风味酱等，是以鸡蛋黄、植物油、食醋、糖类、香辛料等为原料调制而成的，味道鲜香甜酸、浓重丰满。日式风味主要以酱油、食醋、鲤鱼、海带、紫苏、柚子、辣根等为原料，特别是鲤鱼、紫苏、柚子的口感清香，别具一格。东南亚国家多使用鱼露、虾酱、椰奶、柠檬汁及多种香辛料等，口味别致。

（二）品种

西式凉拌沙司的品种多样化，不仅表现在形态上的不同，而且主要表现在不同国家和地域之间的风味差别上。从国家地区来看，可分为欧美风格、南美风格、东亚风格、东南亚风格以及非洲风格等，也就是说，凉拌沙拉在世界各国都是存在的，只不过所使用的调味料和食材有所不同。以下就各国各地区沙拉酱汁的主要特点做些介绍。

1. 欧洲、北美

以蛋黄酱、奶醋、牛奶、酸奶、食盐、砂糖、鸡汁、猪汁、牛汁、酵母膏、乌斯塔沙司、番茄酱、白醋、葡萄醋、芥末、胡椒、丁香、多香果、月桂叶、鼠尾草、麝香草、西芹、大蒜、洋葱、生姜、辣椒、橄榄油、色拉油、黄油、奶油等为主要原料，调制成具有蛋香、奶香或其他风味的沙司（如酸甜味、果味、蒜香味以及各种香辛料风味）。

欧美人有大量生食蔬菜的习惯，如生菜、番茄、紫甘蓝、圆白菜、菜花等，此外，还可以搭配火腿、香肠、罐头鱼、醋腌酸黄瓜等。这些材料多为叶类、果实、花茎及块状物，硬度较大，所以欧美式沙拉调料以半固体型的膏状为多，半固体型沙司能长时间留在材料的表面，不会马上流下去，因此适合沙拉的使用。

2. 拉丁美洲

以蛋黄酱、番茄酱、番茄沙司、黄油、奶油、奶醋、鸡猪牛汁、食盐、砂糖、柠檬汁、酸橙子汁、尖红辣椒、辣椒红色素、橄榄油、胡椒、大蒜、芹菜粉、麝香草、丁香、藏红花、月桂叶等为主，调制成色彩鲜艳，辣味、酸味、奶油味等口味的凉拌沙司。拉丁美洲是一些粮食和许多蔬菜的原产地，如玉米、土豆、红薯、南瓜、番茄、扁豆、辣椒等。由于地理气候和生活习惯的差异，主要以墨西哥、阿根廷、智利和巴西为主要组成国家的拉丁美洲，不仅在沙拉酱，其各类烹饪物都是极其多样化的。从总体上来看，南美的风味也较多受到欧美饮食的影响。

3. 东亚

东亚包括中国、日本、韩国、朝鲜等。东亚国家在传统上没有沙拉酱这种调味品，但是从第二次世界大战结束以后，西式的沙拉酱大量输入东亚国家。日本、韩国是沙拉酱的主要引进国。以日本为代表，沙拉酱自第二次世界大战后产销量呈大幅攀升态势，成为一般消费者非常熟悉的调味品。

日本的沙拉酱是集各国风味之大成，主要分日式、欧式和中式，极具多样性。日式风味主要以酱油、食醋、味噌、食盐、砂糖、味精、麦芽糖、果葡糖浆、鲤鱼、清花鱼、海带、紫苏、柚子、胡椒、大蒜、生姜、辣根、色拉油等为主；欧式风味主要以蛋黄酱、番茄酱、奶醋、柠檬汁、月桂叶、西芹、鼠尾草、麝香草、多香果等为主；中式风味以酱油、黑醋、生姜、大蒜、麻油、芝麻、砂糖等为主。从风味上看，日式风味主要突出的是味噌、鲤鱼、海带、柚子、紫苏及辣根的味道。中式主要是突出了酱油、麻油、芝麻等的味道。

我国传统上虽然存在着不少手工调制的凉荤菜调味汁，但工业化生产的沙拉酱目前仍以欧式风味为主，尚未形成我国自己的风格和特点。随着我国饮食生活的多样化，中式沙拉酱的商品化是今后一个时期我国调味品产销中十分看好的增长点。

4. 东南亚

东南亚主要指越南、老挝、缅甸、马来西亚、新加坡、泰国和印度等国。这些国家的饮食习惯主要是受宗教信仰的影响，甚至在同一个国家内就存在由宗教不同所导致的饮食习惯和方式的差异。此外，还长期受到来自中国和欧美等饮食习惯的影响，更加深了风格多样化的趋势。

东南亚国家的沙拉调料所用原料主要以当地特产为主，如椰奶、虾酱、柠檬汁、酸橙子汁、鱼露（鱼酱油）、酱油、食醋、食盐、砂糖、咖喱、生姜、大蒜、胡椒、辣椒等。除此之外各国还有自己的特点。比如越南、泰国、菲律宾较多地使用鱼露，印度、斯里兰卡则较多地使用咖喱等。

二、原料选用及调制

调制沙拉酱汁所用的原料十分广泛，使用哪些原料最适合这款沙拉必须根据风格、风味及环境需要进行选择。家庭和餐馆在调制沙拉酱汁时一般为手工，且仅凭经验进行，这就有很大的盲目性。如果掌握了一些基本的原料选用知识，对提高沙拉酱汁的调制水平是大有益处的。

首先需要了解制作沙拉酱汁究竟需要哪些原料，以及所用原料的性状、使用目的等。以下介绍了各种不同风格的沙拉酱汁及其调制，虽然只是代表性的，但沙拉酱汁的基本调制方法已能看到轮廓了。沙拉酱汁的原料选择对其风格及风味的形成至关重要，必须掌握关键原料的特性及其风味特点。

（一）蛋黄酱

蛋黄酱是调制沙拉酱的重要原料，可以从超市购买，也可以自己调制。很多法国家庭所用的蛋黄酱就是自己手工制作的，可根据自己的嗜好选料和配方。做手工调制蛋黄酱的秘诀在于所有备料都必须保持在室温，混合时一次只滴几滴油，然后加快速度，但也不能油滴成线。乳化需要时间，所以要等滴进去的油被乳化吸收，再接着滴油，否则乳化没办法很好地完成。不要都用橄榄油，可以使用色拉油等两种以上的混合植物油。

手工制作蛋黄酱的参考配方如下：2个鸡蛋黄（常温）、1个全蛋、2勺芥末粉、盐少许、2勺鲜柠檬汁、1勺白醋、250mL葵花子油（或花生油＋红花油）、125mL橄榄油。调制方法：把蛋黄、全蛋、芥末、盐、柠檬汁放入玻璃碗，用电动搅拌器快速搅拌成白色。如果用手工搅拌就不必放全蛋了。添加植物油时要逐步加，开始时只加几滴，然后滴油加速，在两次滴油之间要停留几秒，以便让蛋黄把油吸收掉。加完油后，如果混合物太稠，可以加入1勺温水，然后搅拌均匀即可。

手工调制沙拉酱可以根据自己的嗜好进行配方，可以蛋黄酱为基础原料，在其中添加各种自己喜欢的调味料或香辛料，如黑胡椒粒、蒜泥、奶酪、人造奶油、乌斯塔沙司、洋葱丁、鲣鱼粒、干辣椒丁等。

（二）酱油及酱类

如果说蛋黄酱是典型的欧美风格沙拉酱原料的话，那么酱油、豆酱、米酱以及鱼露、虾酱、蚝油等就是代表亚洲沙拉酱的原料了。酱油、豆酱及鱼露、虾酱等不同于蛋黄酱的重要特征是其发酵性，只有蚝油是非发酵性的。发酵性调味料的呈味成分是非常复杂的，且各具特色，而蛋黄酱的呈味成分就相对单纯。

蛋黄酱与发酵性酱类相比，其呈味特点是比较明快和直接，具有浓、香、鲜的特点。而酱油、发酵性酱类的特点是它呈味时的深度和复杂性，鲜味、咸味、酸味、苦味、甜味相互交织且具有层次感。再进一步讲，蛋黄酱与发酵性酱类从一个侧面能够反映出欧美人和亚洲人在饮食文化乃至人文价值观上的差别。因此，不能仅从口味出发，还必须考虑原料本身所代表的沙拉酱风格特点。

1. 酱油

酱油是亚洲国家所特有的调味料，特别是在东亚国家酱油的消费量很大。需要注意的是，各种酱油在作为沙拉酱原料使用时其效果是不同的。由于低盐固态发酵法生产的酱油周期短、发酵时间不够，与高盐稀态发酵酱油相比其香气和口味相对较差，不能说不适合作为沙拉酱的原料，只能说不如高稀酱油的效果好。凉拌沙拉用的酱油颜色较浅、酯香较浓。

日式酒菜（居酒屋的小菜）中的"鲜贝和白萝卜沙拉"，材料有鲜贝、白萝卜、魔芋细粉，调料是浓口酱油、色拉油、食醋、砂糖、麻油；"鸟贝和鸭儿芹沙拉"，材料有鸟贝、鸭儿芹，调料有辣根酱油（淡口酱油＋辣根末或者辣根粉）；"蒜汁腌蚬子沙拉"的材料有蚬子、芹菜，调料有大蒜汁、清酒、浓口酱油；"鱿鱼和韭葱沙拉"的材料有鱿鱼、韭葱，调料有生姜和浓口酱油等。日式酒菜调味汁用的酱油一般为主原料，将其他调味料溶于其中，以腌渍方式，将海鲜等材料过火后浸入该汁中。

中式凉拌沙拉酱汁使用酱油更是非常普遍，以"生抽酱油"为代表，其他各种手工调制的凉拌汁都少不了酱油。

2. 酱类

（1）中式　酱的种类很多，如豆酱、面酱、花生酱、芝麻酱、豆瓣辣酱、辣椒酱，还有名目繁多的花色酱都可以使用。我国有蔬菜大拼盘（如大丰收）常使用甜面酱作为调味料，把甜面酱放在一个小碗里，摆在菜的中央供食者蘸抹，这种吃法与西餐的蔬菜沙拉十分相像，甜面酱好似蛋黄酱，只不过不是用甜面酱拌菜，而是让食者自取。又如东北菜的凉拌大拉皮，使用芝麻酱、盐、味精、辣椒油等作为调料。芝麻酱、花生酱在许多凉拌蔬菜中都经常使用，与凉拌菜系列有很强的适应性。

（2）日式　"牛蒡沙拉"是以日本白米酱等为主调料的。材料有牛蒡、山椒嫩芽、菠菜，调料有白米酱、砂糖、盐、清酒、山椒粉。做法是用刀背将牛蒡的皮刮下来，再把牛蒡削成薄片状，用开水（加少量醋）焯一下，捞出晾凉。接下来调制山椒嫩芽的米酱，先用弱火把米酱稍加热，再放砂糖、盐、清酒调味，混炼后冷却。把菠菜切碎，加盐后用研乳钵磨成泥，加些水过滤，可得到绿色滤液。之后再加热，会看到有绿色絮凝物浮起来，取其作为颜色装饰。用研乳钵把山椒嫩芽磨碎，加菠菜的绿色絮凝物和山椒粉，将此物与白米酱混合。最后再同焯好冷却的牛蒡拌和即可。

有一种醋米酱，就是在米酱中添加少量食醋和砂糖，使酱变成酸甜的口感且有一定的流动性。如"醋酱春菊"的材料有春菊、慈葱、腌裙带菜、柚子皮，调料有米酱、食醋、打西、味淋。先把各种调料都拌合起来备用。接下来把春菊和慈葱焯一下，切成适当大小块。腌裙带菜切成 3cm 的段，柚子皮切丝。将拌好的调料汁与各种菜拌和即可。

"玉味噌"是先用研乳钵将约 100g 白米酱磨细，加 1 杯水、2 个蛋黄、3 大勺砂糖后混匀，加热并拌炼，过滤后得到的味液可用于各种凉拌沙拉。

"田乐味噌"的做法是在 1 大杯米酱中添加 5 勺砂糖、1/2 杯打西，混合后以水浴加热，最后再加 2 个蛋黄快速混炼而成。可用于凉拌豆腐及蔬菜。

"炼味噌"就是在米酱中加白糖和酒，加热拌和而成。还可以在其中再添加柚子皮的碎末，即可制成"柚子味噌"。均可作为沙拉调料使用。

（3）韩式　韩国的凉拌菜种类也很多，材料多使用圆白菜、黄瓜、豆芽菜、菠菜、春菊等，调料是以甜辣酱为主原料的"寇秋"汁，是在 1 大勺"寇秋酱"（韩式甜辣酱）中添加 1 小勺蒜末、1 大勺芝麻碎、1 大勺食醋、1 大勺砂糖、1/2 勺酱油，加热混合而成。

（三）鱼露

鱼露是亚洲国家，特别是东南亚各国日常不可或缺的重要调味品。鱼露可用于各种烹调物，凉拌沙拉酱汁也同样可以使用鱼露。鱼露所特有的鱼腥味经过加热挥发可以去除，之后的鱼露能产生一种不同于酱油和谷物酱类特有的香气，这种香气被认为是极有深度的一种气味。

鱼露经常出现在泰国的两种沙拉中，其一是墨鱼粉丝沙拉。材料有墨鱼200g、粉丝40g、洋葱1/2个、红柿子椒1个、柠檬1个、香菜适量，调料有辣椒粉1/2小勺、鱼露3大勺、柠檬汁3大勺、麻油3大勺、砂糖1/2大勺。

泰式鱼露是用小鱼的腌制品经过发酵及过滤后制得的，具有独特的腌制香气，品味上佳。该沙拉的做法是，将鱿鱼切成适当大小的块，一侧面切开后用开水焯一下，捞出放凉水中。粉丝用水煮了之后放入凉水中，再切成段。柿子椒切成薄片状，洋葱切成丝圈状。把包括鱼露在内的各种调料混合后，在其中添加辣椒粉，浇在沙拉菜上，同时把柠檬切片与香菜一同摆在盘子的边缘和中央作为装饰。

其二是猪肉馅和洋葱沙拉。材料有猪肉馅150g、洋葱1/4个、鸡蛋2个、香菜叶1根、红辣椒1根，调料有鱼露2大勺、砂糖1小勺、蜂蜜1大勺、柠檬汁1大勺、麻油1大勺。做法是先把红辣椒切成末，洋葱切成丝圈状。接下来把猪肉馅炒一下，加一半量（1大勺）的鱼露炒出香气，再把鸡蛋打进去快炒，使鸡蛋和肉馅合二为一。把炒好的肉馅放在容器里，与辣椒末和洋葱丝圈混合，香菜撕一下放在上面后，把事先拌好的调料汁浇在上面即可。该沙拉中炒肉馅和调料汁中都使用了鱼露，因此香气浓重。

（四）酸味剂

1. 食醋

醋是调制沙拉酱汁的重要原料。不同风格的沙拉酱使用不同的醋或酸味剂，如欧美风格经常使用葡萄醋、白醋，东南亚风格一般使用柠檬汁、酸橙汁，亚洲风格常使用黑醋、米醋、柠檬汁、柚子汁等。

醋通常与植物油、酱油及酱类配合使用，也可单独使用。葡萄醋有红和白之分，如果不介意颜色的影响，可以使用红葡萄醋，甚至是黑醋。此外，还有苹果醋，这是种有一股甜味、很有吸引力的醋。米醋味道柔和，是调制沙拉酱汁的好原料。香膏醋是经过多年陈酿制得的一种高档醋，廉价的香膏醋是用普通醋加焦糖而制得的。

欧美沙拉的什锦蔬菜沙拉酱汁中有陈年葡萄醋3大勺、盐和黑胡椒各适量；墨西哥有酪梨番茄沙拉，其沙拉酱汁中有陈年葡萄醋2大勺、盐和黑胡椒粒各适量；意大利有拿坡里沙拉，其调料中有白醋2大勺、盐和黑胡椒粒各适量、4大勺纯橄榄油；可以看出欧美风格的沙拉尽管调料配合得很简单，但食醋的作用是非常重要的。

2. 橙汁、柠檬汁等

多被用于东南亚风格的沙拉酱汁，特别是越南、泰国等国家。这些国家很少使用食醋，通常以柠檬汁、酸橙汁等代替食醋用于各种烹调物，其中包括凉拌沙拉。越南的红辣椒酸橙汁有 6 大勺酸橙汁、1 勺鱼露、2 勺红糖、2 只干辣椒、1 个蒜瓣、姜丝少许。泰式酸橙汁干辣椒调料有 4 大勺酸橙汁、2 勺鱼露、2 只干辣椒，还有 1 勺鱼露、1 个酸橙子的榨汁、1 勺红糖。将酸橙汁、鱼露、红糖或去子的干辣椒放在碗里，搅拌均匀即可使用。

日本的"烹滋"十分有名，是主要以苦橙和酸橙为原料制作的。苦橙原产印度、喜马拉雅地区，树高约 3m。苦橙在日本的栽培地主要是山口县和爱媛县，果实为球形。苦橙的酸味很强，伴有苦味，不能生食，主要用于生产烹滋。烹滋在日本的消费量很大，不仅可用于沙拉酱汁，还可用于各种食品的调味。烹滋还可与酱油制成烹滋酱油，使用范围更加广泛。如圆白菜与茄子的烹滋沙拉中有圆白菜 2 大片、长茄子 1 个、青紫苏 4 片、烹滋酱油 3 大勺。做法是将圆白菜切成 3cm 的块状，茄子切薄片，将二者过清水，捞出控干备用。青紫苏切丝，然后放在控干的菜上，浇上烹滋酱油放 3min 后，用手轻揉一下，盛于碗中。烹滋酱油的添加量可根据嗜好增减。

日本还有以梅子肉作为酸味剂调制沙拉酱汁的配方，如梅肉泥 3 大勺、打西 2 大勺、烹滋醋 2 大勺、酱油 1 勺、味淋 1 勺，将该沙拉酱汁浇在切好的洋葱圈和鲣鱼节（削成的薄片）混合起来的沙拉上即可。

（五）植物油

植物油是西餐凉拌沙拉中十分重要的原料。植物油在过去曾是沙拉酱汁中不可缺少的，但近年来由于越来越多的人意识到吃油太多容易导致肥胖，因此而敬而远之。这样一来，沙拉酱汁中出现了不含植物油的"non-oil"型产品。

西餐凉拌沙拉使用的植物油多为橄榄油、葵花子油、红花油、花生油及色拉油等。对于调制沙拉酱汁来讲，冷榨的橄榄油是最好的，但味道比较冲鼻。如果要让味道清淡一些，可使用花生油、葵花子油或红花油等。植物油在欧美风格的沙拉酱汁中基本上是必需的，但在亚洲国家，调制沙拉酱汁时植物油并非必需的，可用其他原料代替，如酸味剂、葡萄酒、白酒、酱油、鱼露、鲣鱼汁等。

第七章 调味品生产设备

调味品种类繁多，生产工艺各异。从生产环节看，往往包含原料的采集、预处理、输送、加工、包装等过程，从其加工单元看，往往经过粉碎、搅拌、均质、发酵、干燥等环节。

第一节 输送机械

在调味品加工生产中，存在着大量物料的输送问题，如原料、辅料或废料、成品或半成品及物料载盛器。为了提高劳动生产率和减轻劳动强度，需要采用各式各样的输送机械来完成物料的输送任务。按输送物料的状态可分为固体物料输送设备和流体物料输送设备。输送固体物料时，采用各种类型的输送机，如带式输送机、斗式提升机、螺旋输送机、气力输送装置等来完成物料的输送任务。输送流体物料时，采用各种类型的流送槽、真空吸料装置和泵等。

一、带式输送机

带式输送机是食品加工厂中最广泛采用的一种连续输送机械，常用于块状、颗粒状物料及整件物料进行水平方向或倾斜方向的运送。同时还可用作物料选择、检查、包装、清洗和预处理操作台等。

带式输送机的工作速度范围广（0.02～4.00m/s），输送距离长，生产效率高，所需动力不大，结构简单可靠，使用方便，维护检修容易，无噪声，能够在全机身中任何地方进行装料和卸料。主要缺点是输送轻质粉状物料时易飞扬，倾斜角度不能太大。带式输送机的基本构成见图 7-1。

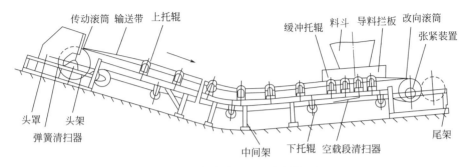

图 7-1 带式输送机基本结构图

带式输送机具有挠性牵引构件，主要由封闭的环形输送带、托辊和机架、驱动装置、张紧装置所组成。输送带既是牵引构件又是承载构件。常用的输送带有橡胶带、各种纤维编织带、塑料、尼龙、强力锦纶带、板式带、链条带、钢带和钢丝网带等。其中使用较普遍的是普通型橡胶带，其次为板式带，即链板式传送装置。与带式传送装置相比，链板式传送装置结构紧凑，作用在轴上的载荷较小，承载能力大，效率高，并能在条件差的场合下工作，如高温、潮湿的场合。但链板的自重较大，制造成本较高，对安装精度的要求亦较高。由于链板之间有铰链关节，需仔细保养和及时调整、润滑。

二、斗式提升机

带式输送机倾斜输送物料方向与水平方向的角度不能太大，必须小于物料在输送带上的静止角，在某些情况下需要用到斗式提升机。在连续化生产中，斗式提升机主要用于沿垂直方向或接近于垂直方向进行的物料输送，如将物料从料槽升送到预煮机。

斗式提升机占地面积小，可把物料提升到较高的位置（30～50m），生产率范围较大（3～160m³/h），缺点是过载敏感，必须连续均匀地供料。斗式提升机按输送物料的方向可分为倾斜式和垂直式两种；按牵引机构的不同，分为皮带斗式和链条斗式（单链式和双链式）两种；按输送速度分为高速和低速两种。

斗式提升机的装料方式分为挖取式和撒入式（如图 7-2 所示）。前者适用于粉末状、散粒状物料，输送速度较快，可达 2m/s，料斗间隔排列。后者适用于输送大块和磨损性大的物料，输送速度较慢（＜1m/s），料斗呈密接排列。物料装入料斗后，提升到上部进行卸料。卸料时，可以采用离心抛出、靠重力下落和离心力与重力同时作用这三种形式。依靠离心力作用卸料的方式称

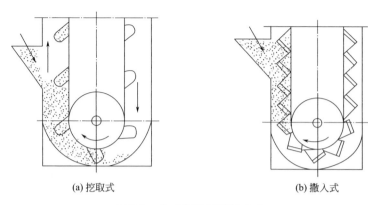

(a) 挖取式   (b) 撒入式

图 7-2　斗式提升机装料方式

为离心式；靠重力下落的称为无定向自流式；靠重力和离心力同时作用的称为
定向自流式。

三、螺旋输送机

螺旋输送机是一种不带挠性牵引件的连续输送机械，其主要结构如图 7-3
所示，主要用于各种干燥松散的粉状、粒状、小块物料的输送。在输送过程
中，还可对物料进行搅拌、混合、加热和冷却等工艺。但不宜输送易变质的、
黏性大的、易结块的及大块物料装置组成。

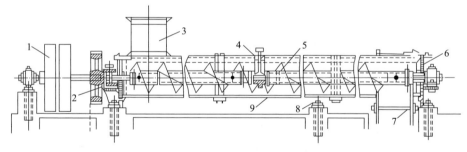

图 7-3　螺旋输送机的结构

1—传动轮；2—轴承；3—进料口；4—中间轴承；5—螺旋；6，8—支座；7—卸料口；9—料槽

螺旋输送机的结构简单，主要由料槽、输送螺旋轴和驱动装置组成，利用
旋转的螺旋叶片将物料推移而起到输送作用。旋转轴上焊有螺旋叶片，叶片的
面型根据输送物料的不同有实体面型、带式面型、叶片面型等。转轴在物料运
动方向的终端有止推轴承，以承受物料给螺旋的轴向反力。由于重力和摩擦力
作用，物料在运动中不随螺旋轴一起旋转，而是以滑动形式沿着料槽由加料口
向卸料口移动。

螺旋输送机横截面尺寸小，密封性能好，便于中间装料和卸料，操作安全方便。使用时需注意，进入输送机的物料应先进行必要的清理，以防止大块杂质进入，影响正常工作。输送黏性较大、水分较高的物料时，应经常清除机内各处的黏附物，以免堵塞，降低输送量。螺旋输送机使用的环境温度为－20～50℃，物料温度<200℃，一般输送倾角 β<20°。螺旋输送机的输送能力一般在 $40m^3/h$ 以下，高的可达 $150m^3/h$。输送长度一般小于 40m，最长不超过 70m。

四、气力输送装置

运用风机（或其他气源）使管道内形成一定速度的气流，将散粒物料沿一定的管路从一处输送到另一处，称为气力输送。人们在长期的生产实践中，认识了空气流动的客观规律，根据生产上输送散粒物料的要求，创造和发展了气力输送装置。

与其他输送机相比，气力输送装置具有许多优点：输送过程密封，物料损失很少，且能保证物料不致吸湿、污染或混入其他杂质，同时输送场所灰尘大大减少，从而改善了劳动条件；结构简单，装卸、管理方便；可同时配合进行各种工艺过程，如混合、分选、烘干、冷却等，工艺过程的连续化程度高，便于实现自动化操作；输送生产率较高，尤其利于实现散粒物料运输机械化，可极大提高生产率，降低装卸成本。

气力输送也有不足之处：动力消耗较大；管道及其他与被输送物料接触的构件易磨损，尤其是在输送摩擦性较大的物料时；输送物料品种有一定的限制，不宜输送易成团黏结和怕碎的物料。

五、刮板输送机

刮板输送机是借助于牵引构件上刮板的推动力，使散粒物料沿着料槽连续移动的输送机。料槽内料层表面低于刮板上缘的刮板输送机称为普通刮板输送机，而料层表面高于刮板上缘的刮板输送机称为埋刮板输送机。

（一）普通刮板输送机

普通刮板输送机的牵引构件一般采用橡胶带或链条，刮板用薄钢板或橡胶板制成，料槽由薄钢板制成。物料由进料口流入，随着刮板一起沿着料槽前进，行至卸料口时，在重力作用下由料槽卸出。普通刮板输送机适用于轻载输送、短距离输送，具有结构简单、占用空间小、工艺布置灵活的特点，可在中间任意点进料和卸料。

（二）埋刮板输送机

埋刮板输送机是由普通刮板输送机发展而来的，主要由封闭机槽、刮板链条、驱动链轮、张紧轮、进料口和卸料口等部件组成，其牵引件为链条，承载件为刮板，因刮板通常为链条构件的一部分或为组合结构，故该链条为刮板链条，主要结构如图 7-4 所示。通过采用不同结构的机筒和刮板，埋刮板输送机可完成散粒物料的水平、倾斜和垂直输送。

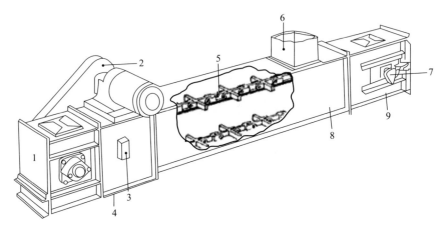

图 7-4　埋刮板输送机的结构
1—头部；2—驱动装置；3—堵料探测器；4—卸料口；5—刮板链条；
6—进料口；7—断链指示器；8—中间段；9—尾部

　　埋刮板输送机结构简单，体积小，密封性好，安装维护方便；能在机身任意位置多点进料和卸料，工艺布置灵活，它可以输送粉状、粒状、含水量大、含油量大，或含有一定易燃易爆溶剂的多种散粒物料，生产率高而稳定，并容易调节。刮板链条工作的条件恶劣，滑动摩擦多，容易磨损，满载时启动负荷大，功率消耗大。不适用于输送黏性大的物料，输送速度低。

六、振动输送机

　　振动输送机是利用振动技术使输送机中的输送构件达到、接近或扩大共振状态，对松散态颗粒物料进行中、短距离输送。振动输送机主要由输送槽、激振器、主振弹簧、导向杆、平衡底架、进料装置、卸料装置等部分组成。其中，激振器是振动输送机的动力源，可以产生周期性变化的激振力。振动输送机工作时，激振力作用于输送槽，槽体在主振弹簧的约束下作定向的强迫振动。装在槽体上的物料受到槽体振动的作用被连续输送前进，导向杆通过橡胶铰链与槽体和底架连接，使槽体与底架沿垂直于导向杆中心线作相对振动，并通过隔振弹簧支撑槽体。按物料的输送方向，有水平、微倾斜及垂直振动输送机。

　　振动输送机结构简单、外形尺寸小、便于维修，一般不宜输送黏性大或过于潮湿的物料。在调味品行业可广泛用于输送块状、粒状和粉状物料。当制成封闭的槽体输送物料时，可改善工作环境。

七、流送槽

流送槽是利用水为动力，把物料从一地输送到另一地的输送装置，在输送的同时还能完成浸泡、冲洗等作用。在调味品行业，主要用于番茄、蘑菇、土豆等呈球状或块状物料原料的输送。

流送槽由具有一定倾斜度的水槽和水泵等装置构成。水槽可以钢材、水泥或硬聚乙烯板材为材料，要求内壁光滑、平整，以减小摩擦功耗，槽底可做成半圆形或矩形，一般多为半圆形，并设除沙装置。槽的倾斜度，即槽两端高度差与长度之比，用于输送时为 0.01~0.02，在转弯处为 0.011~0.015，用作冷却槽时为 0.008~0.01。为避免输送时造成死角，要求拐弯处的曲率半径大于 3m。用水量为原料的 3~5 倍，水流速度为 0.5~0.8m/s。一般多用离心泵给水加压，操作时槽中水位为槽高的 75%。

八、真空吸料装置

真空吸料装置依靠在系统内建立起一定真空度，在压力差作用下将被输送物料从低处送往高处或从一处送至另一处。在真空吸料装置中，产生真空的动力源是各类真空设备。常用的真空设备有水环式真空泵和旋片式真空泵。对于黏度大的物料或具有腐蚀性的料液，要采用耐腐蚀和不易堵塞的泵，真空吸料装置的使用可解决没有这种特殊泵时的输送问题，因此真空吸料装置特别适于酱类（果酱、番茄酱等）或带有固状物料液的输送。由于物料处于贮罐内抽真空，比较卫生，同时抽真空可排除物料组织内部的部分空气，减少成品的含气量。但真空输送的距离和高度都不大，效率较低；由于管道密闭，清洗困难，功率消耗比较大。

九、泵

调味品行业中常利用泵来输送液体，要求采用无毒、耐腐蚀材料，结构上要有完善的密封措施，而且还要利于清洗。输送泵分为离心式泵与容积式泵两种类型。

离心式泵（图 7-5）是适用范围最为广泛的输送液体机械之一，可以输送简单的低、中黏度溶液，也可以输送含悬浮物或有腐蚀性的溶液。离心式泵包括所有依靠高速旋转叶轮对被输送液体做功来实现输送的机械，分为轴流泵和旋涡泵等。

容积式泵是通过泵腔内工作容积的变化，由运动件强制挤压液体来实现液体输送的机械。按运动件的运动形式，容积泵分为往复式泵和旋转式泵。往复

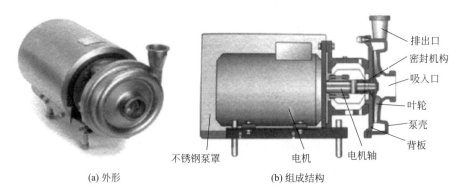

(a) 外形   (b) 组成结构

图 7-5　离心式泵的结构

式泵是依靠作往复运动的活塞推挤液体做功的机械，有活塞泵、柱塞泵、隔膜泵等；旋转式泵是依靠作旋转运动的部件推挤液体做功的机械，有罗茨泵、齿轮泵、叶片泵、螺杆泵等。其中，调味品工业多使用单螺杆卧式泵来输送高黏度液体及带有固体物料的浆液，如番茄酱等。螺杆泵是利用螺杆与螺腔的相互啮合使空间容积变化来输送液体。

第二节　清洗、分选分级设备

调味品生产原料种类众多，杂物亦多种多样。果蔬原料在其生长、成熟、运输及贮藏过程中，会受到尘埃、沙土、微生物及其他污物的污染，夹杂泥土、砂石、金属等，还有杂草、茎叶、麦秆等杂物，加工前必须进行清洗除杂。粮谷类、香辛料类等原料在收集、运输和贮藏过程中往往会混入泥土、砂石、金属、杂草等杂物，会对后序加工设备造成不利影响。

用于调味品生产的各种原料必须进行分选或分级，以使其规格和品质指标符合生产标准。分选是指清除物料中的异物及杂质；分级是指对分选后的物料按其尺寸、形状、密度、颜色或品质等特性分成等级。分选与分级作业的工作原理和方法虽有不同之处，但往往是在同一个设备上完成的。分选、分级有多种方法，较为常见的方式有以下几种：

（1）按物料的宽度分选、分级　一般采用筛分，通常圆形筛孔可以对颗粒物料的宽度差别进行分选和分级，长形筛孔可以针对颗粒物料的厚度差别进行分选和分级。

（2）按物料的长度分选、分级　利用旋转工作面上的袋孔（一般称为窝眼）对物料进行分选和分级。

（3）按物料的密度分选、分级　主要用于颗粒的粒度或形状相仿但密度不同的物料，利用颗粒群相对运动过程中产生的离析现象进行分选和分级。颗粒群的相对运动可以由工作面的摇动或气流造成。

（4）按物料的流体动力特性分选、分级　利用物料流体动力特性的差别，在垂直、水平或者倾斜的气流或水流中进行分选和分级，实际上是综合了物料的粒度、形状、表面状态以及密度等各种因素进行的分选和分级。

（5）按物料的电磁特性分选　主要用于食品原料中去除铁杂质。

（6）按物料的光电特性分选、分级　利用物料的表面颜色差异，分出物料中的异色物料，如花生仁光电色选机、大米色选机和果蔬分选机等。

（7）按物料的内部品质分选、分级　根据物料的质量指标（如水分、糖度、酸度等化学含量）进行分选和分级，利用物料的某些成分对光学特性的影响、对磁特性的影响、对力学特性的影响、对温度特性的影响等进行无损检测。从食品的安全性和营养性考虑，内部品质的分选和分级比其他分选和分级更具有广泛的意义。

（8）按物料的其他性质分选、分级　采用某些与物料的品质指标有关联的物理方法检测物料并进行分选、分级。如采用嗅觉传感器检测物料的味道，采用计算机视觉系统检测物料的纹理、灰度等。

一、清洗设备

（一）浮洗机

浮洗机主要用于洗涤番茄、苹果、柑橘等各种水果及胡萝卜、马铃薯等根茎蔬菜，以及各种叶菜的气浮清洗和输送检果。该设备一般配备流送槽输送原料，主要由洗槽、滚筒输送机、机架及传动装置构成。水果原料经流送槽预洗后，由提升机进入洗槽的前半部浸泡，然后经翻果轮拨入洗槽的后半部分。洗槽后半部分设有高压水管，其上分布有许多等距离的小孔。从小孔中喷出的高压水冲洗原料，促使其翻滚、摩擦，从而洗净表面污物，由滚筒输送机带着离开洗槽，经喷淋水管的高压喷淋水再度冲净，进入检选台检出烂果和修整有缺陷的原料，再经喷淋后送入下道工序。

（二）洗果机

洗果机（图 7-6）主要由清洗槽、刷辊、喷水装置、出料翻斗及机架、传动装置等组成。物料由进料口进入清洗槽，装在清洗槽上的两个刷辊旋转使清洗槽中的水产生涡流，对物料产生清洗作用。操作时，刷辊的转速需调整到能使两刷辊前后形成一定的压力差，由于两刷辊间隙较窄，液流速度较快，被清洗物料在压力差作用下通过两刷辊间隙，在刷辊摩擦力作用下又经过一次刷洗。接着，物料被顺时针旋转的出料翻斗捞起、出料，在出料过程中又经高压水喷淋得以进一步清洗。

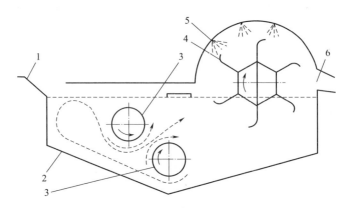

图 7-6　XG-2 洗果机原理图

1—进料口；2—清洗槽；3—刷辊；4—出料翻斗；5—喷水装置；6—出料口

（三）鼓风式清洗机

鼓风式清洗机（图 7-7）主要由洗槽、输送机、喷水装置、空气输送装置、支架及电机、传动系统等组成。利用鼓风机把空气由吹泡管送进洗槽底部，使洗槽中的水产生剧烈的翻动，对果蔬原料进行清洗。由于利用空气进行搅拌，因而既可加速污物从原料上洗除，又能在强烈的翻动下保护原料的完整性。

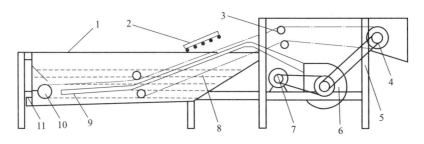

图 7-7　鼓风式清洗机结构示意图

1—洗槽；2—喷淋管；3—改向压轮；4—输送机驱动滚筒；5—支架；6—鼓风机；

7—电机；8—输送网带；9—吹泡管；10—张紧滚筒；11—排污口

（四）滚筒式清洗机

滚筒式清洗机（图 7-8）主要用于甘薯、马铃薯、生姜等块根类原料和质地较硬水果类原料的清洗。滚筒式清洗机主要由清洗滚筒、喷水装置、机架和传动装置等组成。清洗滚筒用钻有许多小孔的薄钢板卷制而成，或用钢条排列焊成筒形，滚筒两端焊有两个金属圆环作为摩擦滚圈。滚筒被传动轮和托轮经摩擦滚圈托起在整个机架上。工作时，电机经传动系统使传动轴和传动轮逆时针回转，由于摩擦力作用，传动轮驱动摩擦滚圈使整个滚筒顺时针回转。将原料置于清洗滚筒内，由于滚筒与水平线有5°的倾角，所以在其旋转时，物料一边翻转一边向出料口移动，同时用水管喷射高压水来冲洗翻转的原料，而达到洗净的目的，污水和泥沙由滚筒的网孔经底部排水口排出。

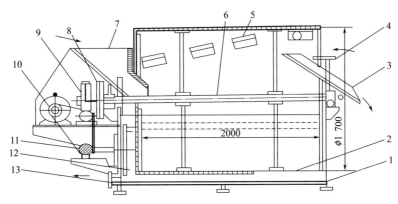

图7-8 滚筒式清洗机

1—水槽；2—滚筒；3—出料口；4—进水管及喷水装置；5—抄板；6—主轴；7—进料口；
8—齿轮；9—涡轮减速器；10—电机；11—偏心机构；12—振动盘；13—排水管接口

二、分选分级设备

（一）滚筒式分级机

滚筒式分级机主要由滚筒、支承装置、收集料斗、传动装置、清筛装置组成。滚筒通常用厚度为1.5～2.0mm的不锈钢板冲孔后卷成圆柱筛。根据制造工艺的需要，一般把滚筒先分几段制造，然后焊角钢连接以增强筒体的刚度。滚筒上按分级的需要而设计成几段（组），各段孔径不同而同一段的孔径一样。进口端的孔径最小，出口端最大。每段之下有一漏斗装置。原料通过料斗由进口端流入滚筒，随筒身的转动而在其间滚转和移动、前进，并在此过程中从各段相应的孔下落到漏斗中卸出，以达到分级的目的。

滚筒式分级机（图7-9）结构简单，分级效率高，工作平稳，不存在动力不平衡现象。但机器的占地面积大，筛面利用率低；由于筛筒调整困难，对原料的适应性差。

（二）比重除石机

除石机（见图7-10）用于去除原料中的砂石，常用筛选法和比重法等。筛选除石机是利用砂石的形状、体积大小与加工原料的不同，利用筛孔形状和大小的不同除去砂石。比重（密度）除石机是利用砂石与原料密度不同，在不断振动或外力（如风力、水力、离心力等）作用下，除去砂石。

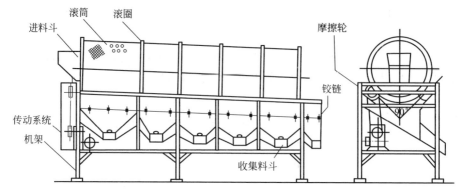

图 7-9　滚筒式分级机

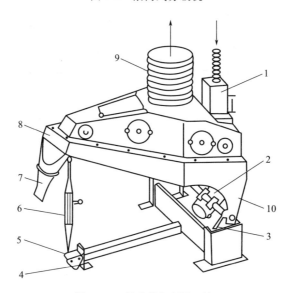

图 7-10　吸式编织板除石机

1—进料斗；2—振动电机；3—支承弹簧；4—螺旋弹簧；5—铰接支座；
6—可调撑杆；7—出石口；8—筛体；9—吸风管；10—净料出口

　　比重除石机专用于清除物料中密度比原料大的并肩石（石子大小类似粮料）等重杂质。该装备主要由进料装置、筛体、排石装置、吹风装置、偏心传动机构等部分组成。筛体是其主要工作部件，筛孔仅作通风用，筛孔大小、凸起高度不同，出风的角度就会不同，从而影响物料的悬浮状态和除石效率。当颗粒物料从机台顶部进料斗进入除石筛面中段后，由于物料各成分的密度不同，在适当的振动和气流作用下，密度较小的物料颗粒浮在上层，密度较大的石子沉入底层与筛面接触，产生分层。自下而上穿过料层的气流作用于物料，使其间隙增大，料层间的正压力和摩擦力减少，物料处于松散漂浮流化状态，促进了物料自动分层。因除石筛面前方略微向下倾斜，上层物料在重力、惯性力和连续进料的推力作用下，逐渐向出口下滑而排出机外。与此同时，砂石等重杂质逐渐从物料颗粒中分出进入下层，在振动及气流作用下沿筛面向上爬行，从上端流出。在出口处，采用一段反向鱼鳞形冲孔的筛板，使气流反向吹出，少量物料颗粒又被吹回，石子等重物则从排石口排出。

（三）转筒式除石机

转筒式除石机用于去除块根类加工原料中的石块泥沙。由于砂石与原料的密度差较大，从而利用它们在水中沉降速度的不同进行分离。

转筒式除石机由两段组成，前段为扬送轮，后段为转鼓。扬送轮外安装有小斗，作除砂用；内有大斗，作去石用。转鼓上有筛孔。转鼓的内外壁上都有螺旋带。当料水混合物由流送槽进入转鼓后，原料继续向前流送，而夹杂在原料中的砂石因密度较大而沉降到转鼓内螺旋带上，随着螺旋带旋转向料水混合物相反的方向移动，落入扬送轮的大斗内，被提升后由砂石出口排出。通过筛孔的泥沙由转鼓外壁的螺旋带推至前段，经扬送轮外小斗撮起，在转动中滑入轮内大斗与石块一起排除。

（四）除铁机

除铁机又称磁力除铁机，是利用磁力作用去除夹杂在生产原料中的铁质杂物，如铁片、铁钉、螺丝等。其主要工作部件是磁体，分为电磁式和永磁式两种形式。电磁式除铁机磁力稳定，性能可靠，但必须保证一定的电流。永磁式除铁机结构简单，使用维护方便，不耗电能，但使用方法不当或时间过长磁性会退化。

常用磁选设备有永磁溜管和永磁滚筒等。

1. 永磁溜管

将永久磁铁装在溜管上边的盖板上，一般在溜管上设置2～3个盖板，每个盖板上装有两组前后错开的磁铁。工作时，原料从溜管端流下，磁性物体被磁铁吸住。工作一段时间后进行清理，可依次交替地取下盖板，除去磁性杂质，溜管可连续进行磁选。这种设备结构简单，不占地方。为提高分离率，应使通过溜管的物料层薄而速度不宜过快。

2. 永磁滚筒

永磁滚筒除铁机主要由进料装置、滚筒、磁芯、机壳和传动装置等部分组成。磁芯由锶钙铁氧体永久磁铁和铁隔板按一定顺序排列成圆弧形，安装在固定轴上，形成多极头开放磁路。滚筒由非磁性材料制成，外表面敷有无毒耐磨的聚氨酯涂料作保护层。由电机通过蜗轮蜗杆机构带动滚筒旋转，磁芯固定不动。永磁滚筒能自动排除磁性杂质，除杂效率在98%以上，特别适于去除粒状物料中的磁性杂质。

（五）光电分选分级机械与设备

物料是由许多微小的内部中间层组成的，对投射到其表面上的光会产生反射、吸收、透射、漫射，或受光照后激发出其他波长的光。不同物料的物质种类、组成不同，从而具有不同的光学特性，根据物料的吸收和反射光谱可以鉴定物质的性质。

作为调味品生产主要原料的农产品是在自然条件下生长的，它们的叶、茎、秆、果实等形成了各自固有的颜色。这些颜色受到辐照、营养、水分、生长环境、病虫害、损伤、成熟程度等诸因素的影响，会偏离或改变其固有的颜色。人们可以通过农产品的颜色变化，识别、评价它们的品质（包括内部的成分含量，如糖度、酸度、淀粉、蛋白质等）特性。此外，调味品生产原料在加工、贮藏、流通等过程中难免会出现缺陷，例如含有异种异色颗粒、变霉变质粒、机械损伤等，在工业化生产中必须对其进行检测和分选。常规手段无法对颜色变化进行有效分选，依靠眼手配合的人工分选法生产率低、劳动力费用高、容易受主观因素的干扰、精确度低。

光电检测和分选技术是一种利用紫外、可见、红外等光线和物体的相互作用而产生的折射、反射和吸收等现象，对物料进行非接触式、非破坏性检测的方法。这种方法既能检测表面品质，又能检测内部品质，经过检测和分选的产品可以直接出售或进行后续工序的处理。与人工分选法相比，排除了主观因素的影响，可对产品进行全数检测；自动化程度高，可在线检测；机械的适应能力强，通过调节背景光或比色板，即可以处理不同的物料，生产能力大，适应了日益发展的商品市场需要和工厂化加工的要求。

光电色选机是利用光电原理，从大量散装产品中将颜色不正常或感染病虫害的个体（球状、块状或颗粒状）以及外来杂质检测分离的设备，其原理见图7-11。光电色选机主要由供料系统、检测系统、信号处理与控制电路、剔除系统四部分组成。贮料斗中的物料由振动喂料器送入通道成单行排列，依次落入光电检测室，从电子视镜与比色板之间通过。被选颗粒对光的反射及比色板的反射在电子视镜中相比，颜色的差异使电子视镜内部的电压改变，并经放大。如果信号差别超过自动控制水平的预置值，即被存贮延时，随即驱动气阀，高速喷射气流将物料吹送入旁路通道。而合格品流经光电检测室时，检测信号与标准信号差别微小，信号经处理判断为正常，气流喷嘴不动作，物料进入合格品通道。

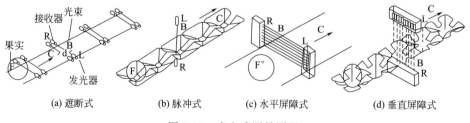

(a) 遮断式　　(b) 脉冲式　　(c) 水平屏障式　　(d) 垂直屏障式

图 7-11　光电式测量原理

（六）金属及异杂物识别机械

食品加工过程中，不可避免地会受到金属或其他异物的污染。为此，在食品生产实践中（尤其是自动化和大规模生产过程中），由于产品安全、设备防护、法规或（客户）合同要求等原因，往往需要安装金属探测器或 X 射线异物探测器。

1. 金属探测器

用于去除物料中混入的金属或受金属污染的产品。金属探测器（图 7-12）的工作环境通常要求有一个无金属区，装置周围一定空间范围内不能有任何金属结构物（如滚轮和支承性物）。相对于探测器，一般要求紧固结构件的距离约为探测器高度的 1.5 倍，而对于运动金属件（如剔除装置或滚筒），需要 2 倍于此高度的距离。此环境下可检出物料中的铁性和非铁性金属，探测性能与物体磁穿透性能和电导率有关，可探测出直径＞2mm 的球形非磁性金属和直径＞1.5mm 的球形磁性金属颗粒。另外，金属颗粒的大小、形状和（相对于线圈的）取向非常重要，金属探测器的灵敏度设置要考虑这些因素。

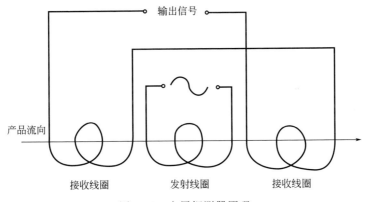

图 7-12　金属探测器原理

2. X 射线异物探测器

X 射线是短波长高能射线，在穿透（可见光无法穿透的）生物组织和其他材料时，X 射线能量会发生衰减。物体不同，X 射线衰减程度亦不同。将检测到的经 X 射线处理的二维图像与标准图像比较，可判断被测物料中是否含有异常物体。X 射线异物探测器可用于检测金属、玻璃、石块和骨头等物质，用于含有高水分或盐分的食品以及一些能降低金属检测器敏感度的产品检测；检测包装遗留或不足、产品放置不当及损坏的产品。

第三节　粉碎机械与设备

粉碎是用机械力的方法克服固体物料内部凝聚力达到使之破碎的单元操作。其中，将大块物料分成小块物料的操作称为破碎；将小块物料分成细粉的操作称为磨碎或研磨，两者统称为粉碎。调味品加工生产中有须进行粉碎的环节，包括制取一定粒度的制品，如盐、白砂糖等；将固体物料破碎成细小颗粒，以备进一步加工使用；把两种或两种以上的固体原料粉碎后，均匀混合，如制作各种调味粉；使固体原料经粉碎处理后，便于干燥或溶解，如干燥调料等。

粉碎程度用粒度表示，即物料颗粒的大小，对于球形颗粒来说，其粒度即为直径；对于非球形颗粒，则有以面积、体积或质量为基准的各种名义粒度表示法。根据被粉碎物料和成品粒度的大小，粉碎包括粗粉碎、中粉碎、微粉碎和超微粉碎四种：粗粉碎原料粒度为 40～1500mm，成品粒度为 5～50mm；中粉碎原料粒度 5～50mm，成品粒度 0.1～5mm；微粉碎（细粉碎）原料粒度 2～5mm，成品粒度 0.1mm 左右；超微粉碎（超细粉碎）原料粒度更小，成品粒度在 10～25μm 甚至以下。

粉碎前后的粒度比称为粉碎比或粉碎度。一般粉碎设备的粉碎比为 3～30，超微粉碎设备可达到 300～1000 甚至以上。对于一定性质的物料来说，粉碎比是确定粉碎作业程度、选择设备类型和尺寸的主要根据之一。

对于将大块物料粉碎成细粉的粉碎操作，单次完成粉碎比太大，设备利用率低，故通常分成若干级，每级完成一定的粉碎比。这时，该物料可用总粉碎比来表示，即物料经几道粉碎步骤后各道粉碎比的总和。

粉碎操作包括开路粉碎、自由粉碎、滞塞进料粉碎和闭路粉碎四种，每种方法都有其特定的适用场合。开路粉碎是粉碎设备操作中最简单的一种，物料加入粉碎机中经过粉碎作用区后即作为产品卸出，粗粒不作再循环。由于有的粗粒很快通过粉碎机，而有的细粒在机内停留时间很长，故产品的粒度分布很宽。

自由粉碎，物料在作用区的停留时间很短，在动力消耗方面较经济，但由于有些大颗粒迅速通过粉碎区，导致粉碎物的粒度分布较宽。当与开路粉碎结合时，让物料借重力落入作用区，限制了细粒不必要的粉碎，可减少过细粉末的形成。

滞塞进料粉碎，在粉碎机出口处插入筛网，以限制物料的卸出。在给定的进料速率下，物料滞塞于粉碎区直至粉碎成能通过筛孔的大小为止。因为停留时间可能过长，使细粒受到过度粉碎，且功率消耗大，滞塞进料法常用于需要微粉碎或超微粉碎的场合。

　　闭路粉碎，从粉碎机出来的物料流先经分粒系统分出过粗的料粒，然后将颗粒较大的物料重新送入粉碎机。根据送料的形式采用不同分拣方法，如采用重力法加料或机械螺旋进料时，常用振动筛作为分粒设备，当用水力或气力输送时则采用旋风分离器。闭路粉碎法的物料停留时间短，降低了动力消耗。

　　粉碎作业时物料的含水量不超过 4%，称为干法粉碎。将原料悬浮于载体液流（常用水）中进行粉碎，称为湿法粉碎。湿法粉碎时的物料含水量超过 50%，可克服粉尘飞扬问题，并可采用淘析、沉降或离心分离等水力分级方法分离出所需的产品。与干法相比，一般湿法操作能耗较大、设备磨损较严重，但湿法易获得更细微的粉碎物，在超微粉碎中应用较广。

一、冲击式粉碎机

　　冲击式粉碎机主要有锤片式粉碎机和齿爪式粉碎机两种类型，是利用锤片或齿爪在高速回转运动时产生的冲击力来粉碎物料的。

（一）锤片式粉碎机

　　锤片式粉碎机（图 7-13）适于粉碎硬脆性原料，其机壳内镶有锯齿型冲击板。主轴上有钢质圆盘（或方盘），盘上装有许多可自由摆动及拆换的锤刀。当圆盘随主轴高速（一般为 800～2500r/min）旋转时，锤刀借离心力的作用而张开，将从上方料斗中加入的物料击碎。物料在悬空状态下就可被锤刀的冲击力所破碎，然后被抛至冲击板上，再次被粉碎，此外物料在机内还受到挤压和研磨的作用。锤刀下方装有筛网，被粉碎的物料通过筛网孔排出。筛网有不同规格，对产品的颗粒、大小及粉碎机的生产能力有很大的影响。锤片式粉碎机筛孔直径一般为 1.5mm，中心距为 2.5～3.5mm。为避免物料堵塞筛孔，物料含水量不应超过 15%。锤刀与筛网的径向间隙是可以调节的，一般为 5～10mm。

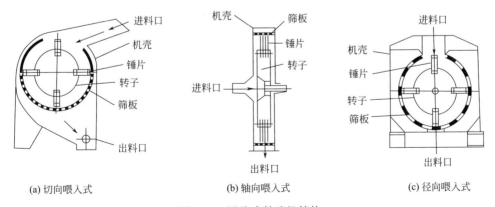

(a) 切向喂入式　　　　　　(b) 轴向喂入式　　　　　　(c) 径向喂入式

图 7-13　锤片式粉碎机结构

常用的锤刀有矩形、阶梯形、锐角形、环形等，多采用高碳钢或锰钢材料。当锤刀一角被磨损后，可以调换使用。锤片式粉碎机结构简单、紧凑，能粉碎各种不同性质的物料，粉碎度大、生产能力高，运转可靠。其缺点是机械磨损比较大。

（二）齿爪式粉碎机

齿爪式粉碎机（图7-14）由进料斗、动齿盘、定齿盘、圆环形筛网、主轴及出粉口等组成。定齿盘上有两圈定齿，齿的断面呈扁矩形；动齿盘上有三圈齿，其横截面呈圆形或扁矩形，工作时动齿盘上的齿在定齿盘的圆形轨迹线间运动。当物料由入料管轴向喂入时，受到动、定齿和筛片的冲击、碰撞、摩擦及挤压作用而被粉碎，同时受到动齿盘高速旋转形成的风压及扁齿与筛网的挤压作用，使符合成品粒度的粉粒通过筛网排出机外。

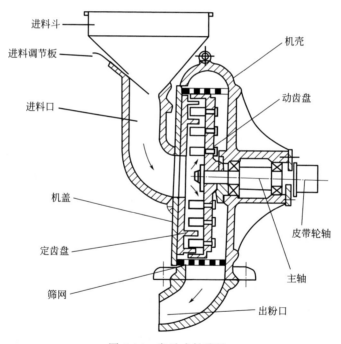

图 7-14　齿爪式粉碎机

齿爪式粉碎机结构简单、生产率较高、耗能较低，但通用性差，噪声较大。

二、涡轮粉碎机

涡轮粉碎机（图7-15）适于粉碎各种粮谷、香辛料等物料，粉碎后的细度可达 200 目。涡轮粉碎机主要由机壳、机门、涡轮、主轴、筛网、皮带轮及电机等零部件组成。由加料斗进入机腔内的物料在旋转气流中被紧密地摩擦和强烈地冲击到涡轮的叶片内边上，并在叶片与磨块之间的缝隙中受到挤压、撕裂、碰撞、剪切等作用从而达到粉碎目的。在破碎、研磨物料的同时，涡轮吸进大量空气，这些气体起到了冷却机器、研磨物料及传送细料的作用。物料粉碎的细度取决于物料的性质和筛网尺寸，以及物料和空气的通过量。

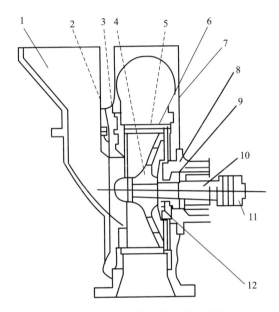

图 7-15　WDJ 涡轮粉碎机结构图

1—加料斗；2—机门；3—盖形螺母；4—转子；5—叶片；6—筛子件；7—机壳；
8—轴座；9—滚子轴承；10—主轴；11—V 带轮；12—迷宫式密封圈

三、气流粉碎机

利用物料的自磨作用，压缩空气、蒸汽或其他气体通过一定压力的喷嘴喷射产生高速的湍流和能量转换流，物料颗粒在其作用下悬浮输送，相互发生剧烈的冲击、碰撞和摩擦，加上高速气流对颗粒的剪切作用，使物料得以充分研磨而粉碎。气流粉碎机适用于热敏材料的超微粉碎，可实现无菌操作、卫生条件好。

（一）立式环形喷射气流粉碎机

立式环形喷射气流粉碎机（图 7-16）由供料装置、料斗、压缩空气或热蒸汽入口、喷嘴、立式环形粉碎室、分级器和粉碎物出口等构成。从喷嘴喷出的压缩空气将喂入的物料加速，致使物料相互撞击、摩擦等而达到粉碎的目的。

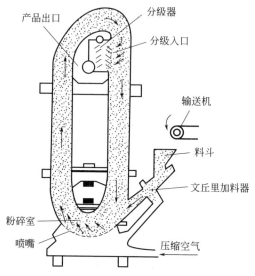

图 7-16　立式环形喷射气流粉碎机

（二）对冲式气流粉碎机

对冲式气流粉碎机（图 7-17）主要包括冲击室、分级室、喷嘴、喷管等。两喷嘴同时相向向冲击室喷射高压气流，物料受到其中一气流的加速，同时受到另一高速气流的阻止，犹如冲击在粉碎板上而破碎。

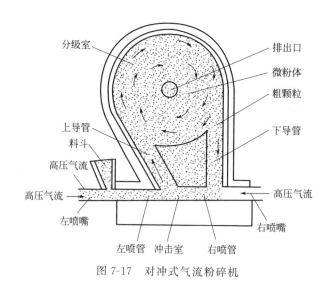

图 7-17　对冲式气流粉碎机

（三）超音速喷射式气流粉碎机

超音速喷射式气流粉碎机（图7-18）包括立式环形粉碎室、分级器和供料装置等。从进料口投入物料，由于物料颗粒受到2.5马赫（气流速度与音速的比值）以上超音速气流的强烈冲击而相互间发生剧烈碰撞，粉碎后可达到1μm的超微细粒度。粉碎机上设有粒度分级结构，微粒排出后，粗粒返回机内继续粉碎，直至达到所需粒度为止。

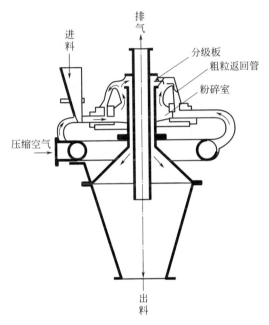

图7-18　超音速喷射式气流粉碎机

气流粉碎机结构紧凑，构造简单。采用气流粉碎法可实现粗细粉粒自动分级，可用于粉碎低熔点和热敏性物料。粉碎后产品粒度分布较窄，粒度达到5μm以下；产品不易受金属或其他粉碎介质的污染。

四、搅拌磨

搅拌磨（图7-19）主要包括研磨容器、分散器、搅拌轴、分离器、输料泵等。采用玻璃珠、钢珠、氧化铝珠、氧化锆珠等为研磨介质。在分散器高速旋转产生的离心力作用下，研磨介质和液体浆颗粒冲向容器内壁，产生强烈的剪切、摩擦、冲击和挤压等作用力使浆料颗粒粉碎。

五、冷冻粉碎机

冷冻粉碎机是利用一般物料具有低温脆化的特性，用液氮或液化天然气等

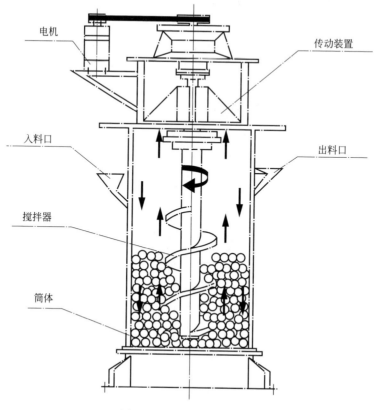

图 7-19　立式螺旋搅拌磨

为冷媒对物料实施冷冻后的深冷粉碎。有些物料在常温下具有热塑性或者非常强韧，粉碎起来非常困难，将其用冷媒处理，温度降低到脆化温度以下，随即送入常温或低温粉碎机中粉碎。

第四节　混合机械与设备

　　搅拌、均质和混合是调味品工业中常采用的单元操作。搅拌，指借助于流动中的两种或两种以上物料在彼此之间相互散布的一种操作，以实现物料的均匀混合，促进溶解和气体吸收，强化热交换等物理及化学变化。搅拌对象主要是流体，按物象分类有气体、液体、半固体及散粒状固体；按流体力学性质分类有牛顿型和非牛顿型流体。许多物料呈流体状态，如稀薄的盐水、黏稠的蛋黄酱等。

　　均质是指借助于流动中产生的剪切力将物料细化、液滴碎化的操作。通过均质，将原料的浆、汁、液进行细化、混合，可以提高乳状液的稳定性，防止分层现象，改善产品的感官质量。

混合，用于各种调味料的配制，或作为实现某种工艺操作的需要组合在工艺过程中，可以用来促进溶解、吸附、浸出、结晶、乳化、生物化学反应，防止悬浮物沉淀以及均匀加热和冷却等。被混合的物料常常是多相的，包括液-液、固-固、固-液、固-液-气混合。

谷物、粉料、调味粉等散粒状固体的混合采用混合机进行，它通过流动作用将两种或两种以上的粉料颗粒均匀混合。混合机主要针对干燥颗粒之间的搅拌混合而设计，大部分混合操作中对流、扩散和剪切三种混合方式并存，但由于机型结构和被处理物料的物性不同，其中某一种混合方式起主导作用。

在任何混合操作中，粉料的混合与离析同时进行，一旦达到某一平衡状态，混合程度也就确定了，如果继续操作，混合效果的改变也不明显。影响混合效果的主要因素是粉料的物料特性和搅拌方式。粉料的物料特性包括粉料颗粒的大小、形状、密度、附着力、表面粗糙程度、流动性、含水量和结块倾向等。大小均匀的颗粒混合时，密度大的趋向器底；密度近似的颗粒混合时，最小的和形状近似圆球形的趋向器底；颗粒的黏度越大，越容易结块和结团，不易均匀分散。

混合的方法主要有两种：一种是借助容器本身旋转，使容器内的混合物料翻滚而达到混合目的；另一种是利用一只容器和一个或一个以上的旋转混合元件把物料从容器底部移到上部，而物料被移送后的空间又因上部物料自身的重力降落而补充，以此产生混合。按混合容器的运动方式不同，可分为固定容器式和旋转容器式。固定容器式混合机有间歇与连续两种操作形式，依生产工艺而定；旋转容器式混合机通常为间歇式，即装卸物料时须停机。间歇式混合机易控制混合质量，可适应粉料配比经常改变的情况，应用较多。

一、液体搅拌器

搅拌机械种类较多，主要由搅拌装置、轴封、搅拌罐三部分组成，典型设备有发酵罐、酶解罐、溶解罐等。典型搅拌设备结构见图7-20。通过搅拌器自身运动可使搅拌容器中的物料按某种特定的方式流动，从而达到工艺要求。

搅拌器是搅拌设备的主要工作部件，通常分成两大类型：小面积叶片高速运转的搅拌器，包括涡轮式、旋桨式等，多用于低黏度的物料；大面积叶片低速运转的搅拌器，包括框式、垂直螺旋式等，多用于高黏度的物料。由于搅拌操作的多样性，使得搅拌器存在着多种结构形式。各种形式的搅拌器配合相应的附件装置，使物料在搅拌过程中的流场出现多种状态，以满足不同加工工艺的要求。

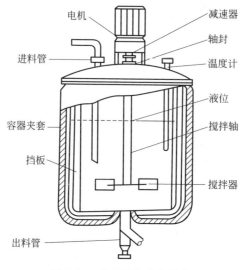

电机　减速器　轴封　进料管　温度计　液位　容器夹套　搅拌轴　挡板　搅拌器　出料管

图 7-20　典型搅拌设备结构

二、粉料混合机

（一）旋转容器式混合机

旋转容器式混合机，又称旋转筒式混合机、转鼓式混合机，是以扩散混合为主的混合机械。通过混合容器的旋转形成垂直方向运动，使被混合物料在器壁或容器内的固定抄板上引起折流，造成上下翻滚及侧向运动，不断进行扩散，从而达到混合的目的。

旋转容器式混合机由旋转容器、驱动转轴、减速传动机构和电机等组成。其中主要构件是旋转容器，要求内表面光滑平整，以避免或减少容器壁对物料吸附、摩擦及流动的影响，制造材料要无毒、耐腐蚀等，多采用不锈钢薄板材。容器的形状决定了混合操作的效果。

旋转容器式混合机的驱动轴水平布置，轴径与选材以满足装料后的强度和刚度为准。减速传动机构要求减速比大，常采用蜗轮蜗杆、行星减速器等传动装置。混合功率一般为配用额定电机功率的 $50\%\sim60\%$，混合量（即一次混合所投入容器的物料量）取容器体积的 $30\%\sim50\%$，如果投入量大，混合空间减少，粉料的离析倾向大于混合倾向，搅拌效果不佳。混合时间与被混合粉料的性质及混合机型有关，多数为 10min 左右。

根据被混合粉料的性质，旋转容器式混合机分为水平型圆筒混合机、倾斜型圆筒混合机、轮筒型混合机、双锥型混合机，V 形混合机和正方体形混合机（见图 7-21、图 7-22）。

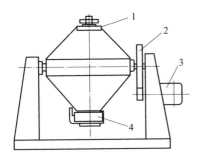

图 7-21　双锥型混合机示意图

1—进料口；2—齿轮；3—电机；4—出料口

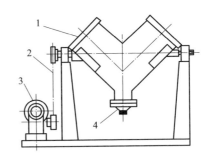

图 7-22　V 形混合机示意图

1—原料入口；2—传动链；3—减速器；4—出料口

1. 水平型圆筒混合机

其圆筒轴线与回转轴线重合。操作时，粉料的流型简单，没有沿水平轴线的横向速度。水平型圆筒混合机容器内两端位置有混合死角，卸料不方便，混合效果不佳，且混合时间长，一般采用得较少。

2. 倾斜型圆筒混合机

其容器轴线与回转轴线之间有一定的角度，因此粉料运动时有三个方向的速度，流型复杂，加强了混合能力。这种混合机的工作转速为 40～100r/min，常用于混合调味粉料的操作。

3. 轮筒型混合机

轮筒型混合机是水平型圆筒混合机的一种变形。圆筒变为轮筒，消除了混合死角；轴与水平线有一定的角度，起到和倾斜型圆筒混合机一样的作用。因此，它兼有前两种混合机的优点。缺点是容器小，装料少；同时以悬臂轴的形式安装，会产生附加弯矩。轮筒型混合机常用于小食品加调味料的操作。

4. 双锥型混合机

双锥型混合机的容器是由两个锥筒和一段短柱筒焊接而成，其锥角有 90°和 60°两种结构。双锥型混合机操作时，粉料在容器内翻滚强烈，由于流动断面的不断变化，能够产生良好的横流效应。双锥型混合机常用于流动性好的粉料，混合较快，功率消耗低，转速一般为 5～20r/min，混合时间为 5～20min，混合量占容器体积的 50%～60%。

5. V 形混合机

V 形混合机，又称双联混合机，适用于多种干粉类物料的混合。旋转容器由两段圆筒以互成一定角度的 V 形连接，两筒轴线夹角为 60°～90°，两筒连接处切面与回转轴垂直。这种混合机的转速一般为 6～25r/min，混合时间约为

4min，粉料混合量占容量体积的 10%～30%。V 形混合机旋转轴为水平轴，操作原理与双锥型混合机类似。由于 V 形容器的不对称性，粉料在旋转容器内时而紧聚时而散开，混合效果优于双锥型混合机，且混合时间更短。在 V 形混合机旋转容器内加装搅拌浆，使粉料强制扩散，可以更好地混合流动性不好的粉料，搅拌浆的剪切力作用还可以破坏吸水量多、易结团的小颗粒粉粒凝聚结构，从而在短时间内使粉料混合充分。

6. 正方体形混合机

正方体形混合机容器形状为正方体，旋转轴与正方体对角线相连。工作时，容器内粉料进行三维运动，速度随时改变，因此重叠混合作用强，混合时间短。由于沿对角线转动，没有死角产生，卸料也较容易。

（二）固定容器式混合机

固定容器式混合机容器固定，靠装于容器内部的旋转搅拌器带动物料上下及左右翻滚，搅拌器结构通常为螺旋结构。以对流混合为主，主要适用于混合物理性质差别及配比差别较大的散体物料。

1. 卧式螺旋带式混合机

卧式螺旋带式混合机（图 7-23）简称卧式混合机，主要由搅拌器、混合容器、传动机构、机架及电机等组成。搅拌器为装设在容器中心的螺旋带。对于简单的混合操作，只要一条或两条螺旋带就够了，而且容器上只有一对进排料口。当混合物料的性质差别较大或混合量较高及混合要求较严格时，则须采用多条螺旋带，大多为三条以上，而且按不同旋向分别布置。这样在混合机工作

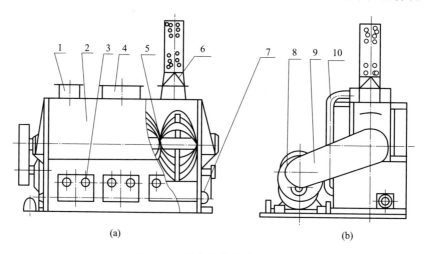

(a)　　　　　　　　　　(b)

图 7-23　卧式螺旋带式混合机

1—添加剂进口；2—机体；3—盖板门；4—主料进口；5—转子；6—出气口和布袋过滤器；
7—排料控制机构；8—减速机；9—链轮外罩；10—风管

时，反向螺旋带能够使被混物料不断地重复分散和集聚，从而达到较好的混合效果。

2. 立式螺旋混合机

立式螺旋混合机内置螺旋式的驱动轴（垂直螺杆），轴的四周是一个套筒，容器上部有一由驱动轴带动的甩料板。工作时，驱动轴将由下部料斗进入的物料从套筒底部提升到上部，在离心力作用下被甩到容器四周，下落的物料可以被循环提升、抛撒、混合，直至预定的混合效果，由下部出口排出。

立式螺旋混合机配用动力小、占地面积小、一次装料多，但混合时间长，不易混合均匀，不适合处理潮湿或酱状物料。卸料后容器内物料残留量较多，一般以小型混合机居多。

3. 立式行星式混合机

立式行星式混合机（图7-24）呈倒圆锥形，容器内部沿圆锥母线设置螺旋输送，容器上部设置驱动装置带动螺旋输送机回转。物料由进料口进入机内，启动电机，通过减速机构驱动装置，带动混合螺旋边自转边沿圆锥的内表面慢慢公转。

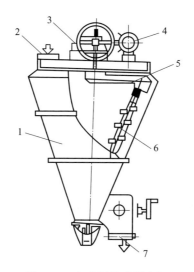

图 7-24　立式行星式混合机

1—锥形筒；2—滤料口；3—减速机构；4—电机；5—摇臂；6—螺旋；7—出料口

搅拌器的行星运动使被混合的物料既能产生垂直方向的流动，又能产生水平方向的位移，还能消除靠近容器内壁附近的滞留层。立式行星式混合机混合速度快、效果好，适于高流动性粉料及黏滞性粉料的混合，不适宜易破碎物料的混合。立式行星式混合机可用于咖喱粉等的混合。

三、均质机

（一）高压均质机

高压均质机主要由三柱塞往复泵、均质阀（图 7-25）、传动机构及壳体等组成。高压均质机是以物料在高压作用下通过非常狭窄的间隙（一般小于0.1mm），造成高流速（150～200m/s），使料液受到强大的剪切力，同时由于料液中的微粒同机件发生高速撞击以及高速料液流在通过均质阀时产生的漩涡作用，使微粒碎裂，从而达到均质的目的。三柱塞往复泵泵体为长方体，内有三个泵腔，活塞在泵腔内作往复运动使物料吸入，加压后流向均质阀。高压泵的每个泵腔内配有两个活阀，由于活塞往复运动改变腔内压力，使活阀交替地自动开启或关闭，以完成吸入与排出料液的功能。

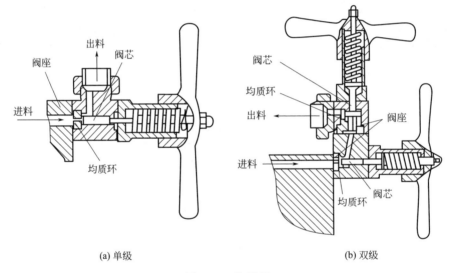

(a) 单级   (b) 双级

图 7-25 均质阀

（二）离心式均质机

离心式均质机是一种兼有均质及净化功能的均质机，主要由转鼓、带齿圆盘及传动机构组成。离心式均质机以一高速回转鼓使料液在惯性离心力的作用下分成密度大、中、小三相，密度大的物料成分（包括杂质）趋向鼓壁，密度中等的物料顺上方管道排出，密度小的脂肪类被导入上室。上室内有一块带尖齿的圆盘，圆盘转动时使物料以很高的速度围绕该盘旋转并与其产生剧烈的相对运动，局部产生旋涡，引起脂肪球破裂而达到均质的目的。

（三）超声波均质机

超声波均质机是利用声波和超声波在遇到物体时会迅速交替压缩和膨胀的

原理设计的。物料在超声波的作用下，当处在膨胀的半个周期内，受到拉力，则料液呈气泡膨胀；当处在压缩的半个周期内，气泡则收缩，当压力变化幅度很大时，若压力振幅低于低压，被压缩的气泡会急剧崩溃，则在料液中会出现"空穴"现象，这种现象的出现，又随着振幅的变化和外压的不平衡而消失。在空穴消失的瞬时，液体周围引起非常大的压力，温度增高，产生非常复杂而有力的机械搅拌作用，可达到均质的目的。同时，在"空穴"产生有密度差的界面上，超声波亦会反射，在这些反射声压的界面上也会产生激烈的搅拌作用。根据这个原理，超声波均质机将频率为 $20\sim25kHz$ 的超声波发生器放入料液中（亦可以使用使料液具有高速流动特性的装置），由于超声波在料液中的搅拌作用使料液均质。超声波均质机按超声波发生器的形式分为机械式、磁控式和压电晶体式等。

（四）胶体磨均质机

胶体磨（图7-26）是一种磨制胶体或近似胶体物料的超微粉碎、均质机械，由一固定的表面（定盘）和一旋转的表面（动盘）组成。两表面间有可调节的微小间隙，物料通过间隙时，由于转动件高速旋转，附于旋转面上的物料速度最大，而附于固定面上的物料速度为零，其间产生急剧的速度梯度，使物料受到强烈的剪切力、摩擦和湍动搅动，从而达到乳化、均质的目的。

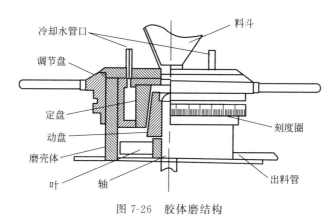

图 7-26 胶体磨结构

第五节 干燥、杀菌设备

一、干燥

使物料（溶液、悬浮液及浆液）所含水分由物料向气相转移，从而使物料变为固体制品的操作，统称为干燥。干燥可以减小食品体积和质量，降低贮运成本、减少成品中微生物的繁殖，提高保藏稳定性。从液态到固态的各种物料均可以干燥成适当的干制品。根据传热方式的不同，干燥分热风干燥、接触干燥和辐射干燥。热风干燥法，又称空气干燥法，是直接以高温的空气作为热源，将热量传给物料，使水分汽化同时被空气带走，即对流传热。接触干燥法以水蒸气、热水、燃气或热空气等为热源，间接靠间壁的导热，将热量传给与间壁接触的物料。辐射干燥法是利用红外线、远红外线、微波或介电等能源将热量传给物料。

物料中水分的汽化可以在不同的状态下进行，通常水分是在液态下汽化的，倘若预先将物料中水分冻结成冰，而后在极低的压力下，使之直接升华而转入气相，这种干燥称为冷冻干燥或冷冻升华干燥。

（一）厢式干燥器

厢式干燥器（图7-27）是一种常压间歇式干燥器，主要由箱体、搁架、加热器、风机、排气口、气流分配器等组成。箱体（干燥室）外壁有绝热保温层，搁架上按一定间隔重叠放置一些盘子，盘中存放待干燥物料。有的搁架装在小车上，待干燥物料放置好后，将小车送入箱内。风机用来强制吸入干净空气并驱逐潮湿气体。干燥热源可以是设置在箱体内的远红外线加热器，也可以是从箱外输入的热空气。热风的循环路径，若与搁板平行送风，叫平行气流式，热风从物料表面通过，干燥强度小，要求料层较薄（20～50mm）；若气流穿过架上物料的空隙，叫穿流气流式，干燥强度较大，料层可相对较厚（45～65mm）。气流速度以被干燥物料的粒度而定，要求物料不致被气流带出，一般气流速度为1～10m/s。

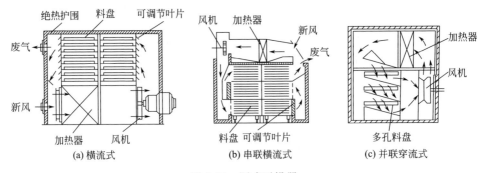

图 7-27　厢式干燥器

厢式干燥器的结构简单，使用、制造和维修方便，使用灵活性较大，投资少。热风的流量可以调节，一般热风风速为2～4m/s，一个操作周期可在4～48h内调节。小型的称为烘箱，大型的称为烘房，常用于需要长时间干燥的物料、数量不多的物料以及需要特殊干燥条件的物料。主要缺点是物料的干燥容易不均匀，不利于抑制其中的微生物活动，装卸物料时所需要的劳动强度大，热能利用不经济。

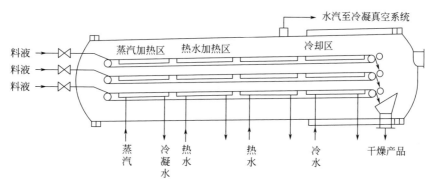

图 7-28 多层式真空干燥机

（二）真空干燥机

常压加热干燥易造成物料色、香、味和营养成分的损失。真空干燥温度低、干燥时间短，适用于结构、质地、外观、风味和营养成分在高温条件下容易发生变化或分解的原料，如各种脱水蔬菜，胡萝卜、葱等的汤料。箱式真空干燥机由箱体、加热板、门、管道接口和仪表等组成。箱体上端装有真空管接口与真空装置相通，还设有压力表、温度表和各种阀门以控制操作条件。干燥时，将装有预处理过物料的烘盘放入箱内加热板上，打开抽气阀，使真空度及箱内温度达到设定值，使物料干燥。多层式真空干燥机见图7-28。

（三）带式干燥机

带式干燥机由若干个独立的单元段所组成，每个单元段包括循环风机、加热装置、单独或公用的新鲜空气抽入系统和尾气排出系统。将物料置于输送带上，在物料随运动的过程中与热风接触而干燥。在干燥时，湿物料进料、干燥均在完全密封的箱体内进行，物料颗粒间的相对位置比较固定，干燥时间基本相同，非常适用于干燥过程中要求物料色泽变化一致或湿含量均匀的情况。根据组合形式的不同分为单级、多级和多层带式干燥机。

单级带式干燥机由一个循环输送带、两个空气加热器、三台风机和传动变速装置等组成。物料由进料端经加料装置均匀分布到输送带上，输送带通常用穿孔的不锈钢薄板制成，由电机经变速箱带动。最常用的干燥介质是空气。全机分成两个干燥区，第一干燥区的空气自下而上经过加热器穿过物料层，第二干燥区的空气自上而下经过加热器穿过物料层。穿过物料层时，物料中水分汽化，空气增湿，温度降低，一部分湿空气排出箱体，另一部分则在循环风机吸入口与新鲜空气混合再循环。干燥后的产品，经外界空气或其他低温介质直接接触冷却后，由出口端排出。

多级带式干燥机由数台（多至 4 台）单级带式干燥机串联组成，其操作原理与单级带式干燥机相同。干燥初期，缩水性很大的物料，如某些蔬菜类，在输送带上堆积较厚，将导致物料压实而影响干燥介质穿流，此时采用多级带式干燥机能提高机组总生产能力。

多层带式干燥机（图 7-29）由多台单级带式干燥机由上到下，串联在一个密封的干燥室内，层数最高可达 15 层，常用 3～5 层。最后一层或几层的输送速度较低，使物料层加厚，这样可使大部分干燥介质流经开始几层较薄的物料层，以提高总的干燥效率。层间设置隔板促使干燥介质的定向流动，使物料干燥均匀。最下层出料输送带一般伸出箱体出口处 2～3m，留出空间供工人分拣出干燥过程中的变形及不完善产品。

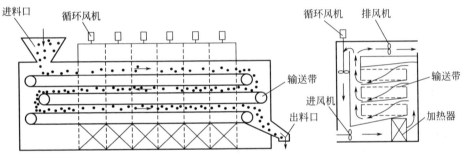

图 7-29　三层带式干燥机

（四）真空冷冻干燥设备

真空冷冻干燥是先将湿物料冻结到共晶点温度以下，使水分变成固态的冰，然后在适当的温度和真空度下，使冰升华为水蒸气，再用真空系统的捕水器将水蒸气冷凝，从而获得干燥制品的技术。冷冻干燥机（图 7-30）主要有间歇式和连续式两种形式。间歇式冷冻干燥机，主要由冷冻干燥室、冷凝器、真空系统、制冷系统和加热系统、控制系统等构成。

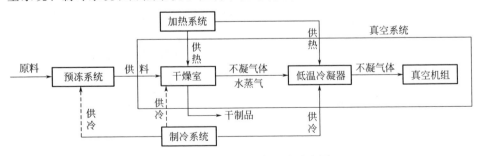

图 7-30　冷冻干燥设备组成示意图

（五）电磁辐射干燥设备

电磁辐射干燥主要利用电磁感应加热（高频、微波）或红外线辐射效应干燥物料。电磁辐射是一种能量而不是热量，但可以在电介质中转化为热量。通过微波加热使电场直接作用于被干燥物料的分子，使其运动、相互摩擦而发热，由于发热而产生温度梯度，推动水分子自物料内部向表面移动，达到干燥的目的。微波干燥一般由直流电源、微波发生器、冷却装置、微波传输元件、加热器、控制及安全保护系统等组成，具有加热速度快、加热均匀、加热具有选择性、过程控制迅速、投资小等优点。

利用红外线辐射干燥物料时，当被加热物体中的固有振动频率和射入该物体的远红外线频率一致时，就会产生强烈的共振，使物体中的分子运动加剧，温度迅速升高，即物体内部分子吸收的红外辐射能直接转变为热能而实现干燥。远红外干燥利用远红外辐射发出的远红外线使物体升温而达到加热干燥的目的。

二、杀菌

杀菌是调味品加工过程中的重要环节之一，经过相应的杀菌处理之后，才能获得稳定的货架期。杀菌方法分为热杀菌和冷杀菌，热杀菌借助于热力作用将微生物杀死，除了热杀菌以外所有杀菌方法都可以归类为冷杀菌。根据杀菌处理时食品包装的顺序，可以将热杀菌分为包装食品和未包装食品两类方式。冷杀菌可以分为物理法和化学法两类，物理冷杀菌技术包括电离辐射、超高压、高压脉冲电场等杀菌技术。

调味品生产原料在收获时，表面黏附着大量的微生物。虽然在其干燥和加工的过程中，微生物的含量和种类会产生变化，但产品若不经杀菌，仍然会含有大量的微生物，将会导致产品质量下降、保质期短，甚至产生致病菌中毒的严重后果。调味品成品中的致病菌（大肠杆菌、一般细菌）均应控制在符合微生物指标规定的范围内。

根据不同产品的加工特点，常采用如下一些杀菌方法，包括过滤杀菌、蒸汽或热水加热杀菌、辐射杀菌、静电杀菌、火焰连续杀菌等。

（一）蒸汽加热式杀菌设备

直接加热超高温短时杀菌法利用高压蒸汽直接加热物料，然后急剧冷却，闪蒸过程中将注入的蒸汽蒸发，恢复物料原来组成。该法包括喷射式和注入式两种形式，喷射式是把蒸汽喷射到物料流体里，注入式是把物料注入热蒸汽环境中。直接加热法能快速加热和快速冷却，最大限度地减少超高温处理过程中可能发生的物理变化和化学变化，如蛋白质变性、褐变等。

喷射式超高温杀菌设备（图 7-31）是用高压蒸汽直接喷射物料，使其以最快速度升温，几秒钟内达到 140～160℃，维持数秒钟，再在真空室内除去水分，经无菌冷却机冷却到室温。

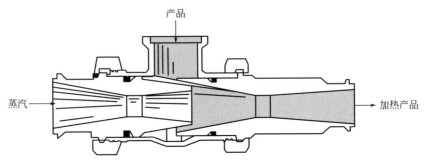

图 7-31　蒸汽喷射式加热器

　　注入式超高温杀菌设备是将物料注入充满过热蒸汽的加热器中，由蒸汽瞬间加热到杀菌温度而完成杀菌过程。冷却方法与蒸汽喷射式相似，也是在真空罐中通过膨胀来实现的。

（二）板式换热器杀菌装置

　　板式换热器（图 7-32）是由许多冲压成形的金属薄板组合而成，传热板是板式换热器的主要部件，一般用不锈钢板冲压制成。其形状轮廓有多种形式，使用较多的有波纹板和网流板两种。由于板与板之间的空隙小，换热流体在其中通过时，可获得较高的流速，且传热板上压有一定形状的凸凹沟纹，流体通过时形成急剧的湍流现象，因而可获得较高的传热系数 K。

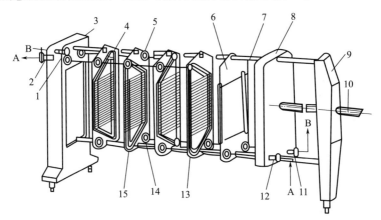

图 7-32　板式换热器组合结构示意图

1，2，11，12—连接管；3—前支架（固定板）；4—上角孔；5—圆环橡胶垫圈；
6—分界板；7—导杆；8—压紧板；9—后支架；10—压紧螺杆；
13—板框橡胶垫圈；14—下角孔；15—传热板；A，B—冷、热流体

　　适用于液体类调味品的杀菌，广泛用于高温短时杀菌（HTST）和超高温瞬时杀菌（UHT）。

（三）管式杀菌机

　　管式杀菌机（图7-33）为间接加热杀菌设备，包括立式、卧式两种，食品工业多用卧式。管式杀菌机由加热管、前后盖、器体、旋塞、高压泵、压力表、安全阀等部件组成。壳体内装有不锈钢加热管，形成加热管束；壳体与加热管通过管板连接。物料由高压泵送入不锈钢加热管内，蒸汽通入壳体空间后将管内流动的物料加热，物料在管内往返数次后达到杀菌所需的温度和保持时间后成产品排出。若达不到要求，则由回流管回流重新进行杀菌操作。管式杀菌机适用于高黏度液体，如番茄酱的杀菌。

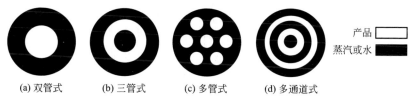

| (a) 双管式 | (b) 三管式 | (c) 多管式 | (d) 多通道式 |

图 7-33　管式杀菌设备的套管形式

（四）欧姆杀菌装置

　　欧姆杀菌是利用电极，将 $50\sim60\mathrm{Hz}$ 的低频电流直接导入食品，由食品本身的介电性质产生热量，利用热量杀灭微生物。采用这种杀菌方法，颗粒的加热速率与液体的加热速率相接近，可以获得比常规方法更快的颗粒加热速度。欧姆杀菌装置主要由欧姆加热器、保温管、泵、阀门和控制仪表等组成。欧姆杀菌装置的主要部件为欧姆加热器，实际上为一电极室，一般有多个。欧姆杀菌适用于含颗粒状物的流体，有利于热敏性物料的加热杀菌。

（五）电离辐射杀菌

　　电离辐射杀菌是利用 γ 射线或高能电子束（阴极射线）进行杀菌，是一种适用于热敏性物品的常温杀菌方法，属于"冷杀菌"。食品电离辐射杀菌设备系统通常称为辐照装置、辐射装置或照射装置等，主要包括辐射源、产品传输系统、安全系统（包括联锁装置、屏蔽装置等）、控制系统、辐照室及其他相关的辅助设施（如菌检实验室、剂量实验室、安全防护实验室、产品性能测试实验室，以及通风、水处理系统、仓库等）。辐照装置的核心是处于辐照室内的辐射源及产品传输系统。目前，用于食品电离辐射处理的辐射源有产生 γ 射线的人工放射性同位素源和产生电子束或 X 射线的电子加速器两种。^{60}Co 射线辐照器见图 7-34。

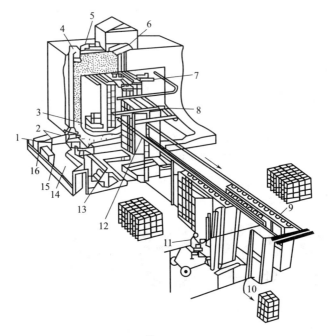

图 7-34 ^{60}Co 射线辐照器

1—去离子器；2—空气过滤器；3—储源水池；4—排气风机；5—屋顶塞；6—源升降机；
7—辐照中的传送容器；8—产品循环区；9—辐照后的传送容器；10—卸货点；11—上货点；
12—辐照前的传送容器；13—控制台；14—机房；15—空压机；16—冷却器

第六节　包装设备

为了贮运、销售和消费，各种调味品均需要得到适当形式的包装。包装是调味品生产中的重要环节，分内包装和外包装。内包装是直接将产品装入包装容器并封口或用包装材料将产品包裹起来的操作；外包装是在完成内包装后再进行的贴标、装箱、封箱、捆扎等操作。内、外包装均可以采用人工和机械两种方式进行。包装机械设备品种繁多，总体上也可分为内、外包装机械两大类。内包装机械设备进一步分为装料机、封口机、装料封口机三类，还可以根据产品状态、包装材料形态以及装料封口环境进行分类；外包装机械主要有贴标机、喷码机、装箱机、捆扎机等。

调味品中干货或干制品等大多为散装，如用木箱、麻袋、化纤袋等的大包装；小包装制品多用塑料袋，也有用复合纸袋的包装；而金属罐等包装容器使用很少。

塑料袋包装的香辛料干制品主要是人工称量，用小型塑料封口机或用自动封口机封口。

一、粉末全自动计量包装机

粉末全自动计量包装机设有可调容杯，可调容杯由一个上容杯和一个下容杯组合而成。通过调整装置改变上下容杯的相对位置，由于容积改变，其质量也改变，但这种调整是有限度的。

调整方法有自动和手动两种。手动调整方法是根据装罐过程检测其质量波动情况，人工转动手轮，传动调节螺杆，机构升降下容杯来达到的，当然也可用机构调整上容杯升降来实现。如用自动调整方法，则比较复杂，在粉料进给系统中，加电子检测装置，以测得各瞬时物料容量变化的电讯号，经过放大装置放大后，驱动电机，传动容杯调节机构，以及调节容杯组合的容积，以达到自动调剂控制的目的。

二、给袋式全自动酱料包装机

给袋式全自动酱料包装流程包括：上袋、打印生产日期、打开袋子、填充物料、热封口、冷却整形、出料。适用于包装液体、浆体物料，如酱油、番茄酱、辣椒酱、豆瓣酱等物料的袋装。机器上与物料和包装袋接触的零部件均采用符合食品卫生要求的材料加工，保证食品的卫生和安全。包装袋类型有自立袋（带拉链与不带拉链）、平面袋（三边封、四边封、手提袋、拉链袋）、纸袋等复合袋。

三、瓶罐封口机械设备

这类机械设备适用于对充填或灌装产品后的瓶罐类容器进行封口。瓶罐有多种类型，不同类型的瓶罐采用不同的封口形式与机械设备。

（一）卷边封口机

卷边封口是将罐身翻边与涂有密封填料的罐盖（或罐底）内侧周边互相钩合，卷曲并压紧，实现容器密封。罐盖（或罐底）内缘充填的弹韧性密封胶，起增强卷边封口气密性的作用。这种封口形式主要用于马口铁罐、铝箔罐等金属容器。封口机的卷封作业过程实际上是在罐盖与罐身之间进行卷合密封的过程，这一过程称为二重卷边作业。形成密封二重卷边的条件离不开四个基本要素，即圆边后的罐盖、具有翻边的罐身，盖沟内的胶膜和具有卷边性能的封罐机。所使用板材的厚度和调质度也会影响到密封二重卷边的形成及封口质量。

（二）旋盖封口机

旋合式玻璃罐（瓶）具有开启方便的优点，在生产中广泛使用。玻璃罐盖底部内侧有盖爪，玻璃罐颈上的螺纹线正好和盖爪相吻合，置于盖子内的胶圈紧压在玻璃罐口上，保证密封性。常见的盖子有四个盖爪，而玻璃罐颈上有四条螺纹线，盖子旋转 1/4 转时即获得密封，这种盖称为四旋式盖。此外还有六旋式盖、三旋式盖等。

（三）多功能封盖机

在大型的自动化灌装线上，封盖机一般与灌装机联动，并且作一体机型设计，从而减少灌装至封盖的行程，使生产线结构更为紧凑。目前还开发出了自动洗瓶、灌装、封盖三合一的机型。然而，无论作为灌装机的联动设备，或是独立驱动的自动封盖机，其结构及工作原理是基本一致的。多功能封盖机，主要由理盖器、滑盖槽、封盖装置、主轴以及输瓶装置、传动装置、电控装置和机座等组成。可适用皇冠盖及防盗盖的封口。

四、无菌包装机械

在无菌环境条件下，把无菌的或预杀菌的产品充填到无菌容器中并进行密封，称为无菌包装。无菌包装的操作包括食品物料的预杀菌、包装材料或容器的灭菌、充填密封环境的无菌化。理论上讲，不论是液体还是固体食品均可采用无菌方式进行包装。但实际上，由于固体物料的快速杀菌存在难度，或者固体物料本身有相对的贮藏稳定性，所以一般无菌包装多指液体食品的无菌包装。

（一）卷材成形无菌包装机

卷材成形无菌包装机主机包括包装材料灭菌、纸板成形封口、充填和分割等机构，辅助部分包括提供无菌空气和双氧水等的装置。包装卷材经一系列张紧辊平衡张力后进入双氧水浴槽，灭菌后进入机器上部的无菌腔并折叠成筒状，由纸筒纵缝加热器封接纵缝；同时无菌的物料从充填管灌入纸筒，随后横向封口钳将纸筒挤压成长方筒形并封切为单个盒；离开无菌区的准长方筒形纸盒由折叠机将其上下的棱角折叠并与盒体粘接成规则的长方形（俗称砖形），最后由输送带送出。

（二）预制盒式无菌包装机

预制盒式无菌包装容器主要包括盒胚的输送与成形系统、容器的灭菌系统、无菌充填系统及容器顶端的密封系统等。这类机器的优点是灵活性大，可以适应不同大小的包装盒，变换时间仅 2min；纸盒外形较美观，且较坚实；产品无菌性也很可靠；生产速度较快，而设备外形高度低，易于实行连续化生产。缺点是必须用制好的包装盒，从而会使成本有所增加。

（三）大袋无菌包装机

大袋无菌包装是将灭菌后的料液灌装到无菌袋内的无菌包装技术。由于容量大（20～200L），无菌袋通常是衬在硬质外包装容器（如盒、箱、桶等）内，灌装后再将外包装封口。这种既方便搬运又方便使用的无菌包装也称为箱中袋无菌包装。

五、贴标与喷码机械

食品内包装往往需要粘贴商标之类的标签以及印上日期、批号之类的字码，这些操作须在外包装以前完成。对于小规模生产的企业，可以手工完成贴标操作，但规模化生产多使用高效率的贴标机和喷码机。

贴标机是将印有商标图案的标签粘贴在内包装容器特定部位的机器。由于包装目的、所用包装容器的种类和贴标粘接剂种类等方面的差异，贴标机有多种类型。按操作自动化程度可分为半自动贴标机和自动贴标机。按容器种类可分为镀锡薄钢板圆罐贴标机和玻璃瓶罐贴标机等。按容器运动方向可分为横型贴标机和竖型贴标机。按容器运动形式可分为直通式贴标机和转盘式贴标机等。

喷码机可在各种材质的产品表面喷印上（包括条形码在内的）图案、文字、即时日期、时间、流水号、条形码及可变数码等，是集机电于一体的高科技产品。根据预定指令，安装在生产输送线上的喷码机周期性地以一定方式将墨水微滴（或激光束）喷射到以恒定速度通过喷头前方的包装（或不包装）产品上面，从而在产品表面留下文字或图案印记效果。喷码机分墨水喷码机和激光喷码机，两种类型的喷码机均又可分为小字体和大字体两种类型。墨水喷码机又可以分为连续墨水喷码机和按需供墨喷射式；按喷印速度分超高速、高速、标准速、慢速；按动力源可分为内部动力源（来自内置的齿轮泵或压电陶瓷作用）和外部动力源（来自外部的压缩空气）两类。激光喷码机可分为划线式、多棱镜式和多光束点阵式三种。前两种只使用单束激光工作，后者利用多束激光喷码，因此也可以喷写大字体。

六、外包装机械设备

外包装作业一般包括四个方面：外包装箱的准备工作（如将成叠的、折叠好的、扁平的纸箱打开并成形），将装有食品的容器进行装箱、封箱、捆扎。完成这四种操作的机械分别称为成箱机、装箱机、封箱机、捆扎机（或结扎机）。这些单机在不断改进发展的同时，又出现了全自动包装线，把内包装食品的排列、装箱和捆扎联合起来，即将小件食品集排装入箱、封箱和捆扎于一体同步完成。由于包装容器有罐、瓶、袋、盒、杯等不同种类，而且形状、材料又各不相同，因而外包装机械的种类较多。

（一）装箱机

装箱机用于将罐、瓶、袋、盒等装进瓦楞纸箱。装箱机种类因产品形状和要求不同而异。可分为两大类型：充填式装箱机和包裹式装箱机：充填式装箱机由人工或机器自动将折叠的平面瓦楞纸箱坯张开构成开口的空箱，并使空箱竖立或卧放，然后将被包装食品送入箱中。竖立的箱子用推送方式装箱，卧放的箱子利用夹持器或真空吸盘方式装箱。包裹式装箱机将堆积于架上单张划有折线的瓦楞纸板一张张送出，将被包装食品推置于纸板的一定部位上，然后再按纸板的折线制箱，并进行胶封，封箱后排出而完成作业。

（二）封箱机

封箱机是用于对已装罐或其他食品的纸箱进行封箱贴条的机械。根据黏结方式可将封箱机分为胶黏式和贴条式两类。由于胶黏剂或贴条纸类型不同，上述两类机型内还存在结构上的差异。常见封箱机主要由辊道、提升套缸、步伐式输送器、折舌机构、上下纸盘架、上下水缸、压辊、上下切纸刀、气动系统等部分组成。前道装箱工序送来的已装箱的开口纸箱进入本机辊道后，在人工辅助下，纸箱沿着倾斜辊道滑送到前端，并触动行程开关，这时辊道下部的提升套缸（在气动系统的作用下）便开始升起，把纸箱托送到具有步伐式输送器的圈梁顶上，纸箱到位后即接通信号，发出动作指令，步伐式输送器即开始动作。步伐式输送器推爪将开口纸箱推进拱形机架。在此过程中，折舌机钩首先以摆动方式将箱子后部的小折舌合上，随后由固定折舌器将纸箱前部的折舌合上，此后再由两侧折舌板将箱子的大折舌合上并经尾部的挡板压平服。

（三）捆扎机

捆扎机是利用各种绳带捆扎已封装纸箱或包封物品的机械，用来捆扎包装箱的捆扎机又称为捆箱机。按操作自动化程度，捆扎机可分为全自动和半自动两种；按捆扎带穿入方式可分为穿入式和绕缠式两种；按捆扎带材料可分为纸带、塑料带和金属带捆扎机等。全自动捆扎机配有自动输送装置和光电定位装置。输送带将捆扎物送到捆扎机导向架下，光电控制机构探测到其位置后，即触发捆扎机对物件进行捆扎，然后再沿输送带送出。

参考文献

［ 1 ］范志红．调味品消费指南［M］．北京：农村读物出版社，2000.

［ 2 ］斯波．2021 全国调味品行业蓝皮书［M］．北京：中国纺织出版社，2021.

［ 3 ］陈金标．烹饪原料［M］．北京：中国轻工业出版社，2015.

［ 4 ］王利华．中古华北饮食文化的变迁［M］．北京：中国社会科学出版社，2018.

［ 5 ］王尚殿．中国食品工业发展简史［M］．太原：山西科学教育出版社，1987.

［ 6 ］GB/T 20903—2007 调味品分类［S］.

［ 7 ］GB/T 21725—2017 天然香辛料分类［S］.

［ 8 ］赵修念．畜禽骨肉提取物生产工艺与技术［M］．北京：中国轻工业出版社，2018.

［ 9 ］刘慧燕，方海田，辛世华．特色肉制品加工实用技术［M］．天津：南开大学出版社，2018.

［10］常海军，周文斌．畜禽肉制品加工工艺与技术［M］．哈尔滨：哈尔滨工程大学出版社，2018.

［11］徐清萍．调味品生产工艺与配方［M］．北京：中国纺织出版社，2019.

［12］SB/T 10299—1999 调味品名词术语酱类［S］.

［13］尚丽娟．调味品生产技术［M］．北京：中国农业大学出版社，2012.

［14］石彦国．大豆制品工艺学［M］.2 版．北京：中国轻工业出版社，2005.

［15］曾学英．经典豆制品加工工艺与配方［M］．长沙：湖南科学技术出版社，2013.

［16］田晓菊．调味品加工实用技术［M］．银川：宁夏人民出版社，2010.

［17］刘井权．豆制品发酵工艺学［M］．哈尔滨:哈尔滨工程大学出版社，2017.

［18］张秀媛．调味品生产工艺与配方［M］．北京：化学工业出版社，2015.

［19］胡杨．料酒的工业化生产与质量控制［J］．江苏调味副食品，2017(03):12-14.

［20］解万翠．水产发酵调味品加工技术［M］．北京：科学出版社，2019.

［21］马传国．油脂深加工与制品［M］．北京：中国商业出版社，2002.

［22］朱海涛．最新调味品及其应用［M］．济南：山东科学技术出版社，2014.

［23］刘宝家，李素梅，柳东，等．食品加工技术、工艺和配方大全（精选版·中册）［M］．北京:科学技术文献出版社，2005.

［24］陈野，刘会平．食品工艺学［M］.3 版．北京：中国轻工业出版社，2014.

［25］赵金艳，韩占兵．鹅标准化安全生产关键技术［M］．郑州：中原农民出版社，2016.

［26］董士远．食品保藏与加工工艺实验指导［M］．北京：中国轻工业出版社，2014.